战略性新兴领域"十四五"高等教育系列教材

智能制造系统设计与运行控制

主　编　胡耀光
参　编　李启鹏　刘　波　刘　进
　　　　刘　俊　沈小威　王　峰
　　　　王　儒　吴国曾

机 械 工 业 出 版 社

本书以智能制造系统为对象，围绕"设备－单元－产线／车间－工厂"等制造系统的核心构成要素，具体阐述智能制造系统设计相关的基本概念、方法与技术，从智能制造系统集成化开发过程视角，由点及面深入阐述智能制造典型装备及实例、智能生产单元设计与开发、智能生产线与车间布局设计、智能工厂设计与仿真、智能制造运行管理与控制、制造系统智能运维等专业知识，同时提供以复合作业机器人为对象的项目制学习案例等数字资源。全书体系完整、重点突出、主线清晰，紧扣新工科专业的学科交叉特色，以项目制学习模式为牵引，建构起智能制造工程新工科专业核心课程知识体系，着重培养学生的工程实践能力与创新思维。

本书可作为普通高等院校智能制造工程、机器人工程等新工科专业本科生教材，也可作为机械工程、自动化、工业工程等相关专业本科生和硕士研究生的参考教材。本书配有电子课件、教学大纲、教学视频及项目制的源代码，欢迎选用本书作教材的教师登录 www.cmpedu.com 注册后下载，或加微信13910750469 索取（注明教师姓名和学校等信息）。

图书在版编目（CIP）数据

智能制造系统设计与运行控制／胡耀光主编．

北京：机械工业出版社，2024.9（2025.1 重印）．--（战略性新兴领域"十四五"高等教育系列教材）．-- ISBN 978-7-111-76824-1

Ⅰ. TH166

中国国家版本馆 CIP 数据核字第 2024L4P521 号

机械工业出版社（北京市百万庄大街 22 号　邮政编码 100037）

策划编辑：吉　玲　　　　　　责任编辑：吉　玲　王华庆
责任校对：曹若菲　刘雅娜　　封面设计：张　静
责任印制：邓　博

北京盛通数码印刷有限公司印刷

2025 年 1 月第 1 版第 2 次印刷

184mm×260mm · 19.5 印张 · 472 千字

标准书号：ISBN 978-7-111-76824-1

定价：67.00 元

电话服务　　　　　　　　　　　网络服务

客服电话：010-88361066　　　机　工　官　网：www.cmpbook.com
　　　　　010-88379833　　　机　工　官　博：weibo.com/cmp1952
　　　　　010-68326294　　　金　书　网：www.golden-book.com
封底无防伪标均为盗版　　机工教育服务网：www.cmpedu.com

　　党的二十大报告指出，"教育、科技、人才是全面建设社会主义现代化国家的基础性、战略性支撑。""我们要坚持教育优先发展、科技自立自强、人才引领驱动，加快建设教育强国、科技强国、人才强国，坚持为党育人、为国育才，全面提高人才自主培养质量，着力造就拔尖创新人才，聚天下英才而用之。"具有卓越创新能力与领导力的工程科技人才是推动工程科技创新与产业变革、支撑创新驱动发展战略、实现人类文明进步的重要力量。

　　当前，世界各国都在抢争智能制造的战略制高点，大力推动人工智能与制造技术的深度融合，全新的智能制造技术体系正在成为制造业高质量发展的关键支撑。先进工业国家纷纷推出研究计划，全力创造保持竞争优势的新路径。我国已将智能制造作为国家制造强国战略的主攻方向，面向智能制造领域培养具有卓越创新领导能力的工程科技人才也是人才强国战略之急需。

　　2018年，智能制造工程被教育部列入国家首批新工科专业建设序列，目前全国已有300多所高校设立了智能制造工程专业。在新的时代背景下，如何将新工科教育理念、跨学科知识体系融入专业课程与教材建设，成为智能制造工程专业多元化、创新型人才培养需要解决的关键问题，与此相适应的智能制造工程新工科专业的核心教材建设迫在眉睫。

　　世界知名高校在创新型人才培养方面已经进行了成功实践，通过更新工程教育理念，采取先进的教育模式，建立项目制学习的课程体系，实现科学、技术、工程与管理相融合，突出学生能力培养导向，提升学生创新能力与工程实践能力。例如：斯坦福大学为不同学院的学生提供了一个以项目制学习为主、融合企业资源的交叉学习平台，结合以动手为主的项目课程让学生掌握如何融合多学科知识去解决具有挑战的新问题；麻省理工学院提出新工科人才应具备学会学习的能力和11种思维能力，建立了贯穿本科四年、由多个项目为主构成的课程线，学生在大学二年级开始进入项目制学习为主的跨学科培养路径。

　　本书主编所在的北京理工大学智能制造工程专业教学团队，在充分借鉴、吸收国内外项目制学习模式基础上，在教育部新工科研究与实践项目、北京市高等教育教学改革项目等支持下，牵头实施了北京理工大学首批项目制课程群建设。"智能制造系统设计与运行控制"是其中的核心课程，历经3轮次的教学实践，成功构建了以复合作业机器人为载体的项目制学习模式。本书就是在上述项目制课程教学创新基础上，立足于智能制造工程新工科专业的核心课程推行研究型教学与项目制学习的实际需求，遵循"学生为中心、能力为导向、项目为载体"的教学理念，紧扣智能制造工程新工科专业人才培养需求与学科交叉的培养特色，融合国内外项目制学习先进模式编写而成。

本书以智能制造系统为对象，按照"设备 – 单元 – 产线 / 车间 – 工厂"等制造系统核心构成要素的逻辑主线，具体阐述智能制造系统设计与运行控制的基本概念、方法与技术。每章以学习目标、本章知识点导读和案例导入三个部分作为全章内容的导引，案例导入之后设置了讨论题，既有对课程思政点的融入，也有助于启发学习者深入思考；每章配有课后习题，尤其是设置了项目制学习要求模块，方便教师、学生等不同读者，按照教学进程及学习需要组织课堂教学与项目制学习实践。全书各章根据基础知识的拓展需求和项目制学习需要，配套提供了延伸阅读和项目制学习相关案例、项目制课程作品开发源代码等数字资源，读者可以根据各自需求通过二维码链接快速获取相关内容。

全书共 8 章，由胡耀光构思全书的结构和编写大纲，中国地质大学（武汉）王峰编写了 3.1 节和 3.2 节，昌河飞机工业（集团）有限责任公司李启鹏编写了 3.5 节，机械工业第六设计研究院有限公司刘俊、刘波牵头编写了第 6 章，刘进编写了 6.2.3 小节、吴国曾编写了 6.2.4 小节、沈小威编写了 6.3.2 小节，北京理工大学王儒编写了 8.5.1 小节和 8.5.2 小节，其他章节均由胡耀光编写。在本书编写过程中，北京理工大学智能制造工程专业刘雨乐、张云斐、吴东昱、王威威等同学参与了各章配套的项目制案例资料与相关源代码的整理工作。

本书在编写过程中得到了国内众多专家学者与兄弟单位的支持，衷心感谢西安交通大学梅雪松教授主审本书，并提出宝贵的意见建议，对本书的内容完善与高质量定稿给了很大帮助。感谢中国一汽张晓胜、李峰、李文彬、阮守新对本书汽车领域相关内容和案例素材的支持；感谢中国地质大学（武汉）吴敏教授、曹卫华教授为本书在项目制学习模式呈现与案例组织方面给出的建议；感谢本书编写过程中引用的各类参考文献和资料的原作者及其单位。对项目制课程教学实践过程中，北京理工大学教务部和参与智能制造工程专业项目制课程教学的各位老师，以及智能制造工程专业 2019—2021 级同学们的共同付出，一并致谢！

鉴于编者对智能制造系统及其对制造强国战略深刻影响的理解所限，书中不足之处在所难免，敬请读者批评指正。

编　者

目 录

CONTENTS

V

VIII

X

第1章 智能制造系统概述

学习目标

通过本章学习，在基础知识方面应达到以下目标：
1. 能准确描述制造系统相关的基本概念并明晰制造系统的构成。
2. 能准确描述智能制造系统的主要概念、分层结构及典型特征。
3. 能清楚概括人工智能与制造系统的融合趋势。

本章知识点导读

请扫码观看视频

案例导入

世界上最早的具备工业化大批量生产特征的生产系统应该是源自亨利·福特于1903年创立的福特汽车公司。在1908年生产出世界上第一辆T型车后，福特汽车公司于1913年开发出了世界上第一条汽车生产的移动式流水线，使每辆T型汽车的装配时间由原来的12h28min缩短至93min，生产效率提高了7倍！实现了T型车连续生产20年累计1500多万辆的纪录。图1-1展示的是北京汽车博物馆内的一辆福特T型车（1927年生产，是至今保存比较完好的车辆之一）及其流水线的局部示例[⊖]。

另一个在汽车领域久负盛名的生产系统，则是源自日本丰田汽车公司的丰田生产系统——TPS（Toyota Production System）。TPS是丰田汽车公司的一种独具特色的现代化生产方式。1978年，丰田汽车公司的副社长大野耐一出版了《丰田生产方式》一书，系统地揭开了丰田汽车公司卓越发展的秘密，全面阐述了准时化（Just in

---

⊖ 感兴趣的读者可以阅读《汽车制造革命——北京汽车博物馆的经典车（35）：福特T型车/上》，网址为
https://zhuanlan.zhihu.com/p/469762170。

Time，JIT）、自动化、看板方式、标准作业等生产管理的各种理念。进入21世纪，随着消费者对汽车个性化需求的不断增加，汽车生产线也逐步走向可伸缩、可组装的柔性化重构阶段。

图 1-1　福特 T 型车及其流水线的局部示例

时至今日，依然可以看到众多的汽车制造厂商仍然采用装配流水线的方式生产汽车。现代汽车的生产过程，总体上可以划分为冲压、焊装、涂装和总装四大工艺阶段。按照这四个工艺阶段，形成四个核心作业车间，分别是冲压车间、焊装车间、涂装车间和总装车间。

无论是一百多年前的福特 T 型车，还是如今人们乘坐或驾驶的汽车，其生产制造过程都具有一个共同特征，即都要经历投入原材料到整车下线测试的全过程。而实现这一过程的由人、设备、物料、信息和能源所构成的集成系统，正是本章重点剖析的核心内容。

讨论：

1）福特汽车公司建立了世界上第一条汽车流水线，对今天汽车工业的发展有哪些深远影响？

2）丰田汽车公司的丰田生产系统，对我国现代汽车生产有哪些借鉴意义？

3）我国汽车工业发展的主要成就有哪些？提升国产汽车制造技术有哪些建议？

4）目前，我国新能源汽车世界保有量第一，同时也掌握了新能源汽车产业中的关键材料、电机、电池等核心技术和关键零部件，结合制造强国发展战略，你认为这些核心技术与关键零部件对产业发展有哪些重要意义？

1.1　案例导入 - 微视频

1.1　制造系统及其构成

通过阅读前面的案例，可以识别出其中的一些关键词，比如汽车、流水线、生产系统等，这与本章要重点阐述的智能制造系统之间有什么关联？尤其是前文出现的"生产系统"与"制造系统"有何异同？

首先，区别下"制造"与"生产"这两个术语，再探究"智能制造系统"对于"制造系统"而增加的"智能"所指的技术内涵，并由此进一步阐述智能制造系统的典型特征。

1.1.1　制造系统的相关概念

引用国际生产工程研究院（CIRP）对"制造"和"生产"这两个术语的解释：

1）制造：涉及产品设计、材料选用、计划、生产、质量保证、管理和销售的一系列相互关联的活动和操作。

2）生产：源自制造性生产的缩写，指"从原材料投入到实际产品物理产出行为或过程（或相关的一系列行为或过程），有别于设计产品、计划并控制其生产并保证其质量等活动"。

由此可以看出，制造可以被视为生产的更上层的概念，生产则源于制造性生产，即实现实际产品的物理产出、产生实际产品的过程。图 1-2 所示为制造性生产的相关概念，即将生产要素（低价值体 / 初始态）转换为有形产品（高价值体 / 目标态），并由此而增加价值的过程。

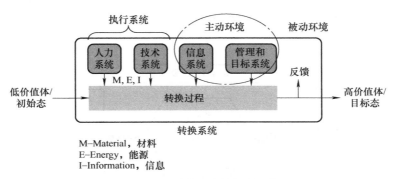

M—Material，材料
E—Energy，能源
I—Information，信息

图 1-2　制造性生产的相关概念

1.2　制造系统相关概念 – 微视频

随着企业生产运作业务的发展，源自实物产品交付客户后产生的服务也逐步成为企业的重要业务环节，由此形成了不同于制造性生产的服务性生产，即生产的最终产出是一种面向客户提供的服务。有别于制造性生产是以实物产品为目的，这种服务性生产则是以提供服务为目的。

结合国际生产工程研究院对"制造"的术语解释，在此基础上增加系统的特征，可以将制造系统定义为：通过集成人、设备、技术、物料、信息、能源等要素，以实现产品生产和服务输出为目标，执行生产和运作一系列活动的集成系统。

类似于制造与生产两个术语的相近性，制造系统和生产系统也十分相近，且经常混用。从严谨的定义角度看，制造系统是包含了生产系统的，生产系统又包括了加工（零件生产）系统、检测系统和装配系统，如图 1-3 所示。为建立起对两个概念的一致性理解，可以将制造系统按照狭义和广义两种来理解：

1）狭义制造系统，即图 1-3 所示的生产系统，由人、物料、设备、能源、信息组成的集成系统，实现产品的实物产出。

2）广义制造系统，即图 1-3 所示的制造系统，在生产系统的基础上，包含了产品设计、生产计划、作业调度、设备运行控制、设备维修维护等制造支持系统。

3

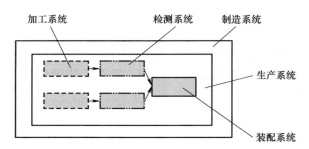

图 1-3　制造系统的概念范畴

　　综上，可以建立起制造系统的一般表达形式，如图 1-4 所示。主线是"投入 – 转换过程 – 产出"的生产过程，为满足客户需求而产出具体的物理产品或提供相应的服务，根据生产产品或提供服务的不同，会有顾客或用户参与到生产过程中。信息的实时反馈是指产品生产过程中进行的工艺状态监测、零件或产品的质量检测，并将获得的生产过程信息实时反馈到生产过程的各个工艺阶段，以实现对产品的质量控制和生产过程的实时管控。

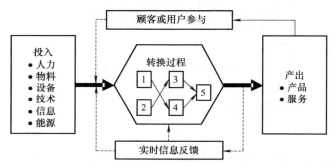

图 1-4　制造系统的一般表达形式

1.1.2　制造系统的构成

　　根据制造系统的定义，按照广义理解，可以概括制造系统的主要构成，一般包括两个组成部分：设施 / 设备和制造支持系统，如图 1-5 所示。

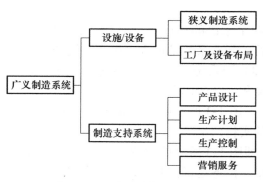

图 1-5　制造系统的主要构成

1. 设施 / 设备

设施 / 设备是指构成制造系统的物理设备，包含了狭义制造系统和工厂及设备布局。其中，狭义制造系统包括工厂厂房、机床等加工设备、物料运输系统、检测设备，以及控制生产过程的计算机系统等硬件设备。通过对比前述"生产"这一术语中描述的生产要素（投入物），可以将设施 / 设备理解为生产手段。设备布局是指完成零部件及产品的加工、装配等活动的硬件设备、工人等要素进行成组化布置的过程。

对于构成制造系统的硬件设备，可以根据人参与的程度划分为三类：手工作业系统、机械制造系统和自动化制造系统，如图 1-6 所示。

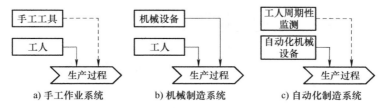

图 1-6　制造系统分类（根据人参与的程度）

1）手工作业系统：在没有动力系统辅助的情况下，依靠一个或多个工人完成生产的全过程，生产过程中常常用到手工工具，比如螺钉旋具、锤子等。人工物料搬运是最常见的手工作业系统，其他典型的手工作业系统还包括（不限于此）：

① 机械工程师使用锉刀对刚刚铣削过的矩形零件的边缘进行倒圆角。

② 质检工程师使用千分尺测量轴直径。

③ 物料搬运工使用小车在仓库中搬运物料。

④ 装配工程师使用手工工具进行机器组装。

2）机械制造系统：工人通过操作带有动力的机械设备，如机床或其他生产设备，实现产品的加工、装配的过程。这是当前最为常见的一种生产系统，在生产过程中充分发挥设备与人的各自优势（见表 1-1），以下是几种典型的机械制造系统：

① 机械工程师操作车床加工机械零件。

② 钳工和工业机器人在弧焊工作单元中一起工作。

③ 一个班组的工人操作轧机，将热钢轧制成钢板。

④ 一条生产线，其中产品由机械化的传送带移动，工人在一些站点使用电动工具来完成加工或装配任务。

表 1-1　机械制造系统中人与设备的优势分析

人	设备
感知意想不到的刺激	始终如一地执行重复性任务
开发新的问题解决方案	存储大量数据
处理抽象问题	可靠地从内存中检索数据
高度灵活性 / 适应变化	同时执行多项任务
从观察中归纳	能够获得更高的效率
从经验中学习	迅速地执行简单计算
基于不完全数据的决策	快速制定常规决策

5

3）自动化制造系统：生产过程不需要工人直接参与的生产系统，一般通过控制系统执行事先编写好的程序完成加工、装配的全过程。由于很多机械系统也包含了一些自动化的设备，因此有时很难将自动化制造系统与机械制造系统明确区分开来。

一般可以将自动化制造系统分为三种基本类型：刚性自动化、可编程自动化、柔性自动化。这三种类型的自动化制造系统适用于不同产品品种及生产规模（生产量）的情况如图 1-7 所示。

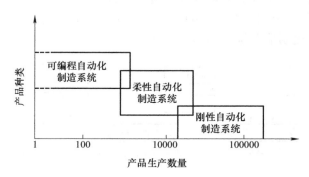

图 1-7　三种类型的自动化制造系统适用于不同产品品种及生产规模（生产量）的情况

① 刚性自动化制造系统。"刚性"的含义是指生产系统只能生产某种或生产工艺相近的某类产品，表现为生产产品的单一性，其中加工（或装配）操作的顺序由设备配置而固定。该序列中的每个操作通常很简单，可能涉及普通的线性或旋转运动或两者的简单组合，如进给旋转的主轴。刚性自动化制造系统的典型特征是定制化设备的初始投资高、生产率高、设备柔性不够，无法适应产品的多样性。常见的刚性自动化制造系统包括加工传输线和自动化装配机器等，如组合机床、专用机床、刚性自动化生产线等。

② 可编程自动化制造系统。"可编程"是指生产设备及系统能够根据不同的产品配置需求，通过程序设定加工的工艺过程，具备生产多种不同产品/零件的能力。在可编程自动化制造系统中，生产设备被设计成能够改变操作顺序以适应不同的产品配置。操作顺序由程序控制，程序是一组指令，编码后可以被系统读取和解释。可编程自动化制造系统的一些特征包括通用设备投资高、比刚性自动化制造系统的生产率低、能够较好适应产品配置变化/具有一定柔性、高度适用于按批生产。

可编程自动化制造系统较多用于中小批量生产。在实际生产过程中，零件或产品通常是按照批次生产的，为了能适应不同批次产品的生产要求，尤其是当新批次与原有批次规格不同时，必须用与新产品对应的机器指令组重新编程，控制自动化制造系统按照新的规格要求进行生产。在此种情形下，机器/设备的物理设置也必须改变，比如必须装载新的工装、将夹具连接到机器工作台等，并且完成对机器/设备所有控制指令的输入/配置。

③ 柔性自动化制造系统。柔性自动化是可编程自动化的延伸。一个具备柔性的自动化制造系统能够生产各种零件或产品，在进行产品转换时几乎没有时间浪费，即对机器/设备重新编程和更改物理设置（工具、夹具、机器设置）时，不会损失生产时间。因此，柔性自动化制造系统可以对待生产的零件或产品进行混合排产，而不需要完全按照批次组织成批生产。柔性自动化的特点包括定制化设备的初始投资高、不同批量的零件或产品可混合连续生产、中等生产率、能够较好适应产品的设计变更。

柔性自动化制造系统中的"柔性"是指生产组织形式和生产产品及工艺的多样性和可变性，可具体表现为机床的柔性、产品的柔性、加工的柔性、批量的柔性等。典型的柔性自动化制造系统包括执行加工任务的柔性制造单元、柔性制造系统、柔性装配线等。

2. 制造支持系统

为实现制造系统的高效运行，企业需要进行产品设计、工艺设计、计划控制，并确保产品质量。制造支持系统就是确保制造系统的物理设备能够在产品设计、工艺设计、计划控制等功能的支持下，实现对人、设备、物料等的合理安排，按照确定的标准工艺流程生产符合用户质量要求的产品。如图 1-8 所示，制造支持系统包含了营销服务、产品设计、生产计划、生产控制四大核心活动及其信息和数据的处理流程。

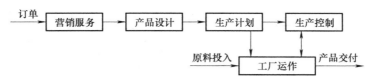

图 1-8　制造企业典型的信息处理流程

1.2　智能制造系统及其典型特征

1.2.1　智能制造系统的定义

7

智能制造系统（Intelligent Manufacturing System，IMS）是在自动化、数字化的基础上，进一步结合人工智能（AI）、大数据等新一代信息技术实现智能制造的过程。从字面来看，智能制造系统是在制造系统的基础上增加了"智能"两个字，充分体现了智能化相关技术对制造系统的使能作用，并在其基础上实现制造系统的升级换代。智能制造系统是一种由智能机器和人类专家共同组成的人机一体化智能系统，它在制造过程中能进行智能活动，诸如分析、推理、判断、构思和决策等，通过人与智能机器的合作共事，去扩大、延伸和部分地取代人类专家在制造过程中的脑力劳动，把制造自动化的概念更新并扩展到柔性化、智能化和高度集成化。

从工业 4.0 的视角看，以信息物理系统（Cyber-Physical System，CPS）为核心的智能制造系统，本质上是物理空间的制造系统，包含了制造过程的自动化系统、机床、工业机器人等制造设备，以及工厂设施、物流设施等，具体来说，它是基于计算、通信和控制技术在信息空间建立起的一个综合计算、网络和物理环境的多维复杂系统，如图 1-9 所示。

智能制造系统通过综合运用制造活动中的信息感知与分析、知识表达与学习、智能决策与执行技术，在制造产品过程中人与"机器"共同构成决策主体，在信息物理系统中实时交互，实现人与机器协同运行，并促使产品全生命周期各环节（设计、制造、使用，包括运维服务等业务模式）发生质的改变，实现生产要素高度灵活配置、低成本生产高度个性化产品以及客户与合作伙伴广泛参与产品价值创造过程。

因此，可以将智能制造系统定义为：综合应用物联网技术、人工智能技术、信息技术、自动化技术、先进制造技术等实现企业生产过程智能化、经营管理数字化，突出制造过程精益管控、实时可视、集成优化，进而提升企业快速响应市场需求速度、精确控制产品质量、实现产品全生命周期管理与追溯的先进制造系统。智能制造系统是构成工业4.0时代智能化工厂的核心，以智能传感器、工业机器人、智能数控机床等智能设备与智能系统为基础，以物联网为核心实现生产过程的智能化。

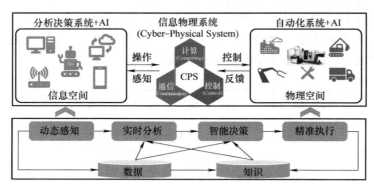

图 1-9　智能制造系统概念图

在人机共同构成决策主体的智能制造系统中，机器设备高度自动化和智能化，是否还需要体力劳动？答案是肯定的。即使在高度自动化的生产系统中，人仍然是制造企业的必要组成部分。在"智能+"制造范式的典型特征中，一个突出体现就是：新一代智能制造系统更加突出了人的中心地位，那人在新一代智能制造系统中的作用会着重体现在哪些方面呢？下面将结合制造业的发展历程及未来趋势加以说明。

1. 工厂作业中的体力劳动

科学技术的创新发展在推动人类进步中一直发挥着重要作用，从工业1.0到工业4.0的历次工业革命进程来看，制造业的长期趋势是更多地使用自动化机器来代替体力劳动，这在整个人类发展史上都已得到实践证明，随着人工智能的发展，更有理由相信这一趋势将继续下去。但与这种技术驱动的"机器换人"趋势需要同时考虑的是成本问题，工厂作为一类企业经营组织，其经营的核心目标是获得利润，因此在寻求技术进步、替代体力劳动的过程中，必然考虑技术投入的成本，也存在寻求以低成本雇用体力劳动的理由。

因此，可以看到目前世界上的经济现实之一是有些发展中国家的劳动力成本（平均小时工资率）如此之低，以至于大多数工厂自动化项目都很难严格地从降低成本的角度来证明其合理性，包括印度、墨西哥以及东欧、东南亚和拉丁美洲的许多国家。我国作为最大的发展中国家，改革开放的前40年最大化发挥了劳动力成本低的优势，制造业得到了极速发展。但近些年随着人口红利逐步消失，劳动力成本逐步提升，智能制造在国内得到高度重视和推动。

除了劳动力成本问题，还有其他原因使得体力劳动在制造系统中不会被自动化系统所完全取代，即人类自身所拥有的高度智能和高度灵活性，这是机器人等自动化设备现阶段还无法比拟的优势，人类在某些情况下和某些类型的任务中是比机器/设备更具优势的（见表1-1）。因此，在许多情况下，体力劳动比自动化更受欢迎，如：

1）很多困难的技术性工作无法实现自动化。比如进入工作地点的物理限制问题（如飞机舱内等物理空间狭小的装配作业）；作业任务需要实时调整；手工灵巧性要求高；手眼协调要求高等。在这些情况下，体力劳动用于执行任务能够更好地适应作业需求，比如汽车总装线上许多最后的装饰操作都是由工人手工完成的，因为装饰过程中涉及很多柔性或易碎材料的处理等任务。

2）产品生命周期短。如果产品必须在短时间内设计并推向市场，以满足市场上的短期机会窗口，或者如果产品预计将在相对较短的时间内进入市场，那么围绕以手工作业等体力劳动生产方式而进行产品设计、制造要比自动化方法更快地推出新产品。手工生产的工具可以在更短的时间内制造，并且比类似的自动化工具成本低得多。

3）定制的产品。需要客户化定制的产品，因客户需求的差异性，对生产系统对于定制产品的柔性响应能力提出更高要求，手工作业等体力劳动方式更适合做出灵活响应，即具有高度柔性。事实上，人比任何自动化机器都更灵活，更容易进行作业调整。

4）需求变动大。产品需求的变化必然导致生产产出水平的变化，当使用手工作业等体力劳动方式作为生产手段时，更易响应这种变化。智能制造环境下的自动化制造系统具有与其投资相关的固定成本。如果产量减少，固定成本必须分摊到更少的产品上，从而推高产品的单位成本。

5）需要降低产品失效的风险。向市场推出新产品的企业永远不知道该产品最终会取得怎样的成功，有些产品的生命周期可能很长，而其他产品的生命周期相对较短。在产品生命周期开始时使用人工作为生产资源，可以减少企业在产品未能实现长生命周期的情况下避免自动化制造系统等重大投资的风险。

2. 智能制造系统中人的作用

在"智能+"制造范式下，知识自动化技术的发展，将使得人类在以往自动化制造系统支持下从体力劳动中解放出来，更进一步从大量脑力劳动中解放出来，人类可以从事更有价值的创造性工作。但即使工厂里所有的制造系统都是自动化、智能化的，仍然需要人类来完成以下工作：

1）设备维护。在智能制造环境下，当工厂里的自动化制造系统发生故障时，仍然需要熟练的技术人员来维护和修理。因此，为了提高自动化制造系统的可靠性，可以实施预防性维护计划。即使在高度智能化的制造系统中，要想在理想状态下使其具有自诊断、自治自愈能力，依然会需要人类去创造这样的系统。

2）编程和计算机操作。在智能制造环境下，将会更加依赖工业操作系统、工业基础软件、嵌入式软件等，并需要根据客户需求持续进行软件升级和优化执行程序。预计在未来，许多常规工艺规划、数控零件编程和机器人编程可能会使用人工智能来实现高度自动化。

3）工程项目开发。推进智能制造需要持续不断地开展智能工厂建设，要知道，计算机自动化、集成化的智能工厂可能永远不会完工，需要持续升级生产设备、设计工具和解决技术问题等，并承担持续改进项目的可能，上述这些活动都需要工程师和工厂里其他工作人员的技能才能够顺利实施。

4）工厂管理。任何状态的智能工厂及其智能制造系统，都必须有人负责管理和运营。

在智能制造场景下，仍需要专业的经理和工程师负责工厂的运作。与强调个人技能的传统工厂管理职位相比，智能制造可能会更加强调管理人员的技术技能，包括需要解释和实施智能调度、智能运维等技能。

在现代生产系统中，计算机被用作执行几乎所有制造支持活动的辅助工具，尽管计算机辅助设计（CAD）系统用于产品设计，但人类设计师仍然需要做创造性的工作。CAD系统只能是一种增强设计师创造才能的工具。计算机辅助工艺规划系统被制造工程师用来规划生产制造工艺，但还无法代替人类去创造工艺。在这些例子中，人是制造系统运作中不可或缺的组成部分。在制造支持系统中，即使这些系统的自动化水平不断提高，人类仍然不可替代。

1.2.2 智能制造系统的层次结构

根据图 1-3 和图 1-5 所描述的，制造系统为实现实物产品的物理产出，需要进行产品设计、工艺开发、生产计划、生产控制等产品生命周期各个阶段的业务操作。如果从企业、工厂、车间再到车间内的具体产线设备这个纵向层次化的组织视角看，针对产品生命周期各阶段的业务操作会分布在企业的整个纵向层次化结构中。

从系统的结构化定义角度来看，智能制造系统作为一种高度自动化、智能化、集成化的先进制造系统，是在企业制造资源（包括人力资源、资金、设备等人财物）的优化组织基础上实现实物产品的物理产出。因此，按照组织层次结构划分，可以将智能制造系统的资源定义及组织分布划分为 5 个层次，如图 1-10 所示。

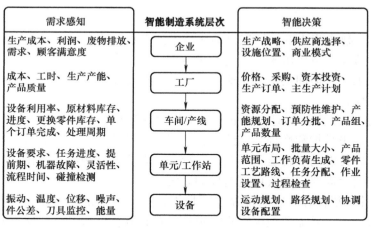

图 1-10　智能制造系统的层次结构划分

智能制造系统的企业层级，重点关注的是商业模式、战略、信息模型的设计、核心流程和核心竞争力的定义，同时关注计算资源和制造技术的集成，用以实现动态感知、垂直和水平智能集成。正是通过这种集成，智能制造系统能够实现对所有数据源的正确分析和管理，并为企业（包括产品、过程和制造系统）中的所有智能系统提供快速灵活地响应环境变化的信息。

智能制造系统涉及的其他层级包括工厂、车间／产线、单元／工作站、设备，图 1-10

显示了在智能制造系统和企业中要考虑的层次结构级别以及一些需求感知和智能决策变量 / 指标。正确选择智能机器、物料搬运设备、工装、CNC（计算机数控）、PLC（可编程控制器）以及实时控制、监控和调度策略是实现高水平智能制造系统的关键。此外，数字孪生技术对于扩展制造系统的柔性和可重构能力也非常重要，这些都是设计新一代智能制造系统的基础。针对图 1-10 的智能制造系统的层次结构划分，本书主要侧重在除企业外的其他 4 个层次，后续章节将重点围绕这 4 个层次介绍智能制造系统设计与运行控制的相关知识。

1.2.3　智能制造系统的典型特征

毫无疑问，智能化是制造系统自动化、数字化、网络化基础上的发展方向，以人工智能为代表的智能化技术在制造过程的各个环节广泛采用，比如专家系统技术可以用于工程设计、工艺过程设计、生产调度、故障诊断等；神经网络和模糊控制技术等先进的计算机智能方法应用于产品配方、生产调度等。进入"智能 +"制造范式的新一代智能制造系统将具有以下典型特征：

（1）自律能力

智能制造系统的自律能力主要体现在搜集与理解环境信息和自身信息，并进行分析判断和规划自身行为上。具有自律能力的设备称为"智能机器"，并在一定程度上表现出独立性、自主性，基于动态感知及自律执行，智能机器相互间可实现协调运作或协作竞争。具有强大的数据支撑和强有力的知识库，以及基于知识数据相互融合基础上的智能算法 / 模型是智能制造系统自律能力的基础。

（2）人机共融

智能制造系统将充分发挥机器和人的智能能力，通过人机共融、集成一体、交互协作、相得益彰。智能制造系统不单纯是人工智能系统，而是人机共融成为共同的决策主体的一体化智能系统。基于人工智能的智能机器只能进行机械式的推理、预测、判断，它只能具有"逻辑思维"，最多基于神经网络做到"形象思维"，完全做不到"灵感思维"，只有人类专家才能同时具备以上三种思维能力。因此，智能制造系统中完全以人工智能取代制造过程中人类专家的智能，独立承担起分析、判断、决策等任务并不现实。人机共融的一体化集成智能制造系统一方面突出人在制造系统中的核心地位，另一方面在智能机器的配合下，能够更好地发挥出人的潜能，使人机之间表现出一种平等共事、相互"理解"、相互协作的关系，同时使二者在不同的层次上各显其能，相辅相成。

（3）自组织与超柔性

智能制造系统中的各组成单元能够依据工作任务的需要，自行组成一种最佳结构，其柔性不仅突出在运行方式上，而且突出在结构形式上，因此称这种柔性为超柔性，如同一群人类专家组成的群体，具有生物特征，实现感知基础上的自组织与超柔性。

（4）自学习与自维护

智能制造系统能够在实践中不断地充实知识库，具有自学习功能。同时，在运行过程中能够自行诊断故障，并具备对故障自行排除、自行维护的能力。这种特征使智能制造系统能够自我优化并适应各种复杂的环境。

1.3 人工智能与制造系统的融合趋势

人工智能技术的快速发展，进一步促进了制造业领域的技术创新和智能制造过程的智能化程度。在推进智能制造过程中，人工智能正在成为制造业高质量发展的重要技术支撑，并将逐步发展获得制造过程的主导地位。

通常，智能制造系统应用的工业机器人或类人机器人可以直接部署在生产线上，因此成为人工智能技术应用的主要载体。智能制造系统中另一类体现人工智能应用的是制造支持系统中的软件程序，包括智能产品设计、智能工艺开发、生产过程的智能排产与调度优化等。人工智能开发的新算法可以直接影响制造的关键进程、核心指标。在工厂产品缺陷的自动化检测方面，基于 AI 算法的计算机视觉技术用于发现电路板等产品中的微观缺陷，这种应用只有通过人工智能和视觉系统相结合才能实现。在产品设计阶段，可以将材料参数和成本限制作为设计约束，通过人工智能算法可以进行最优的材料选择和制造工艺设计 / 开发及匹配。在制造系统运行阶段，可以运用数字孪生建立产线 / 设备的虚拟模型，结合人工智能算法在产线 / 设备发生问题之前对系统进行监控，并对制造系统运行的各项指标进行正确的预测。此外，在预测性维护中，人工智能算法可以辅助进行机器故障状况预警，并实施预测性维护以消除因故障而造成的生产停产等问题。图 1-11 所示为制造过程中的 AI 典型应用及主要的 AI 技术。图 1-11 中所列场景并不完备，在智能制造系统中还有一些多种人工智能技术的混合应用，同样能够提升制造系统的自动化、智能化水平和企业核心竞争力。比如人工神经网络和模糊逻辑系统在制造业的许多场合都得到了应用，在工业自动化过程中发挥着极其重要的作用。

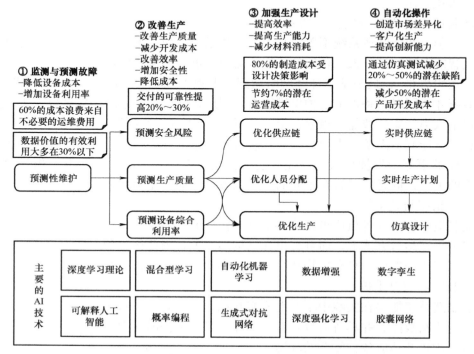

图 1-11　制造过程中的 AI 典型应用及主要的 AI 技术

1.3.1　AI 驱动制造装备智能化

人工智能与制造融合的最直接体现是基于智能制造装备的加工过程控制优化，即 AI 驱动制造装备智能化。智能制造装备是指通过融入传感、人工智能等技术，装备能对本体和加工过程进行自感知，对装备加工状态、工件和环境有关的信息进行自分析，根据零件的设计要求与实时动态信息进行自决策，依据决策指令进行自律执行，实现加工过程的"感知→分析→决策→执行"的大闭环，如图 1-12 所示，保证产品的高效、高品质及安全可靠加工。

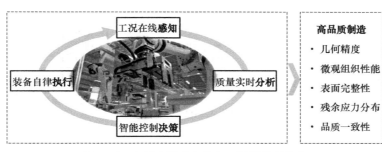

图 1-12　智能制造装备的加工过程控制优化

通过制造装备的智能化，实现工况在线检测、工艺知识在线学习、制造过程自主决策与装备自律执行等关键功能。

（1）工况在线检测

在线检测零件加工过程中的切削力、夹持力，切削区的温度，刀具热变形、磨损、主轴振动等一系列物理量，以及刀具 – 工件 – 夹具之间热力行为产生的应力应变，为工艺知识在线学习与制造过程自主决策提供支撑。

（2）工艺知识在线学习

分析加工工况、界面耦合行为与加工质量 / 效率之间的映射关系，建立描述工况、耦合行为和加工质量 / 效率映射关系的知识模板，通过工艺知识的自主学习理论，实现基于模板的知识积累和工艺模型的自适应进化，为制造过程自主决策提供支撑。

（3）制造过程自主决策

将工艺知识融入装备控制系统决策单元，根据在线检测识别加工状态，由工艺知识对参数进行在线优化并驱动生成制造过程控制决策指令。

（4）装备自律执行

智能装备的控制系统能根据专家系统的决策指令对主轴转速及进给速度等工艺参数进行实时调控，使装备工作在最佳状态。

1.3.2　AI 驱动工厂运行控制实时化

工厂运行控制实时化是指利用智能传感、大数据、人工智能等技术，实现工厂运行过程的自动化和智能化，基本目标是实现生产资源的最优配置、生产任务的实时调度、生产过程的精细管理等。其主要功能架构包括智能设备层、智能传感层、智能执行层和智能决策层，如图 1-13 所示。

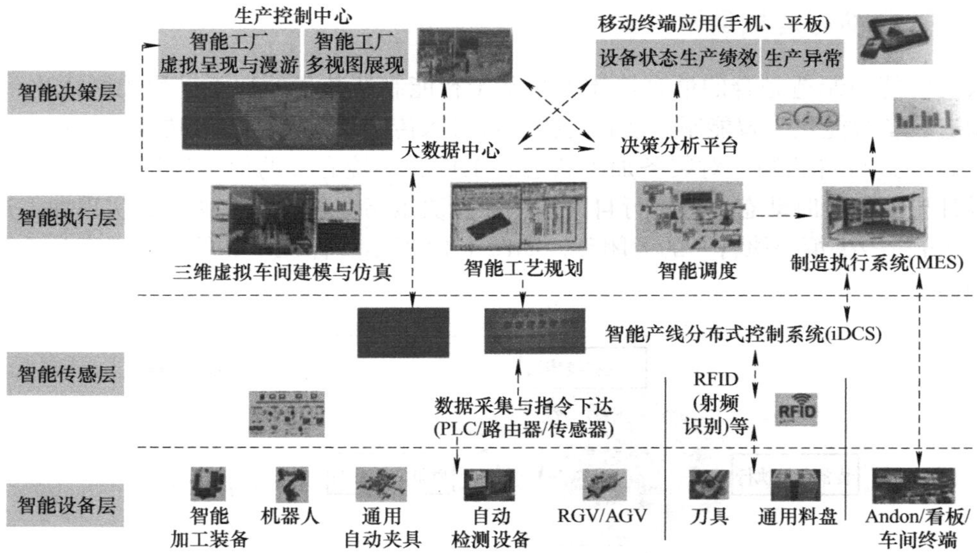

图 1-13　工厂运行控制实时化

智能设备层主要包括各种类型的智能制造和辅助装备，如智能机床、智能机器人，AGV（自动导引车）/RGV（有轨制导车辆）、自动检测设备等；智能传感层主要实现工厂各种运行数据的采集和指令的下达，包括工厂内有线/无线网络、各种采集传感器及系统、智能产线分布式控制系统等；智能执行层主要包括三维虚拟车间建模与仿真、智能工艺规划、智能调度、制造执行系统等功能和模块；智能决策层主要包括大数据分析、人工智能方法等决策分析平台。

工厂运行控制实时化的主要关键技术包括制造系统的适应性技术和智能动态调度技术等。

（1）制造系统的适应性技术

制造企业面临的环境越来越复杂，比如产品品种与批量的多样性、设计结果频繁变更、需求波动大、供应链合作伙伴经常变化等，这些因素会对制造成本和效率造成很不利的影响。智能工厂必须具备通过快速的结构调整和资源重组，以及柔性工艺、混流生产规划与控制、动态计划与调度等途径来主动适应这种变化的能力，因此，适应性是制造工厂智能化的重要体现。

（2）智能动态调度技术

车间调度作为智能生产的核心之一，是对将要进入加工的零件在工艺、资源与环境制约下进行调度优化，是生产准备和具体实施的纽带。然而，实际车间生产过程是一个永恒的动态过程，不断地发生各类动态事件，如订单数量/优先级变化、工艺变化、资源变化（如机器维护/故障）等。动态事件的发生会导致生产过程不同程度的瘫痪，极大地影响生产效率。因此，如何对车间动态事件进行快速准确处理，保证调度计划的平稳执行，是提升生产效率的关键。车间动态调度是指在动态事件发生时，充分考虑已有调度计划以及系统当前的资源环境状态，及时优化并给出合理的调度计划，以保证生产的高效运行。动态调度在静态度已有特性（如非线性、多目标、多约束、解空间复杂等）的基础上增加了动态随机性、不确定性等，导致建模和优化更为困难，是典型的 NP-hard 问题。

1.3.3　AI 提升制造系统智能化

人工智能技术在制造系统智能化过程中的作用会持续扩大，图 1-11 中列举的一些典型应用场景都体现了 AI 的重要作用，从自动化到智能化不断提升智能水平，下面列举三个例子：

1）制造系统中执行安全监控的机器视觉系统必须具备理解制造单元作业场景的能力，以便识别可能造成不安全状况的任何违规作业行为。

2）执行维修 / 维护 / 诊断等装备运维（MRO）系统必须能够区分正常操作和异常操作，并且在异常操作的情况下，能够识别故障的性质以及对其进行修复。

3）在错误检测和恢复中，系统必须能够在错误发生时对其进行分类，并采取必要的纠正措施进行设备恢复。

上述三种制造系统自动化 / 智能化的功能中，在自动化阶段系统对异常事件的反应都是按照已编码到指令程序中的程序进行的，这些反应给系统带来了智能行为的表象，因为上述处于自动化阶段的系统功能只能应用于各自的程序设计者所预期的情况，还不具备高度智能化的能力。特别是当例外事件不在设计者预期的情况中时，这些自动化制造系统将可能无法做出适当的响应。

在许多自动化应用中，系统不仅要在外在表现中体现"智能"，而且要实际体现出接近人类能力水平的智能，甚至可能在某些方面超过这样的水平。这就是人工智能的目标，系统被赋予了感知、推理、学习和记忆等认知能力，并应用于制造过程中的具体问题情境，包括问题解决、自然语言交流（机器与人类对话并理解人类）、分析大量数据和信息、规划和制定战略、从不完整的数据中得出推论、基于对环境的感知进行路径选择等。

当然，人工智能的应用领域往往是特定的。比如，自然语言交流中的语言必须是特定的（例如英语和汉语），从不完整的数据中得出的推论必须是限定于具体技术的（例如医学诊断），路径选择问题必须考虑到环境的约束（例如飞行的无人机和自动驾驶汽车等）。尽管人工智能的应用程序领域可能是特定的，但用于处理应用程序的方法在一般情况下是具有通用性的，可以在多个应用程序中使用。例如人工智能中的专家系统，包含了给定领域（例如制造领域的产品设计、医学领域的医疗诊断、冶金领域的参数优化等）专家的技术知识的计算机程序，以及将知识应用于特定问题的算法。专家系统中的专家知识构成了知识库，应用这些知识的算法称为推理机。知识库包括一般事实、原则、程序和经验法则，人类专家必须知道这些才能解决特定应用领域的复杂问题。推理引擎的设计目的是将知识库应用于应用领域中新问题的给定事实。在医学领域，专家系统用于分析患者的症状，以诊断最可能的疾病。在制造业中，专家系统用于产品设计、工艺规划等。专家系统尽管有其特定领域的限制，但其基本构成包含了知识库、推理机，因此成为人工智能应用中的通用性方法之一。

人工智能的另一种通用方法是数据挖掘，这是一种分析大量数据以提取有用信息并搜索模式和趋势的计算过程。分析技术包括应用统计学（如回归分析）、数据库管理、机器学习和数学分析。数据挖掘技术的一个典型应用是在电商平台中可以根据用户以前的购买行为来搜索每个顾客的购买偏好并进行产品推荐。在制造业中，随着智能工厂、智能制造系统的应用推广，来自工厂／车间、单元／设备等自动采集的数据应用于生产制造各业务环节的运营分析，并简化为指示运营绩效的指标，比如设备综合效率（Overall Equipment Effectiveness，OEE），表示实际的生产能力相对于理论产能的比率，它是一个独立的测量工具。设备综合效率是企业设备效能发挥情况的关键指标，也是企业开展设备使用情况分析的具体工具，对设备投入决策具有重要的参考作用。

人工智能算法中另一类与数据挖掘密切相关的是机器学习，即可自行学习的计算机算法，能够学习的机器通过经验和对环境的观察来扩展其知识基础。机器学习包含以下三种主要方式：

1）监督学习：将样本输入和输出呈现给计算机，使其学会识别所涉及的一般关系。

2）强化学习：当计算机试图从观察中学习时，向其提供正反馈和负反馈。

3）无监督学习：在这种学习中，计算机可以自己在观察中找到结构和知识。

在 1.1.2 小节中，分析了制造系统的构成，其中的自动化制造系统被定义为可以在没有人工帮助的情况下完成制造的过程，其含义是该制造过程是物理的，即其中的一些体力活动是由在程序控制下运行的机器来完成的。在理想的情况下，这种自动化活动没有人类的参与。当然，也存在半自动化操作的情况，即在这种操作中，工人执行工作周期的一部分活动，然后机器在程序控制下自动执行循环的其余部分。

现在考虑另一种情况，即制造系统中执行的过程不是物理的，而是智力的，即人类运用心智能力而不是体力来完成的智力活动。在某种程度上，智力过程或程序是可以自动化的，这将是人工智能的一种重要表现。图 1-14 所示为应用于过程（即物理过程）的自动化制造系统的元素构成，包括能源／动力、指令程序和控制系统。与此相对应的是人工智能系统的元素构成，如图 1-15 所示。图 1-14 中的"过程"对应的是图 1-15 中的"问题"，这个问题需要认知能力来解决，是人工智能应用要解决的一个潜在问题。人工智能系统的三个要素是推理能力、知识库和算法。需要推理能力来激发算法与知识库之间的相互作用，从而设计出问题的解决方案。如果人工智能系统是一个专家系统，那么算法将对应于一个推理引擎。知识库可能包括一种感知能力，通过这种能力可以通过与环境的相互作用来不断丰富／扩展知识库的知识构成。

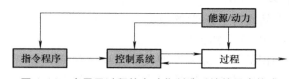

图 1-14　应用于过程的自动化制造系统的元素构成

图 1-15　人工智能系统的元素构成

需要进一步指出的是，对于智能制造系统的 5 个层次（见图 1-10），物理过程的自动化往往应用于第 1 级（设备级）、第 2 级（单元 / 工作站级）和第 3 级（车间 / 产线级），而人工智能往往应用于第 4 级（工厂级）和第 5 级（企业级）。但随着人工智能技术的发展，人工智能正在逐步向第 1、2 和 3 级的应用拓展，可以从这些级别收集数据并可用于更智能地管理工厂。以下是潜在的人工智能技术应用场景，其中一些已经在制造业中实施或正在实施：

1）计算机辅助工艺规划。基于专家系统对新设计的零件进行计算机自动化的工艺编制。

2）CNC 零件编程。计算机自动编写数控零件程序。自动零件编程模块已经开发用于某些零件的几何形状，其发展的最终目标是能够根据零件的 CAD 几何模型自动编写完整的数控零件程序。

3）机器人编程。即通过计算机自动化编写应用于机器人的程序，类似于计算机自动化的 CNC 编程，也是离线编程的下一个发展阶段。

4）人机（机器人）交互 / 协作。在智能制造场景下，存在大量的人机交互 / 人机协作任务，当人与机器人（一般是协作机器人）并肩工作时，为了避免共同执行作业任务时与人发生碰撞或伤害，需要应用融合人工智能的特殊传感器系统。

5）生产计划和调度。处于工厂级和企业级（图 1-10 中的第 4 级和第 5 级）执行的生产计划和调度活动，可以运用人工智能技术，提高生产效率，减少人为错误发生的概率。比如，可以通过利用车间产生的大量数据（包括机器停机时间、订单延误、来料和零件延迟到达等）并智能地应用这些数据来及时甚至是实时更新计划和时间表来改进生产运行。

6）机器故障诊断。应用人工智能技术进行机器设备故障预警、故障诊断，并支持进行设备维护和维修。

7）自主物资运输车辆的路线规划。物料运输车辆（如 AGV、叉车等）广泛用于工厂和仓库的物料搬运场景。例如，由操作员驾驶的叉车，以及沿着建筑物中定义的路径行驶的 AGV，在人工智能技术加持下，这些类型的车辆在工厂中将实现自动驾驶。

上述所列人工智能应用程序指出了未来制造业将更智能地执行，并更多地利用从运营中获取的数据和信息的发展方向。智能制造和智能工厂正是这一趋势的具体表现，在工业4.0 中也表达了相似的发展认知。

1.4 本书整体结构

本书正文共 8 章，全书的整体结构与内容分布如图 1-16 所示。以制造系统为对象，围绕"设备 – 单元 – 产线 / 车间 – 工厂"等制造系统的核心构成要素，具体阐述智能制造系统及其典型特征、智能制造典型装备及实例、智能制造系统开发过程与方法等基础知识；以项目制学习为导引，阐述智能生产单元设计与开发、智能生产线与车间布局设计、智能工厂设计与仿真、智能制造运行管理与控制、制造系统智能运维等智能制造系统设计的专业知识；本书同时提供以 AGV 与柔性机械臂的集成开发为背景的项目制学习案例，满足新工科专业项目制教学需要，培养学生工程实践能力与创新思维。

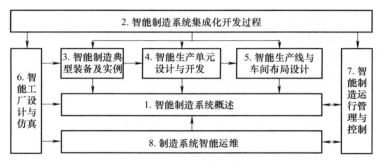

图 1-16　全书的整体结构与内容分布

　　本章以福特 T 型车及其流水线作为案例导入，试图从实际工程背景出发帮助读者建立起制造系统的基本概念认知，包括流水生产线、生产系统等，并在区别"制造"与"生产"这两个术语基础上，进一步探究"智能制造系统"对于"制造系统"而增加的"智能"所指的技术内涵。本章重点阐述了制造系统的相关概念，给出了制造系统的构成、分类以及制造系统自动化 / 计算机化的主要内容；给出了智能制造系统的定义，分析了智能制造环境下工厂作业中的体力劳动及智能制造系统中人的作用的不可或缺性，总结了智能制造系统的分层结构、典型特征，分析了人工智能与制造系统的融合趋势，从 AI 驱动制造装备智能化、AI 驱动工厂运行控制实时化、AI 提升制造系统智能化三个方面概括了 AI 应用的典型场景及未来趋势。

　　第 2 章为使读者建立起智能制造系统设计与运行控制的全面认识，构建了智能制造系统集成化开发框架，从面向制造的设计、制造工艺开发及制造系统开发三个方面，详细介绍了智能制造系统集成化开发过程，便于从全局把握制造系统设计与运行控制的基本过程、主要内容；为理解智能制造系统设计的主要驱动力，即为什么要开发智能制造系统，分析了制造系统设计的主要影响因素；在制造系统开发的最后阶段，要进行能力评估，以保证制造系统运行时满足设计要求，为此进一步阐述了制造系统可靠性的基本概念及分析方法，明确了制造系统的关键性能指标。

　　第 3 章首先界定了智能制造装备的主要特点并给出了智能制造系统中常用的典型装备的主要分类；针对智能制造系统中相对通用且常用的两种典型装备——工业机器人和自动导引车（AGV），进行了详细介绍。同时，为了使读者对智能制造系统及装备在实际企业中的应用有更直观和全面的认识，详细介绍了汽车整车智能制造、国产大飞机智能制造的关键场景及典型装备。尽管本书并不对具体装备的设计开发进行讲解，但通过这些典型行业、装备应用情况的学习，读者能够体会到智能制造系统设计开发涉及的知识面的广度和深度，建立起项目制课程自主学习和未来终身学习的意识。

　　第 4 章首先介绍了生产单元的相关概念及生产单元原理及系统布局形式，进一步给出智能生产单元的定义；按照典型制造系统"加工 – 运输 / 储存 – 装配"的核心功能，分别介绍了三种典型的智能生产单元：智能加工单元、智能物流单元和智能装配单元；针对定制化生产模式及智能制造场景下人机协作的持续应用，给出了柔性制造单元、人机协作智能生产单元的设计方案；最后给出了两个智能生产单元 / 监控系统的设计实例。

　　第 5 章在第 3 章（典型装备）和第 4 章（生产单元）的基础上，以生产线为对象详细介绍其概念与分类；围绕生产线平衡问题，给出了装配线分析与平衡设计的具体方法；针对车间设备、单元的布局组织，介绍了智能车间设施布局设计方法。

第 6 章以前述智能制造系统构成核心要素为基础，从工厂设计与运行的全局视角出发，侧重在智能工厂整体架构基础上的设计与仿真。首先给出了智能工厂的定义及特征，进一步围绕工厂整体架构详细介绍了实体工厂工艺设计内容和方法，智能工厂仿真技术、工具及具体案例，虚拟工厂的参考架构及设计方法、流程，以及面向智能工厂的工业通信网络与信息安全技术等内容；最后以某公司飞轮储能装置智能工厂建设项目为例，详细介绍了智能工厂设计的具体工艺流程、设计方案和建设成效。

第 7 章从广义制造系统视角出发，详细介绍了在数字化智能化背景下传统工厂管控体系的变化、制造系统运行控制架构；从管理运行层面深入介绍了生产计划与调度问题，以及企业资源计划（ERP）系统；从制造运行及控制层面深入介绍了制造运行管理（MOM）系统及车间运行控制系统。通过学习第 7 章，读者能够建立起制造系统运行控制从企业管理层到车间执行层的系统性认知。

第 8 章是本书正文的最后一章，围绕制造系统智能运维技术展开，也是实现智能制造系统运行控制的一项重要支撑技术。首先介绍了制造系统运维的基本概念、制造系统的多态性及其运维特点、维修保障策略等基础知识；给出了制造系统智能运维参考模型与架构，并拓展了基于数字孪生的制造系统智能运维技术，以数控机床、汽车发动机生产车间为对象，介绍了智能运维技术的应用案例。

本书以电子资源方式提供了学生项目制课程作品开发案例。以北京理工大学智能制造工程专业 2019—2020 两届本科生的项目制课程为例，以 AGV 和机械臂的集成开发为目标，详细描述了项目制课程作品需求规格和场景定义、项目制课程作品设计方案，包括导航与控制系统、复合作业机器人作业监控系统等，并提供了完整的软硬件开发源代码。

习题

1-1　简述制造系统的基本概念。

1-2　简述制造系统的主要构成。

1-3　自动化制造系统分为哪三种基本类型？

1-4　智能制造系统的定义是什么？

1-5　智能制造系统的典型特征有哪些？

1-6　简述智能制造系统的分层结构。

1-7　举例说明 AI 在制造业的典型应用。

项目制学习要求

1. 拓宽视野

观看央视纪录片《大国重器（第二季）》第七集——智造先锋，基于企业案例和实际场景加深对智能制造系统的认知，并为接下来开展的项目研究积累智能制造的背景知识。

大国重器　中国力量——智造先锋①

徐工集团前身为 1943 年创建的华兴铁工厂，1989 年组建成立国内行业首家集团公司，是中国工程机械产业奠基者、开创者和引领者，是工程机械行业具有全球竞争力和影响力的千亿级龙头企业。公司主要指标始终稳居中国工程机械行业第 1 位，连续三年位列世界工程机械行业第 3 位，连续四年位列"世界品牌 500 强"。

2017 年，习近平总书记视察徐工集团时殷切勉励"徐工集团有光荣的历史，一定有更加美好的未来"。2023 年，习近平总书记充分肯定徐工的工程机械"达到了世界领先水平"，殷切叮嘱"还要再提升，向中高端走，高质量发展要体现在这里"。

徐工集团正坚定产业高端化、智能化、绿色化、服务化、国际化转型升级，加快建设世界一流现代化企业，攀登全球装备制造产业珠峰。

2. 项目制学习拓展

通过学校图书馆网站，检索智能制造领域两本核心期刊，通过文献调研跟踪智能制造领域研究前沿热点。

要求：回顾 *Journal of Intelligent Manufacturing*、*Journal of Manufacturing Systems* 两本期刊历来发文的主题，每本期刊选择 1 ～ 2 篇近 3 年自己感兴趣的文章，进行文献回顾，并撰写文献报告（PPT 格式），内容包括但不限于以下 5 个方面的内容：

1）文章主题、摘要介绍。

2）文章研究的主要问题。

3）文章提出的主要研究方法及研究过程。

4）文章的主要结论。

5）对论文的评价及思考。

能力目标：通过文献阅读进行研究拓展，为后续进行项目制学习做好铺垫，同时从项目制研究角度帮助学生提高文献检索能力；检索文献，发现问题。

① 感兴趣的读者可以观看《大国重器（第二季）》第七集　智造先锋，网址为 https://tv.cctv.com/2018/03/04/VIDE4UzncdRE6JJzugpZThFn180304.shtml?spm=C55953877151.PHXsiQANZko2.0.0。

第2章　智能制造系统集成化开发过程

学习目标

通过本章学习，在基础知识方面应达到以下目标：
1. 能简要概括制造战略的内容构成及对制造系统开发的影响。
2. 能准确描述智能制造系统集成化开发框架及系统开发过程。
3. 能清楚说明智能制造系统的关键性能指标及其分析方法。

本章知识点导读

请扫码观看视频

案例导入

西门子数字化工厂再进化：破土动工前，工厂已"建成"[○]

面向工业4.0的进化从未停止过。西门子数控（南京）有限公司（SNC）新工厂于2022年正式投运，在实地建设之前，西门子就已全面应用自身数字化技术，预先在虚拟世界打造工厂的数字孪生，实现从需求分析、规划设计、动工实施到生产运营全过程的数字化。据介绍，通过打通从研发到生产运营各环节的数据流，新工厂的产能提高近2倍，生产效率提升20%，产品上市时间缩短近20%。

多年前西门子在成都建造其全球第二个数字化工厂时，复制了在德国安贝格工厂的经验、技术和流程。但SNC新工厂没有"德国样板"，无先例可循，是西门子全球首座原生数字化工厂。SNC成立于1996年，是西门子运动控制领域德国以外最大的研发和制造中心，主要产品线覆盖数控系统、通用变频器、伺服电动机、齿轮马达等产品，广泛应用于

○ 案例资料来源：https://www.thepaper.cn/newsDetail_forward_18672781。

汽车、航空、电子、制药、物流和新能源等高端制造行业，并有大量产品出口海外市场。面对日益增长的市场需求，该工厂急需扩大产能，提高生产效率和灵活性。于是，催生出再新建一座工厂的需要。

何为原生数字化工厂？按照西门子公司的说法，原生指的是在设计、规划、建造和生产运营的全生命周期，从零开始，开创性地完全使用西门子自身的数字化理念和技术，让工厂从无到有，由虚到实。"在工厂破土动工之前，已经在虚拟世界里用西门子的软件，完成了从工厂需求分析到建成运营全过程模拟仿真和验证。在实际建设过程中，通过大数据分析，进一步优化生产流程，为实际生产提供实时可靠的数据支撑，实现数字化制造和管理。"

试想一下，要生产一支笔，传统的做法是先出一张图纸，然后调整机床参数去开模做出样品，图纸返回研发部门经过比对修改，才能进入生产线。随着数字化技术向制造业各领域加速渗透，产品的数字孪生已经不算新奇：在虚拟世界中预先完整模拟出某种产品的设计、生产制造过程，通过建模仿真优化设计，可以减少物理调试时间、节约大量材料测试成本。西门子原生数字化工厂的建成，证明了可以像设计产品一样设计厂房和生产线，将数字孪生覆盖产品以及工厂的全生命周期，从而实现持续优化的数字闭环。

讨论：

1）西门子 SNC 新工厂建设使用了哪些数字化技术？

2）通过该案例，对智能制造系统的设计开发有哪些启示？

3）你是如何理解原生数字化工厂的？我国在工厂数字化与智能化方面还有哪些不足？

2.1　智能制造系统集成化开发框架

制造系统存在的根本目的是实现产品的物理产出，从这个角度看，制造系统的设计开发应以产品的制造要求为输入，直接表现为产品设计、工艺开发对制造系统设计的具体要求。如图 2-1 所示，智能制造系统集成化开发框架包含了产品模型、工艺规划模型和制造模型的整体开发过程。其中，"产品开发→工艺开发→制造系统开发"表达了产品、工艺、制造系统三者开发的先后顺序及相互联系。产品开发的直接输出为产品模型，工艺开发的主要任务包含了作业选择、作业序列选择和作业数据测定，输出结果为工艺规划模型。

制造系统开发过程是智能制造系统集成化开发框架的核心，以工艺规划模型为输入，在策略定义的基础上，重点完成资源选择，包括机器选择、工具选择、MHS（Material Handling System，物料搬运系统）选择和夹具/工装选择，在资源选择基础上进行设施配置、设备布局定义和生产能力规划，最后完成整个系统的调度设计和能力评估。制造系统开发完成后将形成制造模型。

为更好地理解制造系统集成化开发的基本逻辑，通过图 2-2 进一步描述产品开发、工艺开发和制造系统开发之间的关系。

三种开发任务都包含四个主要阶段，即构思阶段、基础开发阶段、高级开发阶段和发布阶段，对应每个阶段分别细化了具体的开发任务。

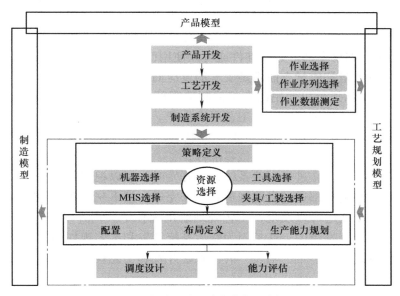

图 2-1　智能制造系统集成化开发框架

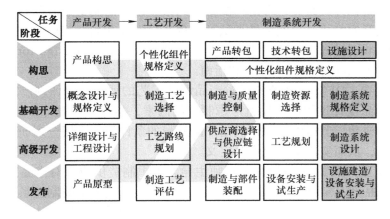

图 2-2　产品开发→工艺开发→制造系统开发的逻辑关系

23

　　产品开发任务起始于最初的产品构思,经过概念设计与规格定义、详细设计与工程设计,最终完成产品原型开发。对制造系统开发而言,在完成产品开发过程中,更需要注重面向制造的设计,接下来将在 2.1.1 小节具体介绍该方法。

　　工艺开发是在产品开发基础上,为实现产品制造而进行的工艺规划,具体包括对构成产品的个性化组件进行规格定义,选择制造工艺并进行工艺路线规划,最后进行制造工艺评估,以确保产品能够按照工艺生产出来。有关工艺规划的内容将在 2.1.2 小节具体介绍。

　　制造系统开发是围绕产品生产制造所需的各类生产设施、设备、技术等进行的选择、规划和开发。对于产品所需的标准零部件可以通过指定供应商进行外部采购,其他零部件的生产则可以通过给定技术条件委托其他供应商进行定制生产，必须要企业自制的零部件及产品的加工装配等，需结合新的制造工艺能力和生产量，设计新的生产设施，并保证制造工艺的可行性。如图 2-2 所示，制造系统开发可能出现以下三种情况：

1）产品转包：如果零部件是标准件或可以使用已有工艺来制造，则可以选择在成本、交付时间、可供货数量和质量方面满足要求的供应商进行转包生产。

2）技术转包：如果可以使用已有工艺制造零部件，但找不到供应商，则可以将制造工艺和相关技术转包给指定供应商按工艺要求生产。

3）设施设计：如果零部件不是标准件或制造该产品的现有工艺技术不可用，则有必要设计新的设施并开发新工艺来制造该零部件。

对于制造企业而言，在进行制造系统设计开发时，可以根据制造战略来决定选择上述哪种方式，或者三种情况都通过自建制造系统来完成，接下来将在 2.2 节具体介绍。

另外，通过图 2-2 还可以发现，工艺规划既出现在了工艺开发任务的高级开发阶段，也出现在了制造系统开发当中，这是因为制造系统开发和工艺规划的边界在企业进行新的制造系统设计开发过程中不是"割裂"的，系统开发和工艺规划有时是并行的，也存在相互迭代改进的情况。

2.1.1　面向制造的设计

制造系统集成化开发是充分考虑产品模型约束基础上的制造系统开发模式，本质是设计和制造的集成开发方式，可制造性评估是实现产品设计和制造集成的重要手段。制造可行性是衡量产品设计水平的关键指标之一，面向制造的设计（Design for Manufacturing，DFM）可以看作产品开发工程的原则和指南。

从狭义角度看，DFM 更多地考虑对产品设计工艺的评估，以评判产品设计的可制造性，也就是在产品设计过程的早期就考虑制造的因素，指导产品设计，减少设计的反复，使产品一次开发成功。其目的是保证满足产品质量的条件下，采用合理而经济的制造工艺来达到设计要求，从而实现最优化产品定义。

从广义角度看，DFM 是由设计工程师主导，组织制造供应商对产品工艺性进行评判的工作，不仅包括产品定义和工艺，还应涵盖实施该工艺过程中的制造系统，即产品的结构工艺性、可加工性、可装配性、标准文件、制造成本和制造周期等方面。也就是说，可制造性评估是从制造可行性和经济性的观点来检验设计的质量。因此，对制造系统开发而言，是从 DFM 广义范围来理解的。

在产品设计的早期阶段应用 DFM，使得产品工程活动需要考虑制造过程能力、总体性价比和约束条件。因此，DFM 的目标是设计最符合现有制造能力或技术、经济合理的新系统的产品零件。对于不同的产品设计内容，使用 DFM 遵循的原则相同但重点不同，其目标也不同，如面向装配的设计、面向质量的设计、面向可维护性的设计和面向回收的设计。

DFM 理念推动了在产品工程开发的早期阶段充分考虑产品设计的可制造性，同时也促进了产品开发和工艺开发的集成，工艺开发和制造系统开发的专业人员参与到产品设计环节，也是 DFM 能够成功执行的重要保证。图 2-3 所示为实施 DFM 和并行工程的基本流程。

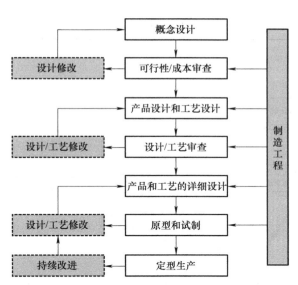

图 2-3　实施 DFM 和并行工程的基本流程

实施 DFM，需要产品工程团队和制造工程团队协同工作，审查产品设计意图和初步工艺要求，综合考虑产品工程要求、制造的可行性和成本控制要求，制定出最佳的设计方案。在制造领域，实施 DFM 的一个简单案例是关于机械加工类零件规格的设计问题，比如对零件尺寸公差的设计，产品工程设计应避免因对公差设计要求过高而带来的高制造成本。

事实上，许多设计意图可以根据制造情况进行方案调整和优化。如果高标准的设计要求是必不可少的，那么制造工程团队需要及早参与设计，以便有足够的时间升级改造、优化相关设备和工艺流程，这也是进行制造系统集成化开发的原因之一。汽车制造领域利用 DFM 推动产品工程和制造工程开发有效结合的典型案例是丰田汽车公司，该公司取得成功的重要因素之一是采用了"基于工艺驱动的设计"，将制造标准（也称工艺流程）确定为产品工程和设计的指南，并在产品开发过程中遵循这些准则，在对现有制造工艺产生最小影响的情况下，实现车辆造型、产品工程和新制造技术的有效结合。

在进行制造系统开发过程中，还可以将 DFM 与系统工程方法相结合，从系统设计与开发策划、系统需求捕获与定义、系统架构定义、系统详细设计与实现、系统集成、系统验证和系统确认七个完整的子过程出发，结合可制造性设计工作的自身特点，将可制造性活动融入系统工程的五个子过程，推进 DFM 在制造系统设计和开发过程中的深度应用，如图 2-4 所示（图中 SRR 表示系统需求审查、PDR 表示初步设计审查、CDR 表示关键设计审查、TRR 表示试验准备审查、FRR 表示定型准备审查）。

1. 系统设计与开发策划子过程

在系统工程过程的系统设计与开发策划子过程中，可制造性主管依据前期的项目研制要求，以及利益相关方期望和要求文件，识别和定义系统的 DFM 需求，为产品建立可制造性工作计划，明确可制造性工作的内容、输入和输出、实施要求以及节点等。

25

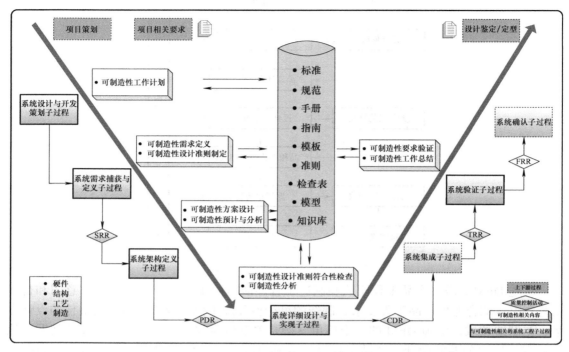

图 2-4　融入系统工程过程的 DFM 方法

2. 系统需求捕获与定义子过程

在系统工程过程的系统需求捕获与定义子过程中，主要有可制造性需求定义和可制造性设计准则制定两项活动。在可制造性需求定义活动中，系统设计师组织需求定义团队，参照系统功能、性能、接口、六性、电磁兼容性等特性的定义过程，将 DFM 纳入产品的约束条件，明确定义系统的可制造性需求。在可制造性设计准则制定活动中，可制造性主管依据研制规范（包含系统规范、子系统研制规范、设备研制规范），确定可制造性需求，并按照硬件设计专业分工，编写可制造性设计准则。

3. 系统架构定义子过程

在系统工程过程的系统架构定义子过程中，主要有可制造性方案设计和可制造性预计与分析两项活动。在可制造性方案设计活动中，可制造性主管依据系统规范、子系统研制规范、设备研制规范，以及系统技术方案、子系统技术方案、设备技术方案等输入，可制造性主管对可制造性方案进行分析，明确能够符合研制规范中可制造性需求的 DFM 措施，并在技术方案中补充完善 DFM 内容。

在设计师开展设计失效模式及影响分析（Design Failure Mode and Effects Analysis，DFMEA）工作的同时，在可制造性预计与分析活动中由工艺人员同步开展过程失效模式及影响分析（Process Failure Mode and Effects Analysis，PFMEA）工作，编写基于 SOD[Severity（严重度）、Occurrence（频度）、Detectivity（探测度）] 的可制造性 PFMEA 报告，具体分析步骤如图 2-5 所示。

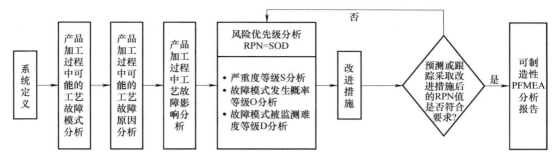

图 2-5　可制造性 PFMEA 的分析步骤

4. 系统详细设计与实现子过程

在系统工程过程的系统详细设计与实现子过程中，主要有可制造性设计准则符合性检查和可制造性分析两项活动。在可制造性设计准则符合性检查活动中，主管设计师依据可制造性设计准则，对各条准则条款的符合性进行自查，填写设计准则符合性检查表。根据研制产品对象的不同系统层级，各专业的可制造性工艺师对设计准则符合性检查表进行审查，完成 DFM 审查单汇总以及设计准则符合性检查报告的编写。

5. 系统验证子过程

在系统工程过程的系统验证子过程中，主要有可制造性要求验证和可制造性工作总结两项活动。在可制造性要求验证活动中，工艺主管按照工艺首件工作流程，组织开展工艺文件编写及投产跟产活动，编写工艺首件审查单。随后，可制造性主管收集汇总工艺首件审查单，对产品可制造性要求进行验证，完成可制造性验证报告的编写。

以某型号航空电子系统的 DFM 为例，该型号新研发的系统级产品（某型号无人机地面控制站系统）运用 DFM 识别出的问题见表 2-1，主要包括子系统装配、操作可达性、整机装配、模块装配等问题，此外，在下属元器件选用、逻辑图审查过程中，也会引入生产制造的不利因素。经过阶段性统计，在实施可制造性设计之后，目前该子系统产品的装配周期从 20 余天缩短为 1 周，减少了生产中的实物验证投入和迭代反复，大幅缩短了研制周期；所含模块的可制造性设计已有 89.7% 的覆盖率，借助相应的 DFM 审查工具，能够识别出 90% 以上的可制造性风险点，因模块设计造成的现场问题处理数量下降了 15% 以上；机箱及结构件的 DFM 审查覆盖率达到了 95% 以上，平均能够识别出 9 个可制造性风险点，显著降低了后期的返工返修和补加工概率。

表 2-1　运用 DFM 识别出的典型问题示例

序号	问题点	问题图片	问题描述	可制造性建议	SOD
1	该子系统产品操作可达性不足，可能存在装配风险，影响装配质量、装配效率或维修		在现有生产条件下无法实现高效装配，操作可达性不足，需借助工具或者设备来完成生产	建议采用长柄螺钉旋具、线缆插拔器等专用工具，提高装配条件和能力，同时，优化整体布局设计，提高可达性	严重

（续）

序号	问题点	问题图片	问题描述	可制造性建议	SOD
2	装配过程中的人因工程考虑不足，制造人员操作劳动强度大，易造成生产质量不稳定		该类产品前舱设备和后舱机箱体积大、设计的可操作空间狭小，躯干和四肢在操作过程中难以长期维持	提高前舱和后舱生产装配过程中的人因工程设计，降低劳动强度，同时，规划适合操作人员的装配路径和装配方式	中等
3	该子系统产品物理集成过程中存在尺寸干涉，尺寸链设计待优化		该子系统产品前舱操作手柄、油门杆等二配组件较多，物理集成装配过程中存在刚性应力，难以实现集成装配	优化该子系统级产品的公差尺寸链设计，为装配集成过程留出余量，避免在实物阶段才发现物理干涉等问题	严重
4	该型号所含整机产品装配后存在尺寸干涉，安装后由于刚性应力直接压坏干涉位置的元器件	8mm 8.2～8.4mm	散热框架高度为8mm，明显小于器件高度，散热盖板和PCBA（印制电路板组装）模块通过螺钉紧固连接后，有器件压坏的风险	需要更改设计，在满足整机重量等约束条件下，增加散热框高度，或者选用高度较低的器件，避免干涉问题的出现	严重
5	焊盘与封装不匹配，造成装配过程存在偏差，无法机贴，甚至无法安装	引脚与焊盘接触小于50%	器件焊盘设计缺陷，引脚与焊盘接触小于引脚尺寸的50%	需要更改设计，使得器件引脚和焊盘尺寸匹配，提高焊接可靠性	严重
6	焊盘设计不合理，导致芯片引脚存在少锡现象，影响焊接可靠性	导通孔设计在焊盘上	导通孔设计在焊盘上，焊料从导通孔流出	不应出现盘中孔，需要优化焊盘设计，避免焊料从导通孔中流出	中等

　　由此可见，DFM 的应用能够及早识别出产品设计潜在的生产制造风险，通过设计 - 工艺 - 制造之间的一体化协同，降低质量问题隐患和试生产成本，缩短产品的研制周期，为产品的高质量交付保驾护航。需要指出的是，捕获识别产品对象中的可制造性问题只是 DFM 活动的一个重要环节，将 DFM 融入系统工程过程，实现问题发现 - 分析 - 优化 - 落实的闭环控制才是 DFM 落地应用的关键。

2.1.2　制造工艺开发过程

　　制造工艺开发是在产品设计基础上，为实现产品所需零部件的加工、装配而进行的加工路线规划、加工参数选定、装配路径规划等活动。以汽车装配工艺开发为例，就是要将汽车零部件装配为整车而进行的设计和规划过程，如图 2-6 所示。

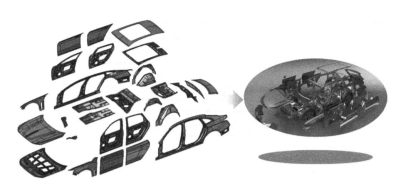

图 2-6　组装为车身的待装配零部件

　　汽车制造有多种装配工艺，具体见表 2-2。制造的主要作业包括钣金冲压、车身框架、涂装、动力总成制造和车辆总装，它们的工艺特征在某些方面比较相近，但在其他方面则显著不同。

表 2-2　汽车制造装配工艺

作业	输入	输出	主要工艺	其他工艺
钣金冲压	金属卷	零件	成形	切割和穿孔
车身框架	冲压件	白车身	焊接	粘接和密封
涂装	白车身	涂装车身	涂装	清洗、密封和养护
子装配体	物料	部件	多种装配方式	—
动力总成制造	物料	部件	机械加工	铸造、热处理和装配
车辆总装	子装配体	车辆	安装	测试

1. 工艺规划的任务和输入

　　工艺规划的主要步骤如图 2-7 所示，一般需要三种类型的输入信息。第一类是待加工零件的设计信息，如零件的几何形状、材料特性、质量、与其他零件的装配关系以及质量要求。因此，解读零件的设计信息是进行工艺规划的第一步。零件的设计信息来自产品设计阶段，目前基于三维模型的产品数字化设计在制造业的产品设计中基本普及，基于模型的定义（Model Based Definition，MBD）促进了产品设计与工艺设计之间的协同，基于模型的方式更利于对零件设计信息的解读和继承。

　　第二类是制造系统的需求信息，主要包括生产周期、柔性要求、自动化水平、设施场地限制等。对于新开发的制造工艺，在满足制造系统要求的基础上，还要着重关注新工艺的适应性，要有一定的灵活调整空间。

　　第三类是生产作业指令信息，主要包括技术标准、可用预算、工装类型、维护策略、资源再利用和新技术等。

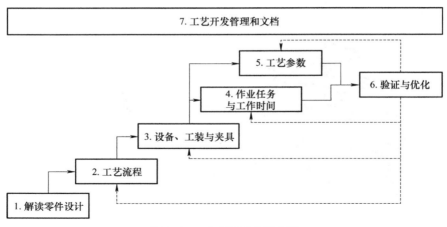

图 2-7　工艺规划的主要步骤

2. 工艺规划的输出

工艺规划的主要输出成果包括工艺流程、工位功能、作业顺序、工艺参数、安全性、人机工程学、过程失效模式及影响分析（PFMEA），以及作业和维护等相关文件。此外，工艺规划应满足鲁棒性和优化的要求，这些要求必须从长期成本效率、有效劳动力利用率、有效场地使用率、最佳设备利用率和最小维护率等方面考虑。工艺规划的成功很大程度上依赖于工艺规划专业人员的知识和经验。

工艺规划输出的工艺文件主要用于指导作业任务，同时可以记录开发过程。工艺文件的核心内容被称为工艺单或工艺卡片，加工工艺单又可称为加工路线单，装配工艺单包含了装配作业的详细说明。工艺单以文字和图表的形式表达，以汽车装配工艺为例，其工艺单主要部分包括表 2-3 所列的信息。图 2-8 所示为某汽车装配线前制动器安装的工艺文件示例。

表 2-3　工艺单信息

类别	主要元素
文件信息	工厂名称、项目编号、修订号、代码等
产品基本信息	车辆装配线、车身风格、车辆系列等
产品详细信息	零件编号、零件名称、数量、材料标准等
工艺信息	作业步骤、描述和制图、运行状态（完成或继续）主要工艺参数（如转矩）、技术要求、工艺标准等
工装信息	装配夹具名称和编号、电动工装名称和编号、设备名称和编号等

3. 工艺规划考虑因素

（1）工艺标准化

工艺标准化是制造标准化的核心部分，以确保始终如一地按特定工艺步骤执行同样的任务和程序。根据不同的应用范围，工艺标准可能涉及产品制造的不同方面。常见的工艺标准类型包括技术规范、测试方法和规程、指南（或信息描述）、定义和术语。

附录1			总装工艺卡				装配作业名称		前制动器安装

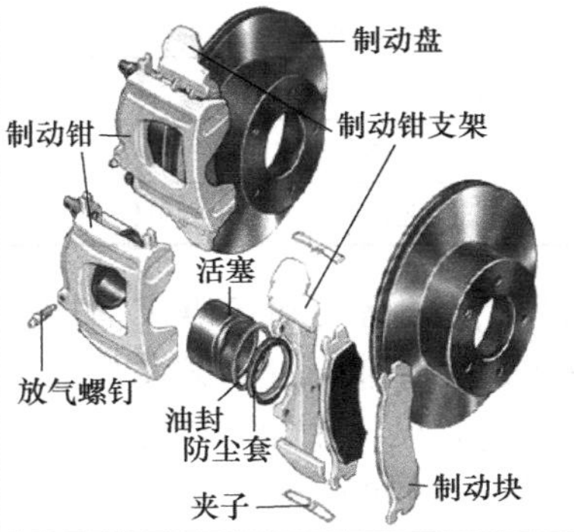

					工序号	操作内容	工具和设备
					511	前盘式制动器的安装：装复前，应先用干净的抹布将活塞与防尘套擦干净	扳手
					512	用防尘套套在活塞尾端，并先将防尘套装入制动钳的活塞腔	钳子
					513	先取出放气阀，使活塞更容易装复，再用力将活塞压入活塞腔	
					514	先检查前轮车速传感器与转速表芯轴间隙是否为2mm，再将其装复并拧紧紧固螺钉	
					515	装上制动盘盖板并拧紧螺钉，装上制动盘，并拧紧螺钉。注：装复制动盘前先检查工作面磨损程度，若超出规定（磨损极限为10mm），应更换新件	

项目	数量	零件编号	零件名称	分组号	516	将制动钳支架安装复位，并拧紧紧固螺钉。注：检查制动钳支架有无磨损变形等现象，若无则清理后可重复使用	
1	1	5111	活塞	5001	517	用粗砂纸打磨制动盘两个工作面	
2	1	5112	防尘套	5001	518	装上制动盘中间板，再装复制动摩擦片（先检查制动摩擦片厚度（磨损极限为7mm，包括后板））	
3	12	5113	螺钉	5001	519	将制动钳安装复位，并拧紧紧固螺母	
4	1	5114	制动钳	5001	520	将前轮车速传感器线束插头连接	
5	1	5115	制动盘	5001	521	将各刹车油管安装复位再固定管道，在装复前必须检查刹车油管是否完好	
6	1	5116	摩擦片	5001	522	连接各制动刹车油管接头，并拧紧	

					共5页		第1页

图 2-8　某汽车装配线前制动器安装的工艺文件示例

仍以汽车行业为例，由于有数百种汽车装配作业类型，因此要求不仅要使作业标准化，还要让工位标准精简到 20 ～ 30 种。标准的装配工位见表 2-4。基于喷漆车间和总装车间的常见作业模式，也可以建立工位标准。事实上，磷化处理、电泳涂装、固化炉和喷漆室的沉浸池等都已经基于标准组件实现了模块化。

表 2-4　标准的装配工位

名称	功能	主要子装配体
升降机	移动在制品上 / 下 / 进 / 出高架输送机	升降机框架和搬运机构
装载	将零散的零件或子装配体装载到非精密装配工位	机器人、末端执行器和零件接收夹具
定位	装配零件的精准定位	机器人、焊枪、定位夹具、尖端修理器和夹具更换机构
激光焊	精准应用激光焊	机器人、激光设备、定位夹具和封闭式防护罩
定位加载	将零件或子装配体精确装载到精密装配工位	机器人、末端执行器、部件接收和定位夹具
密封	涂抹密封剂和 / 或黏合剂	机器人、机器人密封头、定位夹具、密封设备和质量监控器
增补焊	对现有子装配体进行增补焊	机器人、焊枪和尖头修整器
预留	为将来的工艺预留工位	基本转移机构

（续）

名称	功能	主要子装配体
在线取件抽检	在制品提取抽检，然后放回装配线	平台、必要的装载辅助工装和抽检车
检修工装	离线修理工装单元或托架	平台、维修夹具和设备
检测	使用传感器检测质量	机器人、检测传感器、定位夹具和介入接口
备用	手动或自动再处理	平台、人工工艺设备和质量检测单位

工艺标准化的一个重要体现是工艺文档的标准化，即采用标准格式和术语来描述产品工艺。否则，文档可能因编写者不同而有很大差异，造成错误解释非标准工艺文件的风险，同时可能会因存在潜在错误的工艺文档给产品生产带来严重后果，比如零件加工质量不合格等。在防止工艺文档存在潜在错误问题方面，福特汽车在1990年制定了汽车领域的装配工艺标准语言，由此提高了福特国际制造业务工艺执行的一致性。随后，福特汽车还将人工智能技术引入工艺设计软件，强化了统一标准工艺单的智能生成，提高了工艺的准确性。福特汽车的这一做法，对提高我国制造业产品设计与工艺协同开发以及制造系统的设计开发具有较大的参考价值。

（2）虚拟工艺开发

随着计算机和软件技术的快速发展，越来越多的企业开始采用工艺设计与仿真软件辅助进行工艺开发，并在虚拟仿真环境中对工艺进行仿真和验证，以此减少实物工艺验证环节，缩短产品研制周期，降低研发成本。特别是在CAD/CAE（计算机辅助工程）等软件辅助下，很多产品设计工作已经实现了MBD，即完成了数字化产品开发的过程，这为计算机辅助工艺开发、实现基于MBD的三维工艺规划奠定了基础，通过计算机辅助进行虚拟工艺开发与仿真验证已经得到更广泛的重视和应用。

计算机辅助工艺开发是在三维虚拟环境中进行的，可应用于详细的工艺流程建模、人机工程学分析、机器人虚拟编程和测试、质量检测和生产管理等方面的设计。在虚拟环境中可以通过综合考虑所有与工艺相关的因素，如人机工程学评估，以及在产品研制早期阶段进行备选方案的分析等，获得工艺开发的最佳解决方案。此外，在虚拟工艺开发期间，通过研究装配作业细节以获得更好的工艺设计质量。例如，由于钣金件的柔顺性，焊接和连接的顺序对车辆的尺寸、质量会产生很大影响。当闭合焊枪的焊臂时，会对待焊零件间的间隙造成挤压，从而消除间隙。在撤掉夹具之后，零件中的内部应力会使结构产生小的回弹和几何变形。在这种情况下，需要确定焊接的顺序，以减小对零件尺寸、质量的影响。根据蒙特卡罗软件仿真结果，通常焊接应从支撑最多的区域开始，然后向支撑较少的区域进行。总之，焊接的顺序取决于接头结构和零件性质。

在航天器研发领域，受制于航天器运行在太空中的环境限制，为确保"制造一次成功"，需要对航天器的研发进行严格的测试验证，虚拟工艺开发技术在航天器研发领域得到了极大重视和应用。近年来，我国载人航天事业发展迅速，建造了"天宫"空间站。空间站建造过程中，很多零件都采用了新材料制造，几乎没有可参考的制造经验，采用先前没有使用过的工艺和研发方案来组装存在一定风险。因此，测试和评估工作就显得尤为关键。为了合理控制成本，制造商必须从物理测试这种传统的方式中解放出来，并且精准实现安全性和性能的预测。因此，通过虚拟工艺开发，允许工程师在地面环境下通过虚拟测试来模拟空间环境，得出实时数据和虚拟样机，并对最终产品的全貌进行虚拟评估。感兴趣的读者可以进一步通过视频了解虚拟现实技术助力航天领域数字化的情况[⊖]。

2.2　智能制造系统开发方法

2.2.1　制造系统开发的影响因素

制造系统开发是制造企业新产品开发工作的重要组成部分，对实现新产品的物理生产并按需交付至关重要。由图 2-2 可以看出，根据不同的制造战略，完成新产品的生产制造可以采用产品转包、技术转包和设施设计（自建工厂）三种方式。前两种一般通过供应商来完成，不涉及自身工厂制造系统开发的问题，因此本小节以自建工厂进行设施设计为目标，概述智能制造系统开发过程。

制造系统的整体开发流程起始于对当前市场趋势和客户需求的了解，以及如何实施企业顶层战略。开发活动按照系统整体结构进行层次化分解，从系统整体分解到子系统，再从子系统分解到下一级子系统和具体的工位，最后再细化到工位上的设备、工人或机器人作业。一般而言，新产品的制造要求是根据产品设计和市场需求，在考虑新技术的可行性和政策法规要求的基础上，确定其业务目标，图 2-9 所示为制造系统开发的主要影响因素和要求。同时，制造系统开发还需要考虑产品制造的相关指标要求，包括周期时间、产量、质量、生产率、成本和柔性等。

33

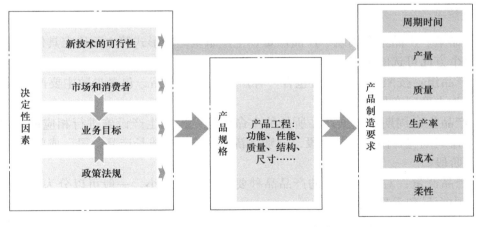

图 2-9　制造系统开发的主要影响因素和要求

2.2.2　制造系统开发的策略选择

在 2.1 节中明确了制造系统集成化开发框架（见图 2-1），其中的点画线框表示出了制造系统开发的主要内容，包括策略定义、资源选择、配置 / 布局定义 / 能力规划和调度等。这里

⊖　视频《虚拟现实辅助工程技术助力航天领域数字化发展》的网址为 https://v.qq.com/x/page/q3543jzx2ce.html?url_from=share。

所指的策略定义包括对生产设施、产能、生产、技术、柔性等方面的策略选择，如图 2-10 所示，资源选择包括对机器、MHS（Material Handling System，物料搬运系统，如 AGV 等）、工具、夹具 / 工装的选择；配置 / 布局定义 / 能力规划是基于不同级别的产能规划，并对构成制造系统的工作站、生产单元、车间等进行资源配置和设施设备的布局；调度与能力评估是对制造系统的执行 / 监测 / 控制，以及利用仿真技术进行生产能力评估。本小节将重点介绍框架中的策略定义涉及的具体内容，其他内容将在本书后续章节中逐步介绍。

图 2-10　制造战略包含的主要策略内容

1. 设施策略——决定制造系统的是哪种生产设施类型

从产品组、产品生命周期、产品产量、生产系统结构形式等方面确定具体的生产设施类型，每个方面可选的策略如下：

1）产品组：按照每个产品组包含一种产品或多种产品，包含少数主要产品或者以商品化产品为主确定产品组合分类。

2）产品生命周期：根据产品所处的生命周期阶段对生产设施进行相应的策略选择，产品的生命周期包含四个主要阶段，分别是新产品阶段、成长产品阶段、成熟产品阶段和衰退产品阶段。

3）产品产量：对确定投产的产品品种要明确产量大小，一般可以分为少量少品种、中小量、中大量和大量多品种。

4）生产系统结构形式：结合产品组、产品产量等对生产系统构型进行决策，主要形式包括项目式 – 单间作业车间、功能式 – 批次生产、单元式、流水线和连续式生产等。

2. 产能策略——如何达到目标产能

产能策略的核心是确定达到目标产能的措施，目标产能可以按照每班、每日、每周、每月、每年的产量进行衡量。

产能策略需要考虑的产品范围按照标准化程度由高到低排序为：高标准化、标准化、低标准化、定制产品。

对周期性需求产品的产能策略，分别考虑持有过剩产能、持有季节性存货、加班 / 转包方式满足产能要求。

对增加产能的一些策略，即如何在预期未来需求的情况下增加产能的途径，可以考虑加班、增加班次、转包、扩大设施和在新地点增加设施等途径。

3. 生产策略 / 物料控制策略——如何进行生产组织

生产策略 / 物料控制策略的核心是确定生产组织方式，明确制造系统的生产运作模式，包含生产组织、物料计划、车间控制、作业调度等方面的具体策略选择。

1）生产组织（主生产调度）：可以按照按库存生产、按订单装配、按订单生产、按订单设计等进行组织。具体可根据备货订货分离点（Customer Order Decoupling Point，CODP）的相关原则进行决策，即充分兼顾顾客的个性化要求和生产过程效率，将备货和订货生产组合，关键是 CODP 的确定。如图 2-11 所示，在 CODP 上游的是备货性生产，是预测和计划驱动的。在 CODP 下游的是订货性生产，是顾客订货驱动的。加工装配式生产可以分为产品设计、原料采购、零部件加工和产品装配等几个典型的生产阶段。将 CODP 定在不同的生产阶段之间，就构成了组织生产的不同方式。

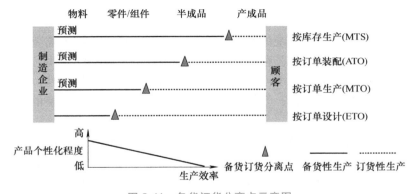

图 2-11　备货订货分离点示意图

2）物料计划：根据物料需求可以按时间分段并以费率为基础，执行物料需求计划运算。

3）车间控制：分为推式和拉式两种车间控制方式。

4）作业调度：可采用先进先出法、后进先出法、紧急订单或其他智能优化算法进行作业调度。

4. 技术策略——采用哪些制造工艺 / 技术，以及如何进行设备布局

技术策略是针对制造系统完成产品物理产出时的制造工艺选择、制造系统的自动化程度、生产资源选择及产线布局等进行决策。

1）工艺：选择在具体生产设施 / 设备中使用的特定制造工艺，并根据操作规则进行控制。

2）配置：确定制造系统的自动化程度，按照高度自动化、部分自动化、低自动化和手工作业等进行生产设施 / 设备配置。

3）资源：选择生产资源，包含在生产设施中的机器、物料搬运设备、工具、夹具和额外的辅助设备等，并根据操作规则进行控制。

4）工作站和单元配置：机器／物料搬运处理设备（机器人和运输系统等）的功能、产品和成组技术的配置和集成。

5）工作站、单元、车间和工厂布局：对生产设施的布局安排，可选布局方式包括线性布局、U 形布局、S 形布局、L 形布局和 O 形布局等。

5. 柔性策略——如何提高制造系统对需求变化的适应性

柔性策略是制造系统对市场需求变化等情况的灵活响应能力，尤其在客户个性化需求不断增加的情况下，对产品的定制需求越来越多，因此要求制造系统能够适应多品种生产需求。企业面临的各种环境变化要求制造系统具有柔性重构能力，可以从三个方面概括其柔性策略要求，包括基础柔性、系统柔性和总体柔性。

（1）基础柔性

可以从三个方面描述制造系统的基础柔性：①机器的灵活性：机器可以执行各种类型的操作，而无须费力地从一种操作切换到另一种操作；②物料搬运柔性：通过所服务的制造设施，有效移动不同类型零件的能力，以进行准确定位和加工；③操作柔性：在不同加工要求下设施／设备应具备的灵活响应能力。

（2）系统柔性

可以从五个方面描述制造系统的系统柔性：①工艺柔性：系统不需要较多改变配置就能生产一组相似类型零件；②工艺路线柔性：通过系统的可选路线来生产零件的能力；③产品柔性：新零件可以添加到系统或替换现有零件的能力；④产量柔性：在不同的总产出水平下系统生产能力的灵活调整；⑤扩展柔性：生产能力可以按需调整的能力。

（3）总体柔性

可以从三个方面描述制造系统的总体柔性：①程序柔性：系统在没有任何支持的情况下运行足够长时间的可能性；②生产柔性：制造系统在不增加主要资产的情况下可以生产的零件类型的范围；③市场柔性：制造系统能够适应变化的市场环境。

2.2.3 智能制造系统开发过程

从整体来看，制造系统的开发可以分为三个关键步骤／阶段：①系统开发；②工艺规划；③验证与投产，如图 2-12 所示。由此可以看出，制造系统开发是连接产品工程和生产运营之间的桥梁。如前所述（见图 2-2），系统开发和工艺规划有时是并行的，也存在相互迭代改进的情况，也符合并行工程（Concurrent Engineering，CE）的思想，即以上步骤在时间和团队合作方面有重叠，在系统开发和工艺规划中的一些任务，如工位级应用的各种装配技术，都需要在系统开发和工艺规划阶段同时处理。

首先，由于制造系统开发处于产品工程和工艺规划之间的过渡阶段，因此系统开发要设置整体框架，并将产品需求转化为制造系统各个方面的总体流程和需求。系统开发的工作重点是系统功能、子系统及其功能、系统布局以及不同工艺间的交互。然后，开发工作转向子系统设计。相对而言，系统开发侧重于制造全局，而子系统开发则侧重于单个生产线或工作单元布局等。在工位层面上的开发工作主要是针对工作单元／工作站的具体作业任务。在此基础上，完成工艺参数、工装设计和自动化控制程序的设计开发等工作，如图 2-13 所示，以汽车装配线开发为例，展示了子系统（装配线）的主要工位构成。

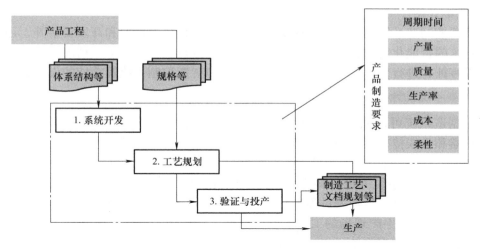

图 2-12　制造系统开发的主要步骤

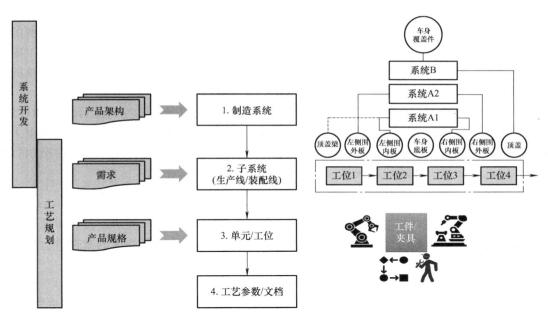

图 2-13　系统开发与工艺规划的主要内容

当完成工艺规划后，制造系统开发需要进行投产验证。该阶段包含两个主要工程活动：一个是产品和工艺验证，另一个是新产品的投产到量产。在验证活动中，需要使用现有或临时的生产工装和工艺来完成产品试制，这些产品主要用于测试产品是否满足设计要求以及验证制造系统是否达到系统设计要求。一般情况下，测试包括物理测试和产品运行测试，以验证设计和仿真分析结果。在验证过程中，很可能需要进行必要的工程变更并确认方案。使用生产工装和工艺制造产品也可以验证新制造系统和工艺的功能与性能，正常情况下，许多工艺、工装、质量等问题在验证阶段都会呈现出来并得到解决。对于设计开发的制造系统性能是否满足要求，除了符合产品工程中定义的产品设计指标外，还需要进一步考虑制造系统的自身性能，比如可靠性、生产率等。有关制造系统的性能评估将在

2.3 节中详细介绍。

对于智能制造系统而言，除了完成上述常规制造系统的设计和开发要素外，还需要结合制造系统的智能化需求，围绕"动态感知、实时分析、智能决策、精准执行"等智能制造的关键特征，进行传感系统、分析和决策系统和智能控制系统等功能的设计开发。

1. 传感系统设计

智能制造系统可以采用先进传感技术来感知不同类型的变量，比如微／纳米传感器、智能传感器和无线传感器网络等。智能制造系统中需要被感知的要素包括：

1）物料：可以使用不同类型的传感器／无线传感器网络，通过条形码、RFID（射频识别）或机器视觉系统等进行物料（包括原材料、在制品、零部件等）识别，并对其加工、装配及车间的物流运输等过程进行跟踪，实现对物料的实时感知。

2）工人活动：生产现场的工人活动可以通过使用数据采集系统来获得数据以达到感知的目的，构建的数据系统可以反馈操作人员的活动，还可以通知工作人员进行／不进行相关作业操作，使用无线传感网络的监控系统也可以监控操作人员的身体状况。

3）设施／设备：对于制造系统中的各类设备，包括机床、加工中心、机器人、物料搬运系统（如 AGV 等）以及其他自动化系统均可以采用各类传感器来感知制造资源的运行状态及其性能参数，包括噪声、振动、流量、加速度、定位、运动和位置等。加工零件的各种工具、夹具和固定装置也可以采用传感器来捕获实时数据，从而提高制造系统的整体感知性能。

4）生产过程：通过感知制造系统的重要变量的变化情况，监控其运行情况和性能。这些重要变量包括：生产率、成本、时间、体积、质量和灵活性等，都可以纳入数据采集系统，在控制制造系统的信息系统（如实时控制系统、监控与数据采集系统、制造执行系统等）中进行测量、处理和可视化。

2. 分析和决策系统设计

分析和决策系统可以采用先进的 AI 技术（如人工神经网络、模糊逻辑、深度神经网络和人工有机网络等）进行分析和决策算法设计，基于来自传感器系统的数据进行数据分析，并用以训练 AI 算法，以改善制造系统不同层面的决策过程。

智能制造系统中的主要决策行为可以分为以下三类：

1）人工决策：操作员／主管／经理从集成制造系统（设计监控器、最终用户监控器、移动设备等）接收反馈信息，并根据这些数据／信息，由人工单独做出决策。

2）机器辅助人类决策：将数据／信息发送给智能算法（比如基于 AI 的），向操作员／主管／经理（系统监控器、最终用户监控器、移动设备等）提出备选决策，并最终由人类做出决策。

3）机器辅助决策：将数据／信息发送给智能算法（比如基于 AI 的），评估备选决策，并将最终决策发送给设备、单元、车间和具体生产设施的控制系统执行。

3. 智能控制系统设计

设计基于新型人工智能技术的智能控制系统来提高系统的决策执行能力。今后，人工智能方法将会更加广泛地用来支持人类的生产活动，包括设计、规划过程、调度、物料搬运、质量控制和其他业务环节。因此，在智能制造系统开发过程中，可以结合生产线控制需求进行智能控制系统设计，整体提升制造系统的智能自动化水平。

下面以贯穿本书的项目制课程教学的作品案例——AGV 为例进行介绍。AGV 是构成智能制造系统物流运输单元的核心设备。从 AGV 的系统构成来看，包括传感系统、分析和决策系统（即上位机应用软件）以及智能控制系统三部分，如图 2-14 所示。

因此，完成 AGV 系统的设计开发，必然包括①传感系统设计，对应于 AGV 的外围传感器部分；②分析和决策系统设计，对应于 AGV 的上位机应用软件，主要完成 AGV 的任务调度、状态监测、路径规划和避障决策等功能；③智能控制系统设计，对应于下位机控制系统和基础硬件，主要通过车载控制系统实现 AGV 的运动导航、路径导引、车辆驱动和装卸操作等功能。具体内容将在本书第 3 章详细介绍。

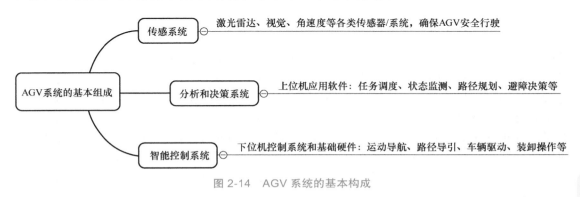

图 2-14　AGV 系统的基本构成

2.3　制造系统的关键性能分析

智能制造系统集成化开发框架（见图 2-1）描述的制造系统开发过程中的最后一个步骤是进行能力评估。对智能制造系统而言，影响其成功开发的关键因素既要满足产品工程开发对制造系统的功能要求，又要考虑其工艺要求，包括系统可靠性、生产能力与生产率、设备利用率等方面，并在系统开发结束时对其进行验证。

2.3.1　可靠性的概念

可靠性是用来描述系统或产品质量的一种重要特性。按照 GB/T 2900.99—2016《电工术语　可信性》中给出的定义，可靠性是指在给定的条件，给定的时间区间，能无失效地执行要求的能力。其中，持续时间区间可用产品有关的适合的计量单位表示，例如日历时间、工作周期、行程等，这些计量单位宜清晰的阐述。给定的条件包括影响可靠性的各个方面，如：运行模式、应力水平、环境条件和维修。

制造系统的可靠性是指制造系统在指定的时间间隔内连续无故障运行的概率。制造系统由各种类型的零部件组成，每个零部件具有不同的寿命特性和故障率，它们都会影响整个系统的可靠性。单个设备或零部件的可靠性随着时间的推移以不同速率降低。通过对许多产品和系统的大量统计分析表明，瞬时故障率 $\lambda(t)$ 的变化曲线大体类似"浴盆"的形状，又称为"浴盆曲线"，如图 2-15 所示，显示了零部件的可靠性随时间变化的趋势。故障率 $\lambda(t)$ 是一个设备在单位时间内出现的故障数。

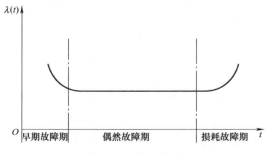

图 2-15　浴盆曲线

从曲线上来看，可将曲线分为三个阶段，即早期故障期、偶然故障期和损耗故障期。早期故障期出现于产品开始工作后的较早时期，其特点是故障率高，故障率随时间迅速下降，这主要是由元器件、材料缺陷和生产工艺不良引起的。可以通过加强对原材料和工艺的检验、加强质量管理、进行可靠性筛选等方法来淘汰早期故障的产品。在偶然故障期，产品的故障率呈现出低而稳定的特点，是产品使用的主要阶段。故障主要由各种偶然因素引起，可通过提高产品的设计裕度来提高这一阶段产品的可靠性。损耗故障期出现在产品使用的后期。此时故障率迅速上升，主要是由元器件、零部件的老化、疲劳、损耗引起。解决这一阶段可靠性问题的主要方法是采取预防性维修措施，或更换元器件、零部件，或将产品报废处理。

对于详细的可靠性分析，威布尔分布通常用于早期故障期；而对于偶然故障期，可以使用指数分布或威布尔分布来分析和描述；正态分布或威布尔分布可以用于损耗故障期。因此，一般来说，威布尔分布是可靠性分析的最佳方法。实际上，大型或小型制造系统的组成都十分复杂，其组成单元的可靠性直接影响系统的可靠性。因此，可靠性分析可以从设备和工位等系统组成单元开始。

在一个由 n 个单元 $x_1, x_2, \cdots, x_n$ 组成的制造系统中，如果一个单元故障即导致整个系统的故障，或者只有全部单元都正常时系统才正常；则这样的系统叫作串联系统。串联系统的可靠性框图如图 2-16 所示。

图 2-16　串联系统的可靠性框图

设备单元的可靠度函数为 $R_i(t), i = 1, 2, \cdots, n$，且相互状态统计独立，由概率论知识可知，系统的可靠度函数 $R_s(t)$ 为

$$R_s(t) = \prod_{i=1}^{n} R_i(t) \tag{2-1}$$

若所有单元的寿命均服从指数分布，即 $R_i(t) = \mathrm{e}^{-\lambda_i t}$，则系统的可靠度为

$$R_s(t) = \prod_{i=1}^{n} \mathrm{e}^{-\lambda_i t} = \mathrm{e}^{-\sum_{i=1}^{n} \lambda_i t} = \mathrm{e}^{-\lambda_s t} \tag{2-2}$$

式（2-2）表明系统的可靠度函数仍为指数分布，且系统的故障率 λ_s 为

$$\lambda_s = \sum_{i=1}^{n} \lambda_i \tag{2-3}$$

在一个由 n 个单元 $x_1, x_2, \cdots, x_n$ 组成的制造系统中，当至少一个单元系统正常，或必须 n 个单元都故障时，系统才故障，则这样的系统叫作 n 单元并联系统。并联系统的可靠性框图如图 2-17 所示。

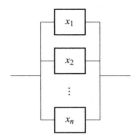

图 2-17　并联系统的可靠性框图

设各单元的可靠度函数为 $R_i(t), i = 1, 2, \cdots, n$ ，且相互状态统计独立，由概率论知识可知，系统的不可靠度函数 $F_s(t)$ 为

$$F_s(t) = \prod_{i=1}^{n} \left[1 - R_i(t)\right] \tag{2-4}$$

系统的可靠度函数为

$$R_s(t) = 1 - \prod_{i=1}^{n} \left[1 - R_i(t)\right] \tag{2-5}$$

上述计算串联和并联系统可靠性的原则可以应用于具有更多工位的制造系统，其关键要点是系统可靠性不仅与单个生产单元有关，而且与整体系统的结构有关。此外，串联系统的可靠性低于各个子单元的可靠性。对于并联系统，其可靠性优于系统中最优部件的可靠性。复杂的制造系统可能由数百个工位和各种结构组成，其可靠性分析虽然很复杂，但仍然基于相同的原理。

2.3.2　可靠性分析

1. MTTF 和 MTTR

一台设备的可靠性可以通过其无故障运行时间测量，或称为一定时间内的平均无故障时间（Mean Time to Failure，MTTF）。此外，多久可以修复故障是另一个重要的指标，

称为平均修复时间（Mean Time to Repair，MTTR），可以将其视为可维护性的度量。另一个经常使用的指标是平均故障间隔时间（Mean Time Between Failure，MTBF）。它们的关系如图 2-18 所示。在实践中，如果一个设备无法修复，则使用 MTTF；如果一个设备可以修复，则使用 MTBF，MTTF、MTTR 和 MTBF 三者之间具有如下关系：

$$MTBF = MTTF + MTTR \approx MTTF（因 MTTF \gg MTTR）$$

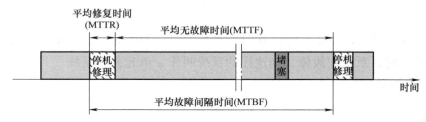

图 2-18　MTTF、MTTR 和 MTBF 的关系

$\lambda(t)$ 和 MTBF 之间的关系为

$$MTBF = \frac{1}{\lambda(t)} \tag{2-6}$$

设备的可靠性 $R(t)$ 可以根据故障率 $\lambda(t)$ 或 MTBF 计算，即

$$R(t) = e^{-\lambda t} = e^{-\frac{t}{MTBF}} \tag{2-7}$$

例如，某机器人的 MTBF 为 20000h，那么该机器人工作 8h 的可靠性如何？这里，$\lambda = \frac{1}{20000} = 0.00005$。计算得 $R(8) = e^{-0.00005 \times 8} = e^{-0.0004} = 99.96\%$。这表明，机器人无故障运行 8h 的可能性非常高。如果已知 MTBF 和 MTTR，则可以计算设备、工位或装配系统的可用性（A）：

$$A = \frac{MTBF}{MTBF + MTTR} \tag{2-8}$$

例如，装配夹具的 MTBF 为 4800min，并且需要 2min 来修复常见问题，则夹具的可用性为 99.958%。可用性是设备综合效率（OEE）中的三个因素之一，其余两个因素是性能和质量。

2. 工位可靠性分析

基于相同的原理，可以计算工位的可靠性。以汽车装配线为例，车辆装配工位由各种类型和数量的设备组成，如夹具和机器人。因此，工位的可靠性计算需要考虑所有子装配体。

举一个简单的例子，车身装配工位有一个固定夹具，一个零部件输送机，两个焊接机器人，一个物料搬运机器人，以及用于工位到工位之间转移的设备，如图 2-19 所示。

夹具单元用于定位和固定子装配体和待装配零部件。已知夹具单元的可靠性是

$R_F = 0.993$。工位中有两个机器人焊接单元,如果机器人的可靠性为 0.999,且每个焊接设备的可靠性为 0.997,则两个焊接单元的可靠性为 $R_W = (0.999 \times 0.997)^2 = 0.992$。

类似的计算也可以用于零部件的搬运功能可靠性计算。例如,物料搬运机器人的可靠性为 0.999,机械手(通常称为末端执行器)的可靠性为 0.994,零部件输送机的可靠性为 0.995。那么物料搬运操作的可靠性为 $R_{MH} = 0.999 \times 0.994 \times 0.995 = 0.988$。子装配体工位到工位传递的可靠性是 $R_T = 0.997$。

因此,可以计算整个工位的可靠性 R: $R = R_F R_W R_{MH} R_T = 0.993 \times 0.992 \times 0.988 \times 0.997 \approx 0.970 = 97.0\%$。

同理,可以采用相同的方式计算增补焊工位的可靠性,假设它有四个焊接机器人和用于子装配体的输入和输出设备,如图 2-20 所示,那么有两个功能单元:焊接和输送。

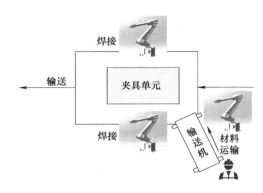

图 2-19　精密装配工位的主要组成

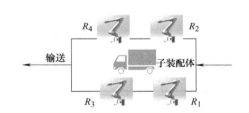

图 2-20　增补焊工位的主要组成

对于焊接操作的可靠性, $R_W = (0.999 \times 0.997)^4 = 0.984$,工位到工位输送的可靠性 $R_T = 0.997$,则增补焊工位的可靠性 $R = R_W R_T = 0.984 \times 0.997 \approx 0.981 = 98.1\%$。

从上述简单分析可以得出两个主要结论:一个是工位的可靠性取决于其子装配体,因此采用更可靠的子装配体是首选;另一个是工位越简单(子装配体越少),可靠性越高。从上面两个例子可以看出,增补焊工位比装配工位更可靠,因为前者具有更少的子装配体。

3. 装配线可靠性分析

一般而言,装配线由一组工位组成,因此其可靠性可以用与前述串并联系统同样的方式来分析。需要额外注意的是装配线的组成结构,如果已知每个工位的可靠性,则可以计算出装配线的可靠性。

(1)装配线的结构

装配线可以用不同的方式配置,有串联和并联两种基本结构,分别如图 2-21 和图 2-22 所示。在串联结构中,工位通常执行不同的操作。在并联结构中,相应的工位通常是相同的。装配线的结构特征不同,可靠性分析结果也不同。

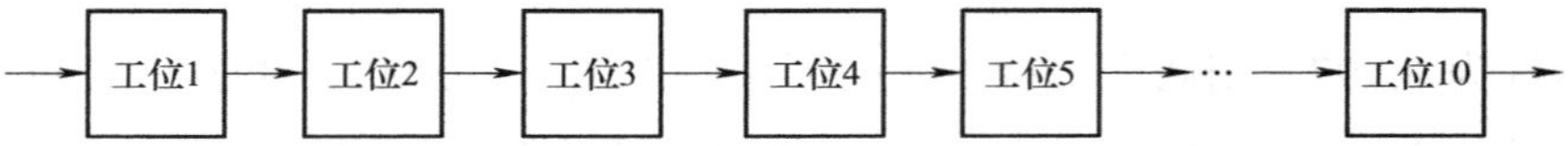

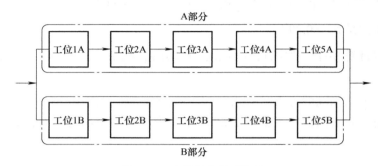

图 2-21　装配线的串联结构

图 2-22　装配线的并联结构

此外，大型制造系统可同时包含串联和并联结构，如图 2-23 所示。

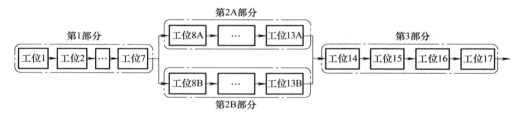

图 2-23　装配线的混联结构

（2）串联装配线的可靠性

与工位的分析类似，串联装配线的可靠性 (R_L) 可通过以下公式计算：

$$R_L = \prod_{i=1}^{n} R_i \qquad (2\text{-}9)$$

式中，R_i 是装配线 n 个工位中第 i 个工位的可靠性。

例如，如果串联装配线中十个工位中有六个工位的可靠性为 0.975，而其他四个工位的可靠性为 0.985，那么该装配线的可靠性为 $0.975^6 \times 0.985^4 = 0.809$。显然，串联装配线的可靠性低于装配线中任何工位的可靠性。

此外，装配线的可靠性与工位的数量成反比。为简单起见，假设工位的可靠性为 0.97 或 0.98，工位数量和装配线可靠性之间的关系如图 2-24 所示。实际上，工位的可靠性十分依赖于工位子装配体的可靠性及其复杂性。但是，前述结论仍然是正确的，即串联装配线所包含的工位越多，装配线的可靠性就越低。

44

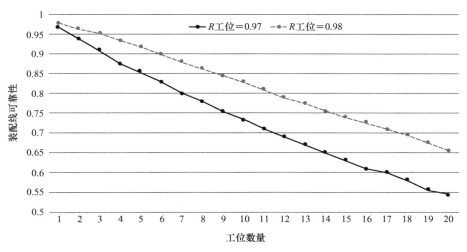

图 2-24　工位数量与装配线可靠性之间的关系

（3）并联装配线的可靠性

在并联设置中，系统通常由两个或多个相同的部分组成。在图 2-23 中，有两个平行的部分 A 和 B，每个部分有六个工位。两个部分的可靠性分别称为 R_A 和 R_B，各个部分采用与串联装配线相同的方式分别计算。作为一个整体系统，其可靠性分析考虑了运行状态方面的四种可能情况，见表 2-5。

表 2-5　具有两个并联部分的系统的四种可能情况

序号	A 部分（可能性）	B 部分（可能性）	A 和 B 部分（可能性）
1	工作（R_A）	工作（R_B）	全部工作（$R_A R_B$）
2	工作（R_A）	失效（$1-R_B$）	部分工作 [$R_A(1-R_B)$]
3	失效（$1-R_A$）	工作（R_B）	部分工作 [$(1-R_A)R_B$]
4	失效（$1-R_A$）	失效（$1-R_B$）	失效 [$(1-R_A)(1-R_B)$]

第 1 种情况是两个部分都在运行，这意味着整个系统都在全设计产能运行。在这种情况下，并联系统的可靠性 R_{full} 为

$$R_{full} = \prod_{j=1}^{N} R_j \tag{2-10}$$

式中，R_j 是具有 N 个并联部分的系统中第 j 部分的可靠性。一种简单的情况，若 $N=2$，则 $R_{full} = R_A R_B$。为简单起见，令 $R_A = R_B = 0.975$，则 $R_{full} = R_A R_B = 0.975 \times 0.975 = 95.0625\%$。

最差的情况是表 2-5 中的第 4 种，即每一个部分都失效而不工作，其可能性为

$$R_{failed} = \prod_{j=1}^{N} (1-R_j) \tag{2-11}$$

同样，对于两个（$N=2$）并联部分，同时失效的可能性为 $R_{\text{failed}} = (1-R_A)(1-R_B) = 0.025 \times 0.025 = 0.0625\%$。

对于这个讨论案例，表 2-5 中还有另外两种可能的情况，即序号 2 和序号 3 的情况。在这种情况下，系统仍然有部分运行能力。可以计算系统在这种情况下运行的概率 R_{partial}。即 $R_{\text{partial}} = (1-R_A)R_B + R_A(1-R_B) = 0.025 \times 0.975 + 0.975 \times 0.025 = 4.875\%$ 或 $R_{\text{partial}} = 1-(1-R_A)(1-R_B) - R_A R_B = 1 - 0.975 \times 0.975 - 0.025 \times 0.025 = 4.875\%$。通常，并联系统部分处于工作状态的概率为

$$R_{\text{partial}} = 1 - \prod_{j=1}^{N}(1-R_j) - \prod_{j=1}^{N} R_j \qquad (2\text{-}12)$$

并联系统比串联系统更可靠，因为所有部分同时出现故障的概率非常低。对于该案例，全设计产能与部分设计产能情况下运行的组合可靠性为 1−0.0625%=99.9375%。但是，如果考虑全设计产能运行，可靠性分析时必须基于全设计产能。有意思的是，串联结构的可靠性和全设计产能并联结构的可靠性是相同的。

（4）混联装配线的可靠性

混联系统的可靠性分析也是基于上面讨论的原理，可分析下面的简单案例。

如图 2-23 所示，如果子装配部分 2A 和 2B 相通，可靠性各为 97%，第 1 部分和第 3 部分为 98%，那么整个系统完全运行的可靠性为 $R_{\text{full}} = R_1 R_{2A} R_{2B} R_3 = 0.98 \times 0.97 \times 0.97 \times 0.98 = 90.36\%$。

当第 2A 部分和第 2B 部分中的一个发生故障时，系统仍然可以生产零部件。在这种情况下系统的可靠性为 $R = R_1[1-(1-R_{2A})(1-R_{2B}) - R_{2A}R_{2B}]R_3 = 0.98 \times [1-0.0009-0.9409] \times 0.98 = 5.59\%$。对于该案例，"全设计产能运行"和"部分设计产能运行"的组合情况为 90.36%+5.59%=95.95%。

总的来说，对串联、并联和混联结构的可靠性分析为制造系统的结构设计提供了基本指导。为了更好地理解具有混联、串联和并联路径的复杂系统，可以运用故障树分析等其他建模和分析工具来进行可靠性分析。

（5）基于聚合方法的制造系统性能分析

对于有限缓冲性能的制造系统，分析模型可以精确计算双机－单缓冲系统的产量，如图 2-25 所示。

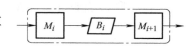

图 2-25　两个子系统和缓冲区的模型

在汽车制造业中，大多数车辆装配线都是串联设置，串联装配线通常有 10 ～ 15 个工位，一般可以简化为子系统（工位）S_i 和缓冲区 B_i，如图 2-26 所示。对于这样的系统，可以考虑聚合或分解两种建模方法之一进行系统性能分析，以获得近似解。

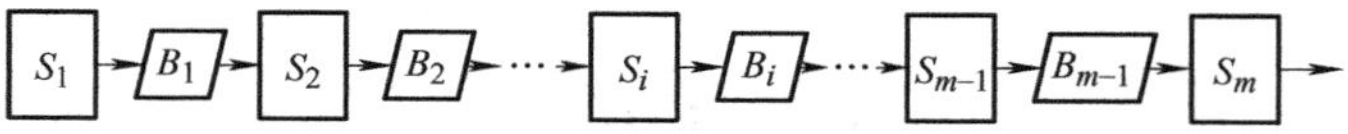

图 2-26　具有子系统和缓冲区的制造系统

聚合方法的概念是用单个等效子系统替换两个子系统 S_i 和 S_{i+1} 以及一个缓冲区 B_i，如图 2-27 所示。继续聚合，最终可以把复杂的制造系统简化成由单个单元表示，然后对这个具有代表性的聚合单元进行分析。

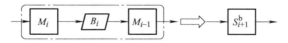

图 2-27　基于聚合方法的制造系统性能分析

更进一步，采用马尔可夫聚合方法进行系统性能分析，该方法包括向后和向前两个主要方法。在向后聚合中，最后两个子系统 S_{m-1} 和 S_m 以及缓冲区 B_{m-1} 被聚合成单个等效子系统 S_{m-1}^b，然后，进一步将子系统 S_{m-2} 和缓冲区 B_{m-2} 聚合以形成 S_{m-2}^b，以此类推，直到所有子系统和缓冲区都聚合到单个系统 S_1^b 中。与此类似，向前聚合是从前两个子系统 S_1 和 S_2 以及缓冲区 B_1 处开始，直到所有子系统和中间缓冲区被聚合成等效的 S_m^f。递归过程是收敛的，S_1^b 或 S_m^f 的产量代表系统产量的估计值。

系统聚合的一个挑战是处理子系统之间的交互关系。对于汽车装配线而言，装配作业任务的每个子系统（或工位）在复杂性和特性方面可能差异较大，如周期时间和平均故障时间。一个工位可以使其相邻工位断料或堵塞，并可能影响非相邻工位。因此，使用实际生产数据验证聚合建模非常重要。

2.3.3　生产率分析

生产率一般指单位设备（如一台机床或一条生产线）在单位时间 [如 1min（h/ 天 / 周）等] 内出产的合格产品的数量。如果指每个工人在单位时间内生产的合格产品数量，则称为劳动生产率，它是衡量生产技术的先进性、生产组织的合理性和工人劳动的积极性的重要指标。生产率的确定与生产运作类型密切相关，如图 2-28 所示，描述了 5 种典型的生产运作类型，可以思考下如何根据单件生产、成批生产和大量生产三种生产类型的运作周期来确定生产率。

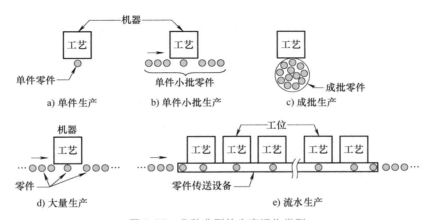

图 2-28　几种典型的生产运作类型

在单件生产中，零件 / 产品生产数量（Q_b）很低（一般为 $1 \leqslant Q_b \leqslant 100$）。在最低生产数量即 $Q_b = 1$ 时，每个工作单元的生产时间（T_p）是生产准备时间（T_{Su}）和生产周期（T_c）的总和，即

$$T_p = T_{Su} + T_c \tag{2-13}$$

式中，T_p 是工件的平均生产时间；T_{Su} 是工件的生产准备时间；T_c 是工件的生产周期。单位作业的生产率是生产时间的倒数，通常表示为每小时的生产速度，即

$$R_p = \frac{60}{T_p} \tag{2-14}$$

式中，R_p 是每小时的生产速度；T_p 是工件的平均生产时间；常数 60 表示将分钟转换为小时。当生产数量大于 1 时，该生产率就相当于成批生产的生产率。

成批生产通常指工业企业（车间、工段、班组、工作站）在一定时期重复轮换制造多种零件 / 产品的一种生产类型；对于具体工作站，成批生产时则在一个工作站按顺序一次完成同种零件加工，称为顺序批处理，例如机械加工、钣金冲压和塑料注射成型等工序。然而，有些成批生产涉及批次中的所有工作工序一起处理，称为同步批处理，例如大多数热处理和电镀操作，在这些操作中，批次中的所有零件都是一次性处理的。

在顺序批处理中，处理一个由 Q_b 个生产任务组成的批次，其加工时间为该批次生产准备时间和加工时间的总和，其中加工时间为批生产数量乘以生产周期，即

$$T_b = T_{Su} + Q_b T_c \tag{2-15}$$

式中，T_b 是批次加工时间；T_{Su} 是该批次的生产准备时间；Q_b 是批生产数量；T_c 是工件的生产周期。

在同步批处理中，处理由 Q_b 个生产任务组成的批次，其加工时间是该批次生产准备时间和加工时间的总和，其中加工时间为同时加工该批中所有零件的时间，即

$$T_b = T_{Su} + T_c \tag{2-16}$$

式中，T_b 是批次加工时间；T_{Su} 是该批次的生产准备时间；T_c 是每批次的生产周期。

对于成批生产中的单件平均加工时间，可以用批次加工时间除以批次数量得到，即

$$T_p = \frac{T_b}{Q_b} \tag{2-17}$$

对于大量生产，生产率等于机器循环速率（生产周期的倒数），其生产准备时间和工

件的加工时间相比而言就比较小了，也就是说，当 Q_b 变得很大时，$\dfrac{T_{Su}}{Q_b}$ 趋近于 0，并且

$$R_p \to R_c = \frac{60}{T_c} \tag{2-18}$$

式中，R_c 是机器的生产率；T_c 是生产周期。

对于流水生产，生产速率近似于生产线的周期速率，同样可以忽略生产准备时间。但由于生产线上工作站的相互依赖，使得流水生产相对其他批量生产更复杂。比如，其中的一个复杂的问题是，通常不可能将全部工作平等地分配到在线上的所有工作站。因此，整条线的生产节奏就由运行时间最长的站点决定了，这个工作站就成为瓶颈站。整条线的生产周期还包括在每次操作结束时将零件从一个工位移动到下一个工位的时间。对于流水生产线而言，其生产周期时间就是最长的加工（或装配）时间加上工位之间转移工件的时间。即

$$T_c = \mathrm{Max}T_0 + T_r \tag{2-19}$$

式中，T_c 是生产线的循环周期；$\mathrm{Max}T_0$ 是瓶颈工作站的生产时间；T_r 是流水线上各个工位之间的物料传送时间。理论上，流水线的生产率就是流水线生产周期的倒数，即

$$R_c = \frac{60}{T_c} \tag{2-20}$$

式中，R_c 是理想生产率，更确切地应该称其为循环速率；T_c 是生产周期。

前面关于生产周期和生产率的相关方程忽略了生产过程中产生的缺陷零件和产品的问题，尽管完美的质量是制造业的理想目标，但现实是有些过程会产生缺陷。为此，关于生产率的计算必须考虑实际生产过程的质量问题，并加以修正。

习题

2-1 什么是面向制造的设计？

2-2 举例说明应用 DFM 的主要过程。

2-3 简述制造工艺开发的主要步骤。

2-4 制造系统开发的主要影响因素有哪些？

2-5 简述制造系统开发的主要步骤。

2-6 什么是可靠性？

2-7 简述什么是串联系统的可靠性和并联系统的可靠性。

2-8 什么是 MTTF 和 MTTR？

2-9 什么是工位可靠性？

2-10 什么是装配线可靠性？

2-11 什么是生产率？

项目制学习要求

1. 项目制课程导入

学习目的：明确项目需求并完成功能分析，学会制定项目开发计划。

（1）项目制课程作品的场景定义

场景是指学生团队完成的项目制课程作品运行的实际环境，并在该环境下执行给定的工作任务。以智能制造系统的车间/工厂为例，可以包含零件加工场景、部件/产品装配场景、零部件检测场景、车间物流配送场景、人机协作场景等。图 2-29 所示为智能制造系统的车间示范区，包含了基本的存放物料的立体库、数控加工中心、工业机器人和相应的零件检测单元。图 2-30 所示为传统零件加工车间，包含了一定数量的车床和铣床。

2.1 项目制课程作品场景定义

图 2-29　智能制造系统的车间示范区

图 2-30　传统零件加工车间

在以上给定的两种车间场景下，可以定义项目制课程作品的运行要求。本案例以 AGV 和柔性机械臂组成的复合作业机器人为例，要求学生团队完成的作品能够在上述区域按照自定义的物料运输路线，完成物料的搬运任务。如图 2-31 所示，定义了物料搬运任务的出发区和目标工位，出发区可以选择图 2-29 所示的智能制造系统的车间示范区内的物料立体库，经过检验工位后由复合作业机器人进行物料搬运；目标工位可以选择图 2-30 所示的传统零件加工车间的某一加工设备，通过复合作业机器人将物料搬运至目标工位。

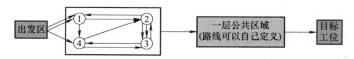

图 2-31　复合作业机器人需要完成的物料搬运路线示意图

图 2-31 示例中的序号①到序号④表示图 2-30 中各个车床、铣床所在的物料加工工位，在完成实际作品时，提出以下要求：

1）至少选定 4 个加工工位，即复合作业机器人在完成物料搬运时要经过选定的这些加工工位，在每个工位的停留时间可以自行设定。

2）零件在各个加工工位的加工顺序可变，即复合作业机器人在完成物料搬运时可以按照图 2-31 中的不同路线按序搬运。

3）目标工位可以根据需要自行定义为图 2-30 中所示的某个具体工位，也可以是图 2-29 中所示的物流工位。

（2）项目制课程作品需求规格

针对智能制造系统中的车间物流需求，为完成给定的场景任务，项目制学习小组需要完成复合作业机器人及作业监控系统，提出以下功能需求：

1）具有物料搬运功能的复合作业机器人示例如图 2-32 所示，完成其结构与功能设计、运动与导航控制等基本功能。

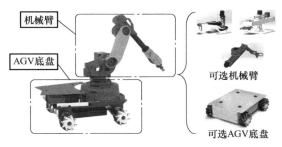

图 2-32　复合作业机器人示例

2）集成多种传感器，实现对车间场景的动态感知。

3）能够进行路径规划、自主避障，并能够完成具体工位的任务作业，如上下料、零件缺陷检测、物料称重等。

4）完成复合作业机器人的作业监控系统的功能设计，如路径仿真、机器人运行过程的实时数据采集、机器人运动监控等，并编写软件代码实现上述功能。

2. 项目制学习小组作业

1）组建项目制学习小组，每组 4 ～ 5 人。

2）分析项目制课程作品需求，完成项目制课程作品的场景与功能需求定义。

3）制定项目制学习计划，初步完成项目制课程作品开发计划。

作业要求 1：

请各组提交项目制课程作品的功能需求分析报告，包括以下内容（不限于）：

1. 任务背景

2. 给定条件（场景定义）

3. 功能需求

（1）基本功能需求

（2）拓展功能需求

4. 开发环境需求

5. 参考文献（可选）

作业要求2：

各个小组制定本组项目开发计划，包括以下内容（不限于）：

1. 项目开发任务分解

2. 项目制学习小组团队分工

3. 关键里程碑节点

4. 项目计划表（甘特图）

5. 项目主要交付物

2.2 复合作业机器人场景验证视频

第3章 智能制造典型装备及实例

53

学习目标

通过本章学习，在基础知识方面应达到以下目标：
1. 能简要概括工业机器人等智能制造装备的主要特点和种类。
2. 能清晰阐述 AGV 系统构成及其控制方式，并使用算法进行路径规划。
3. 能简要概括汽车整车智能制造典型装备的特点及功能。
4. 能简要概括飞机智能制造典型装备的特点及功能。

本章知识点导读

请扫码观看视频

案例导入

汽车生产线重载 AGV 应用

随着客户需求的多样化、个性化，大规模个性化定制的智能制造逐步成为制造企业生产系统的新模式。为满足生产系统的柔性可重构要求，制造企业在智能工厂、智能车间建设过程中，大量采用了 AGV（Automated Guided Vehicle，自动导引车）系统用于车间物料输送。AGV 具有自动导引功能，一般通过计算机及软件来控制其行进路线以及行为，或利用电磁轨道固定其行进路线，电磁轨道一般贴于地板上，无人搬运车则依循电磁轨道所带来的信息进行移动与动作。在车间的自动化物流系统中，充分体现了 AGV 的自动性和柔性，实现了高效、经济、灵活的无人化生产目标。在个性化定制的汽车企业装配车间，采用多个 AGV 系统取代传统流水线的传送带等设备，作为汽车装配过程中的车体运载设备。如图 3-1 所示，德国 Ego 汽车公司的总装车间采用重载 AGV 作为整车装配过程的输送设备，提高了装配线的柔性能力。

图 3-1　德国 Ego 汽车公司的总装车间 AGV 应用场景

　　目前，AGV 已经广泛运用于汽车行业，助力汽车企业不断提升生产效率。国内汽车企业多采用多车型共线的混流生产方式，实行一车一 BOM（Bill of Materials，物料清单）的定制模式，线旁的物料配送能力成为影响生产效率的关键环节。AGV 作为高效、稳定、灵活的无人化搬运工具，在汽车总装车间物料配送中有广泛应用，主要应用场景也从最初的零部件自动化配送，扩展应用到汽车底盘的输送装置，甚至组成了自动化柔性装配线，取代了传统的刚性输送线。

　　讨论：

　　1）AGV 在生产线上的应用，会对智能制造系统带来哪些影响或改变？

　　2）AGV 是智能工厂中应用较为普遍的一类物料运输设备，你认为这种设备在智能制造场景下有何优势？

　　3）如果某同学想开发一种 AGV 设备并以此进行创业，请你与同伴讨论并帮助该同学提出 AGV 的功能需求，给出创业建议。

3.1　智能制造典型装备概述

3.1.1　智能制造装备的主要特点

　　智能制造装备是具有感知、分析、推理、决策、控制等功能的制造装备，它能够自行感知、分析运行环境，自行规划、控制作业，自行诊断、修复故障，主动分析自身性能优劣、进行自我维护，并能够参与网络集成和网络协调。智能制造装备是智能制造系统的核心构成要素，如果没有智能制造装备，智能制造系统无从谈起。因此，为实现智能制造系统的"动态感知、实时分析、智能决策、精准执行"的基本特征，智能制造装备也要满足与以上"十六字"特征相类似的基本要求，应具备以下关键特性。

　　（1）互联互通性

　　装备应无缝接入制造网络，实现与其他装备和系统的互联互通，促进数据的实时交换，以便于实时监控、控制和优化生产流程。

　　（2）智能化

　　装备应具备高度的自动化能力，能够基于先进的算法、传感器数据和数据分析自主运行，减少人为干预，提高决策效率。

（3）适应性

面对生产需求、产品设计和工艺流程的快速变化，装备需要具备快速适应的能力，以灵活处理多样化的生产任务，适应多变的生产环境。

（4）实时数据处理与质量监控

装备需具备对数据进行即时处理和分析的能力，以实现即时决策和运营优化。边缘计算的运用，可在现场处理数据，降低延迟，提高响应速度。通过整合传感器技术和机器视觉，装备应在整个生产过程中监控产品质量，确保高标准的产品质量。

（5）认知与学习能力

通过整合人工智能和机器学习技术，装备能够学习、适应新情况，并自主解决问题，实现性能的持续提升。

（6）自我诊断与预测性维护

装备应具备自我诊断能力，能在故障发生前识别并报告潜在问题，通过预测性维护减少停机时间和维护成本。

3.1.2　智能制造装备的主要分类

智能制造装备可以根据其在制造过程中的角色和功能进行分类，包括生产类设备、检测类设备、物料搬运设备、过程控制与自动化设备和数据采集与分析设备等。

1. 生产类设备

智能制造系统中的生产类设备是指那些集成了数字技术、传感器和软件的先进机械和工具，它们是工业 4.0 和智能制造概念的核心组成部分。这些设备主要包括（不限于）：

1）自动化机械设备：包括工业机器人和自动化机器，它们能够在最少的人为干预下执行复杂的生产任务，显著提高生产效率和产品精度。

2）增材制造设备：如 3D 打印机和其他增材制造工具，它们使得快速原型制作、定制生产和按需生产成为可能。

3）数控机床：由计算机编程控制的数控机床，因其高精度特性，适用于执行切削、铣削和钻孔等多种精密制造任务。

2. 检测类设备

智能制造系统的检测和质量控制设备利用自动化、传感器、人工智能和数据分析技术，确保产品在整个制造过程中符合既定的质量标准和规范。关键设备包括（不限于）：

1）视觉检测系统：包括机器视觉相机和传感器，使用高分辨率相机和图像处理软件，检查产品的缺陷、尺寸精度和表面质量。

2）3D 扫描和成像系统：利用激光或结构光技术创建物体的详细 3D 模型，检查复杂的几何形状、体积和表面不规则性。

3）自动测试设备：在制造过程中自动测试电路或电路板的电气性能，检测短路、开路等电路故障；验证成品是否按照设计规范运行，模拟各种运行工况和用例。

4）无损检测设备：包括①超声波检测，使用高频声波在不损伤材料的情况下检测内部缺陷或特征；②X 射线和 CT 扫描，穿透材料，观察内部结构，识别如裂缝、空隙或异物等缺陷。

3. 物料搬运设备

在智能制造体系中，物料搬运装备扮演着至关重要的角色，它们通过采用尖端智能技术，实现物料在整个制造流程中的高效移动、存储、保护和控制。以下是一些具体的物料运输设备示例（不限于）：

1）AGV：这些自动操作的车辆能够在制造设施内部自主运输材料，无需人工干预，提高了物流效率。

2）机械臂：广泛应用于自动化生产线，机械臂负责精确的物料拾取、部件组装以及产品的装卸工作。

3）传送带系统：集成了传感器和跟踪技术的自动传送带，能够在生产流程的不同阶段高效地运送物料和成品。

4. 过程控制与自动化设备

智能制造系统的过程控制和自动化设备是现代工业运营的基石，它们使制造环境能够向更智能、更高效和高适应性的方向过渡。关键组件包括（不限于）：

1）PLC：一种坚固耐用的数字计算机，用于控制工业过程，如工厂装配线上的机器，能够在恶劣条件下工作，处理多种输入和输出。

2）集散式控制系统（DCS）：一种控制元件分布式的控制系统，适用于复杂制造过程和大型工业设施，允许全面的过程控制。

3）监控与数据采集（SCADA）系统：SCADA系统对于控制本地或远程工业过程、监控、收集和处理实时数据至关重要，提高了效率和决策能力。

5. 数据采集与分析设备

智能制造系统的数据采集与分析设备是收集、处理和解释制造环境中数据的核心，它们构成了智能制造的支柱，通过实时数据分析和决策支持优化流程。关键组件包括（不限于）：

1）传感器和物联网设备：传感器收集制造过程中的关键参数，执行器响应控制系统信号，调整物理条件；通过在制造环境中收集关键数据，如温度、压力和设备状态，对生产过程进行实时监控和优化。

2）数据采集系统组件：包括传感器、信号调理电路和模/数转换器，收集、数字化和处理原始传感器数据。

3）边缘计算设备：在数据生成源头附近处理数据的硬件，减少延迟、管理带宽并增强数据安全性。

4）网络基础设施：支持制造系统内部和外部网络的数据通信，确保数据传输的可靠性和安全性。

在上述智能制造典型装备中，智能数控机床、智能加工中心等是制造系统广泛应用且与加工对象相关性很高的装备，介绍这些装备的教材和参考资料较多。因此，鉴于篇幅所限，本书以下重点针对工业机器人、AGV两种较为通用的智能制造典型装备，以及汽车、飞机两大制造领域的专用装备进行详细介绍。

3.2　工业机器人

智能制造系统中的工业机器人是实现制造过程自动化，提高生产效率的关键设备。从形态上看，一般工业机器人包含了机械本体、机械臂及其作业控制系统，是一套集成了传感器、人工智能和机器学习能力的复杂系统，使工业机器人本体及机械臂能够高效、精确、灵活地执行许多任务。下面介绍几种智能制造系统中常用的工业机器人类型及典型场景，更多应用场景请感兴趣的读者阅读工业机器人方面的专门书籍。

3.2.1　关节机器人

关节机器人，也称关节机械手臂或多关节机器人，其各个关节的运动形式以转动为主，与人的手臂类似。关节机器人具有卓越的灵活性和执行复杂任务的能力，是当今工业领域中最常见的工业机器人的形态之一，适合用于诸多工业领域的机械自动化作业，图 3-2a 所示为 KUKA 关节机器人及其应用场景示例。

a) KUKA关节机器人　　　　　　　　　　b) KUKA协作机器人

图 3-2　KUKA 机器人及其应用场景示例

关节机器人配备有旋转关节，能够模拟人臂的广泛运动，使其在执行焊接、喷漆、组装和装卸等任务时表现出色。特别是在空间受限的环境中，关节机器人的灵活性尤为重要，它们能够精准地完成复杂操作。

在汽车制造业，关节机器人因其能够承载大重量和长距离作业而成为关键角色。而在电子工业中，关节机器人则因其精密操作和灵活性而备受青睐，它们能够处理细小部件并执行自动焊接等精细任务。制药行业同样看重关节机器人的高精度和在洁净室环境中工作的能力，它们在拾取、放置、配药和扫描等任务中扮演着重要角色。

在汽车制造业中，关节机器人是焊接、喷漆、装配和零件处理等任务的主要力量，国产汽车制造厂商如中国一汽、重庆长安、比亚迪等均广泛采用关节机器人，提升生产效率和精准度。主要应用场景包括（不限于）：

1）焊接：关节机器人在焊接作业中的灵巧性尤为突出，它们能够在特定角度完成其他机器人难以实现的精确动作，确保焊接质量。

2）多功能性：关节机器人的多功能性使它们成为装配任务的理想选择。它们的关节灵活性和载荷能力使它们能够胜任其他机器人难以完成的小型而精密的装配工作。

3）机器照料：关节机器人能够自动完成原材料的装载和卸载工作。其精准的触觉和灵活性使它们能够执行如开关门、在人机界面上选择程序等复杂任务。

近年来，我国工业机器人产业发展速度十分迅猛，以沈阳新松机器人等为代表的中国工业机器人公司及产品取得了长足进步，跑出了中国"机器人+"速度。感兴趣的读者，可以通过视频进一步了解[⊖]。

3.2.2 SCARA 机器人

SCARA（Selective Compliance Assembly Robot Arm，选择性装配机械臂）机器人因其专为提供垂直和水平精密运动而设计的独特构造而著称。这种设计赋予了 SCARA 机器人在执行取放、组装和包装等任务时的卓越性能。它们以快速响应和极高的定位精度（范围在 0.01 ～ 0.1mm 之间）而闻名，而其紧凑的机身设计尤其适合在空间受限的环境中作业。SCARA 机器人通常用于处理较轻的物体，非常适合于搬运小型电子元件或装配轻质部件，它们在提升制造流程的灵活性、敏捷性和效率方面发挥着重要作用。

SCARA 机器人有三个旋转关节，其轴线相互平行，在平面内进行定位和定向，如图 3-3 所示。还有一个关节是移动关节，用于完成末端件在垂直于平面的运动。手腕参考点的位置是由两个旋转关节的角位移及移动关节的位移决定的。这类机器人的结构轻便、响应快，其运动速度比一般关节式机器人快数倍，因此 SCARA 机器人最适用于平面定位、垂直方向进行装配的作业。

图 3-3　SCARA 机器人及其应用场景示意图

以下是 SCARA 机器人在不同行业中的实际应用案例，展示了它们在多样化生产过程中的多功能性和适应性：

1）半导体行业：在半导体制造领域，一家制造商采用台达的 SCARA 机器人进行柔性电路板（FPC）的穿梭输送机生产。SCARA 机器人的精密材料排列精度高达 ±0.1mm，这一应用体现了 SCARA 机器人在装配过程中快速且精确操作的能力，显著提升了生产效率和产品质量。

2）雅马哈公司的应用：SCARA 机器人的多功能性在多个案例中得到突出展示，例如雅马哈 IVY 系统中的位置检测功能，该功能有助于提高拧紧螺钉的精度、实现反向规格的工艺间转移，以及重型工件的搬运。

在现代制造业中，SCARA 机器人对于电子、橡胶、塑料和包装等行业至关重要，它们通过集成支持广泛的应用，包括插入、螺钉锁定、精密装配、点胶、涂层、焊接、装载/卸载、取放、堆叠、包装和检查等，展现了 SCARA 机器人在推动制造业灵活性和创新方面的重要作用。

3.2.3 协作机器人

协作机器人简称"Cobots"，其最大特点是能够与人类协同工作，直接与人类共享

⊖　视频《新松公司：以应用需求端为导向，跑出中国"机器人+"速度 [工业机器人篇]》的网址为 https://www.bilibili.com/video/BV1cX4y1R7ef/?share_source=copy_web&vd_source=f3f10f5e2bcf08ed934642e5ddc8c721。

工作空间，而无需传统工业机器人那样的安全栅栏或隔离措施。在很多现代化工厂中，协作机器人不再是单纯的机械替代，而是成为人类工作者的"同事"，可以在需要高度灵活性和创造力的场合中辅助人类，使生产过程更加高效和个性化。由于协作机器人装备了先进的传感器和人工智能技术，因此可以确保与人类的安全互动，并能适应各种任务，如装配、机器维护、质量检查等，图 3-2b 所示为 KUKA 协作机器人及其应用场景示例。

1）汽车制造：协作机器人在汽车行业中扮演着重要角色，执行焊接、装配和质量保证等任务。它们在点焊和弧焊、重型部件搬运、均匀涂漆以及拥有视觉系统的质量检查中发挥着关键作用，确保生产过程无人工错误。

2）电子及消费品：像 WEIDM（魏德米勒）这样的电子和消费品公司已经将协作机器人整合到其生产线中，这些机器人在组装精密机电元件时提供所需的精度和一致性。它们接手重复性任务，减少人工错误，提升效率，同时让人类能够专注于更复杂和创造性的工作，增强了生产力和工作场所的安全性。

3）医疗领域：协作机器人在医院和实验室等对精度和一致性要求极高的环境中，被用于配药和手术器械处理等任务，减少人为错误，提升医疗程序的准确性。

这些应用案例突显了协作机器人的多功能性和它们在现代化制造和服务流程中的重要性。协作机器人与人类的协同合作，提升了作业效率和安全性，使企业能够灵活适应市场的变化和技术的进步。

3.3　自动导引车（AGV）

自动导引车（AGV）是指装备有自动导向系统，利用内置的控制系统和导航技术在特定的路径上自主行驶，能够按照设定路线自动行驶或牵引载货台至指定地点，实现物料的自动装卸和搬运的小车。在智能制造场景下，AGV 的使用越来越广泛，在物料搬运过程中能够实现自动化的无人驾驶，也称为自动导引运输车。AGV 是集智能、信息处理和图像处理于一体，涉及计算机、自动控制、信息通信、机械设计、电子技术等多个学科的物流自动化装备，是自动化搬运系统、物流仓储系统、柔性制造系统（Flexible Manufacture System，FMS）和柔性装配系统（Flexible Assembly System，FAS）的重要装备。

3.3.1　AGV 系统的基本组成

本书的 2.2 节以示例方式简要给出了 AGV 系统的基本组成，如图 3-4 所示，包括传感系统、分析和决策系统（即上位机软件）以及智能控制系统三部分。

1. 传感系统

AGV 传感系统是 AGV 实现自主导航和避障的关键因素，包括激光导航传感器、视觉传感器、距离传感器和速度传感器等。

1）激光导航传感器：用于测量 AGV 与周围环境的距离和位置，通过激光扫描地面或墙壁来确定车辆的导航路径。激光导航传感器的原理是利用激光束探测周围环境的距离和位置信息，通过扫描激光束来建立地图，同时也可以通过测量反射激光的时间来识别和避免障碍物。激光导航传感器具有高精度和高度重复性的特点，可以提高 AGV 系统的导航和定位准确性。

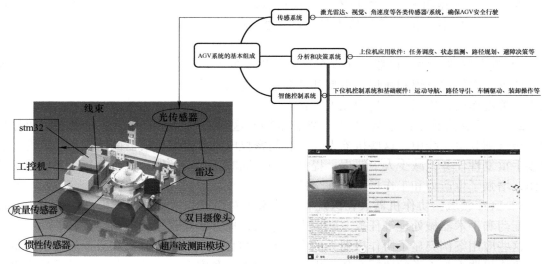

图 3-4　AGV 系统的基本组成

2）视觉传感器：视觉传感器是 AGV 系统中最常用的传感器之一，它能够通过摄像头捕捉并分析环境中的图像信息，以实现路径规划和障碍物检测等功能。视觉传感器可以通过识别和跟踪地标或标志物来确定 AGV 的位置和姿态，从而实现自主导航。在 AGV 系统中，视觉传感器还可以用于辨识货物，实现自动装卸功能。常见的视觉传感器包括摄像头、激光雷达和红外线传感器。

3）距离传感器：用于测量 AGV 与障碍物之间的距离，以避免碰撞。常见的距离传感器包括超声波传感器和红外线传感器。超声波传感器利用超声波的回声时间来测量物体与传感器之间的距离，通过超声波传感器可以快速、准确地检测到周围物体的距离和位置，从而帮助 AGV 系统规避障碍物，保证行驶的安全性。

4）速度传感器：用于测量 AGV 的速度和加速度，以确保平稳的运动和导航。

2. 分析和决策系统

分析和决策系统是 AGV 运行时的地面控制系统（Stationary System），即 AGV 上位机应用软件，是 AGV 系统的核心。其主要功能是对 AGV 系统中的多台 AGV 进行任务调度、路径规划、避障决策等。

1）任务调度类似计算机操作系统的进程管理，它提供对 AGV 地面控制程序的解释执行环境；提供根据任务优先级和启动时间的调度运行；提供对任务的各种操作如启动、停止、取消等。

2）路径规划是 AGV 管理的核心模块，它根据物料搬运任务的请求，分配调度 AGV 执行任务，根据 AGV 行走时间最短原则，计算 AGV 的最短行走路径，并控制指挥 AGV 的行走过程，及时下达装卸货和充电命令。

3）避障决策是根据 AGV 的物理尺寸大小、运行状态和路径状况，提供 AGV 互相自动避让的措施，以及避免车辆互相等待的死锁方法和出现死锁的解除方法。

3. 智能控制系统

智能控制系统是 AGV 系统可靠运行的关键，包含了构成 AGV 的基础硬件和下位机控制系统，确保 AGV 能够按照分析和决策系统分配的任务、确定的路径进行自主运行，完成相应的作业任务。

AGV 目前仍以叉车式和转载平台式为主，通常以蓄电池为动力源，直流电动机驱动其行走、转向和举升。AGV 基础硬件的总体组成情况如图 3-5 所示。

AGV 基础硬件包括车体框架、车轮、载荷传送装置等，是整个 AGV 的躯体，具有电动车辆的结构特征和无人驾驶自动作业的特殊功能。

AGV 下位机控制系统，又称为车载控制系统（Onboard System），在收到上位系统的指令后，负责 AGV 单机的导航、导引、路径选择、车辆驱动、装卸操作等功能。导航是 AGV 单机通过自身装备的导航器件测量并计算出所在全局坐标中的位置和航向。导引是 AGV 单机根据当前的

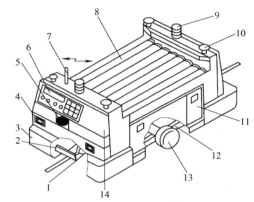

图 3-5　AGV 基础硬件的总体组成情况

1—从动轮　2—导向传感器　3—接触缓冲器　4—接近探知器
5—警示音响　6—操作盘　7—外部通信装置
8—自动移载机构　9—警示灯　10—急停按钮　11—蓄电池组
12—车体　13—差速驱动轮　14—电控装置箱

位置、航向及预先设定的理论轨迹来计算下个周期的速度值和转向角度值，即 AGV 运动的命令值。路径选择是 AGV 单机根据上位系统的指令，通过计算，预先选择即将运行的路径，并将结果报送上位系统，能否运行由上位系统根据其他 AGV 所在的位置统一调配。AGV 单机行走的路径是根据实际工作条件设计的，它由若干"段"（Segment）组成。每一"段"都指明了该段的起始点、终止点，以及 AGV 在该段的行驶速度和转向等信息。车辆驱动是 AGV 单机根据导引计算结果和路径选择信息，通过伺服器件控制车辆运行。

AGV 之所以能够实现无人驾驶，其导航和导引功能起到了至关重要的作用，随着技术的发展，能够用于 AGV 的导航 / 导引技术主要有以下几种：

（1）直角坐标导引

直角坐标导引用定位块将 AGV 的行驶区域分成若干坐标小区域，通过对小区域的计数实现导引，一般有光电式（将坐标小区域以两种颜色划分，通过光电器件计数）和电磁式（将坐标小区域以金属块或磁块划分，通过电磁感应器件计数）两种形式，其优点是可以实现路径的修改，导引的可靠性好，对环境无特别要求。缺点是地面测量安装复杂，工作量大，导引精度和定位精度较低，且无法满足复杂路径的要求。

（2）电磁导引

电磁导引是较为传统的导引方式之一，仍被许多系统采用，它是在 AGV 的行驶路径上埋设金属线，并在金属线上加载导引频率，通过对导引频率的识别来实现 AGV 的导引。

其主要优点是引线隐蔽，不易污染和破损，导引原理简单而可靠，便于控制和通信，对声光无干扰，制造成本较低。缺点是路径难以更改扩展，对复杂路径的局限性大。

（3）磁带导引

与电磁导引相近，磁带导引是在路面上贴磁带替代在地面下埋设金属线，通过磁感应信号实现导引，其灵活性比较好，改变或扩充路径较容易，磁带铺设简单易行，但此导引方式易受环路周围金属物质的干扰，磁带易受机械损伤，因此导引的可靠性受外界影响较大。

（4）光学导引

光学导引是在 AGV 的行驶路径上涂漆或粘贴色带，通过对摄像机采入的色带图像信号进行简单处理而实现导引，其灵活性比较好，地面路线设置简单易行，但对色带的污染和机械磨损十分敏感，对环境要求过高，导引可靠性较差，精度较低。

（5）激光导航

激光导航是在 AGV 行驶路径的周围安装位置精确的激光反射板，AGV 通过激光扫描器发射激光束，同时采集由反射板反射的激光束，来确定其当前的位置和航向，并通过连续的三角几何运算来实现 AGV 的导航。此项技术的优点是 AGV 定位精确；地面无需其他定位设施；行驶路径可灵活多变，能够适合多种现场环境，它是国外许多 AGV 生产厂家优先采用的先进导引方式。其缺点是制造成本高，对环境要求相对苛刻（外界光线、地面要求和能见度要求等），不适合室外（尤其是易受雨、雪、雾的影响）。

（6）惯性导航

惯性导航是在 AGV 上安装陀螺仪，在行驶区域的地面上安装定位块，AGV 可通过对陀螺仪偏差信号（角速率）的计算及地面定位块信号的采集来确定自身的位置和航向，从而实现导航。此项技术在军方中较早运用，其主要优点是技术先进，与有线导引相比，地面处理工作量小，路径灵活性强。其缺点是制造成本较高，导航的精度和可靠性与陀螺仪的制造精度及其后续信号处理密切相关。

（7）视觉导航

视觉导航是在 AGV 上安装 CCD 摄像机，AGV 在行驶过程中通过视觉传感器采集图像信息，并通过对图像信息的处理确定 AGV 的当前位置。视觉导航方式具有路线设置灵活、适用范围广、成本低等优点。但是，由于利用车载视觉系统快速准确地实现路标识别这一技术瓶颈尚未得到突破，因此，目前该方法尚未进入实用阶段。

（8）室外卫星导航（北斗系统）

室外卫星导航通过卫星对非固定路面系统中的控制对象进行跟踪和制导，此项技术还在发展和完善，通常用于室外远距离的跟踪和制导，其精度取决于卫星在空中的固定精度和数量，以及控制对象周围环境等因素。2021 年 8 月，我国首台 5G+ 北斗导航室外无人驾驶 AGV 研制成功，标志着我国在 AGV 无人驾驶领域实现了进一步突破和发展，将为客户高效解决生产过程中的超重、超长、超大物料智能运输困难等问题。

3.3.2 AGV 系统的分类

AGV 系统从控制的角度可分为三种结构：集中式、分布式和混合式。不同结构 AGV 系统的任务调度流程、无冲突控制策略以及设备投入也不同。

1. 集中式多 AGV 系统

集中式多 AGV 系统由一个中央控制系统及包含多个 AGV 的底层系统构成，彼此间存在管理与被管理的关系。中央控制系统负责对所有 AGV 的行为、协作以及共享资源等提供统一的协调和管理。其任务调度以及无冲突控制策略都由中央控制系统完成。中央控制系统从全局角度为各 AGV 分配任务、规划路径并将信息下发；各 AGV 严格按照指令执行任务，当冲突发生后，中央控制系统根据无冲突控制策略进行调节，防止 AGV 之间发生碰撞。集中式多 AGV 系统的结构如图 3-6 所示。

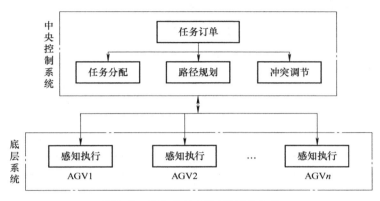

图 3-6　集中式多 AGV 系统的结构

集中式多 AGV 系统的优点在于管理方便，能有效获得全局最优的多 AGV 任务调度方案，对执行任务的各 AGV 智能化要求不高。但由于所有的数据都要通过中央控制系统进行处理运算，系统对中央控制系统的性能要求较高，不利于并行处理；对于动态、复杂的环境缺乏适应性，一旦中央控制系统发生故障，整个系统将处于瘫痪状态。

2. 分布式多 AGV 系统

在分布式多 AGV 系统中，所有 AGV 都是平等关系。各 AGV 在遵循可能的规则和共享资源的管理策略基础上，基于通信技术彼此交换信息。其任务调度以及无冲突控制策略依赖各 AGV 的智能。在面临任务分配和道路资源冲突时，AGV 根据自身的信息以及其他 AGV 分享的信息，运用知识与进化算法进行协商决策，以达到任务分配、路径规划和冲突调节的目的。分布式多 AGV 系统的结构如图 3-7 所示。

分布式多 AGV 系统的优点在于所有 AGV 都具有知识和自主决策的能力，系统的并行任务处理能力更强；AGV 彼此间的弱耦合关系有利于系统的伸缩，使系统的柔性更高。但高度智能的 AGV 购置费用高昂；各 AGV 进行行为决策时，要求通信系统具有高实时性与可靠性，整体稳定性较差；此外，由于分布式多 AGV 系统难以从全局角度实现最优调度，整体协调能力不及集中式多 AGV 系统。

3. 混合式多 AGV 系统

混合式多 AGV 系统介于集中式和分布式之间，由一个中央控制系统和多个具有一定智能的 AGV 构成，平衡了集中式和分布式两种结构的优缺点。各 AGV 的基本行为和简单任务由 AGV 自主完成，如路径规划、无冲突协同等；当系统多任务调度或协同作业时，可由中央控制系统集中规划，实现全局最优，或借助各 AGV 有限的智能水平，彼此通信进行协同计算，分担中央控制系统的部分压力；相较分布式多 AGV 系统，该系统对 AGV 的智能化要求低，投入成本容易控制。混合式多 AGV 系统的结构如图 3-8 所示。

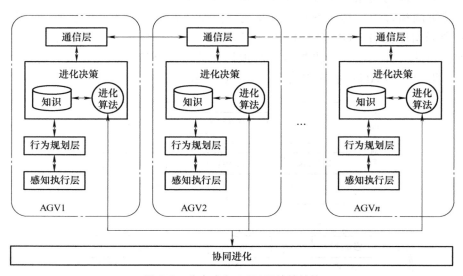

图 3-7　分布式多 AGV 系统的结构

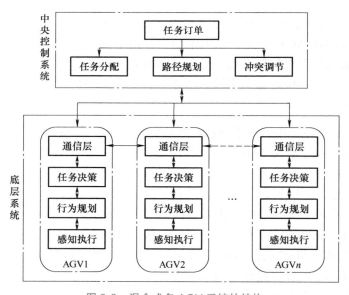

图 3-8　混合式多 AGV 系统的结构

3.3.3　AGV 的导引原理与路径规划

1. AGV 的导引原理

AGV 导引可分为固定路径导引和自由路径导引两种方式。固定路径导引依据不同的信息媒介，又可以分为电磁导引和光学导引。

（1）电磁导引原理

AGV 的电磁导引原理如图 3-9a 所示，首先在规划好的 AGV 运行路线的地面下埋设导向电缆，当导向电缆通以 3000 ～ 10000Hz 的低频电源时，该电缆周围便产生电磁场，而安装于 AGV 底部的信号传感器检测到电磁场后，再经过信号分析电路判断，可以确知 AGV 的位置，并以不同的电压值来表示。

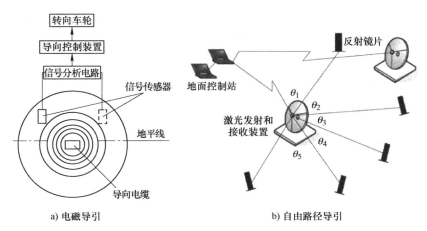

图 3-9　AGV 的电磁导引原理

如果 AGV 正位于导向电缆的正上方，则信号分析电路通过信号传感器得到的两个电压值相等。当转向车轮偏离导向电缆时，信号传感器检测出的电压值不相等，而通过信号分析电路可判断出 AGV 偏离导线的方向，然后通过导向控制装置使转向车轮回位。反复进行上述过程，就可使 AGV 的转向车轮始终跟踪预定的导引路径，进而实现 AGV 的导引。

（2）光学导引原理

光学导引是通过粘贴在地面上的反光带为导引媒介来实现 AGV 导引。首先应在地面上沿着已经规划好的 AGV 运行路线全部粘贴具有一定宽度的反光带，其颜色要与地面的颜色形成较大的反差。在 AGV 车体的下部装有光源和光接收器。当 AGV 在反光带的上方运行时，车体上的光源发出光线照射到反光带后，反光带会反射回来光线，这些光线被车上的感光元件接收，经过检测和运算装置进行处理后，可对 AGV 进行准确的定位，并据此判断 AGV 是否偏离轨道，将这些信息传至导向控制系统，然后控制转向轮产生相应的动作。当 AGV 没有偏离导引路径时，处于中间位置的信号孔打开；当 AGV 偏离导引路径时，偏离中间位置的信号孔打开，检测回路根据检测到的不同感光信号可判断出 AGV 是否偏离，而且可以判断出偏离的方向、偏离的距离，控制系统据此对 AGV 的运行状态及时进行修正，使其回到导引路径上来。因此，AGV 可以始终沿着反光带的导引轨迹运行。

（3）自由路径导引原理

目前，AGV 自由路径导引一般是通过激光作为导引媒介来实现的，其原理如图 3-9b 所示。在 AGV 的顶部安装激光发射和接收装置，此装置可沿 360° 方向发射一定频率的激光。在 AGV 运行范围的不同位置上安装激光反射镜片。当 AGV 发出的激光照射到反射镜片上时，反射镜片将激光反射回车上的激光接收装置，所以，在 AGV 运行的过程中，车上的激光接收装置不断接收到从不同位置反射回来的激光束，经过简单的几何运算，就可准确定位 AGV，然后控制系统根据 AGV 的位置对其进行实时的导向控制。

2. AGV 的路径规划

路径规划是指 AGV 从起点到终点有多条路径可以选择，而系统根据一定的评价标准从中选出路径或者时间最短的运行路径。路径规划在多 AGV 系统中是 AGV 能否高效、安全运行的关键一步，它不仅需要处理起点与终点之间的关系，还需要解决 AGV 彼此之间的关系。当系统给 AGV 分配了任务，它的起点和终点就已被确定，接着就由调度系统为 AGV 进行路径规划，提供一条最优的、安全的路径。经典的 AGV 路径规划算法的发展时间轴如图 3-10 所示，其中，Dijkstra 算法、A* 算法是最主流的路径规划算法。随着移动机器人智能化的应用需求逐渐上升，以及计算机技术的飞速发展，在路径规划领域，涌现出了以遗传算法、蚁群算法等为代表的智能搜索算法，以及以强化学习、深度学习等为代表的人工智能算法的相关研究与应用示范。

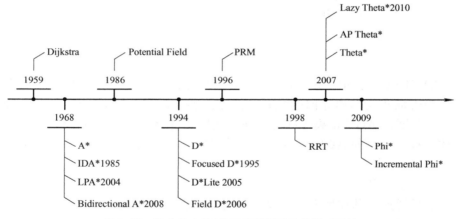

图 3-10　经典的 AGV 路径规划算法的发展时间轴

在进行 AGV 路径规划之前，需要对 AGV 的运行环境进行建模，将 AGV 的运行环境以电子地图的方式表达。假设是基于已知环境的建模，机器人学中的地图表示方法一般分为四种：量度地图、直接表征法、栅格地图、拓扑图等。

1）量度地图建模方法适用于连续空间的规划。

2）直接表征法省去了特征或栅格表示这一环节，直接使用 AGV 车载的传感器接收数据，从而构造环境空间。

3）栅格地图可以将连续空间离散化为规则排列的大小相同的区块，这些区块称为栅格，这种电子地图生成方便。栅格的大小决定了 AGV 运行环境模型的精度，栅格越小，精度越高，但是同时也会增加数据存储空间和计算复杂度，反之栅格越大，表示 AGV 运行环境的电子地图精度越低。栅格可以赋予不同的属性值以表示是否包含障碍物，如 1 表示该栅格包含障碍物，0 表示该栅格不包含障碍物，为 AGV 的可行区域。

4）拓扑图可以由栅格地图转化而来，是空间环境的圈结构表示，它将环境中的关键位置用节点表示，例如 AGV 停靠点、AGV 充电点、十字交叉口等，节点之间的连接关系用边表示。其中，栅格地图可以转化为拓扑图。

在上述方法中，应用最普遍的是直接表征法和栅格地图。对于多种不同车型的总装车间，栅格地图易于构建和保存较大的运行环境，对 AGV 可以进行精确定位。

地图可行路径的方向可以分为单车道单向行驶、双车道双向行驶和单车道双向行驶三种方式。单车道单向行驶情况下道路的利用率较低，主要应用于物流分拣和仓储领域。双车道双向行驶类似于现实的交通道路，这种方法在路径规划上具有较好的灵活性，但是对规划道路的空间需求也相应增大，建设和管理费用也会更高。单车道双向行驶相对于单车道单向行驶的车辆控制系统更为复杂，但是对规划路径的空间有限制的场景而言，其道路的利用率更高。以单车道双向行驶模式的二维车间 AGV 的调度为例，位置信息用二维坐标来表示。地图环境主要包含四部分：AGV 停靠区（充电区）、AGV 工作区、车间总装线（障碍物）和零部件仓库区。栅格地图的建模过程有如下三个关键要素：

1）栅格尺寸的选取。栅格尺寸相当于比例尺，当栅格所表示的面积较小时，整个需要建模的现实场景所包含的栅格数量将会增加，相应地，地图精度也会提高，同理可知栅格所表示的面积较大时的效果。因此需要根据实际问题的需求选择合理的栅格尺寸。

2）栅格位置的标记。一般可通过直角坐标系里的点坐标表示每一个栅格的位置信息。

3）栅格属性的编码。栅格属性代表了栅格的物理性质，可以决定该栅格是否为可行区域。

3. AGV 路径规划中的最短路径问题

最短路径问题是图论研究中的一个经典算法问题，旨在寻找图（由节点和路径组成的）中两节点之间的最短路径。根据 AGV 任务分配的结果，AGV 的路径问题是确定起点终点的最短路径问题，即已知起点和终点，求两节点之间的最短路径。

栅格地图中两节点之间所有可行路径中，边的权重之和最小的路径称为这两点间的最短路径。在带权有向图中使用权重函数将每条边映射到实数值的权重上，一条可行路径 $p = (v_0, v_1, \cdots, v_k)$ 的权重 $\omega(p)$ 是构成该路径的所有边权重之和，有

$$\omega(p) = \sum_{i=1}^{k} \omega(v_{i-1}, v_i) \tag{3-1}$$

式中，$\omega(p)$ 是图中路径的权重；v_i 是第 i 个节点。在最短路径的问题里，式（3-1）加上望小特性就是这类问题的优化目标，约束条件一般描述了节点之间是否可行。

定义从节点 i 到节点 j 的最短路径权重 $\delta(i, j)$ 如下，从节点 i 到节点 j 的路径 p 定义为权重是 $\omega(p) = \delta(i, j)$ 的路径。

$$\delta(i, j) = \min\{\omega(p) : i \xrightarrow{p} j\} \tag{3-2}$$

A* 算法是求解最短路径最有效的直接搜索方法之一，是一种启发式算法，所谓启发式就是 A* 算法通过启发函数来引导搜索方向，这种方式通常可以很高效地得到路径搜索问题的最优解，即使对于 NP 问题，A* 算法也可以在多项式时间内得到一个近似最优解，

67

其流程图如图 3-11 所示。

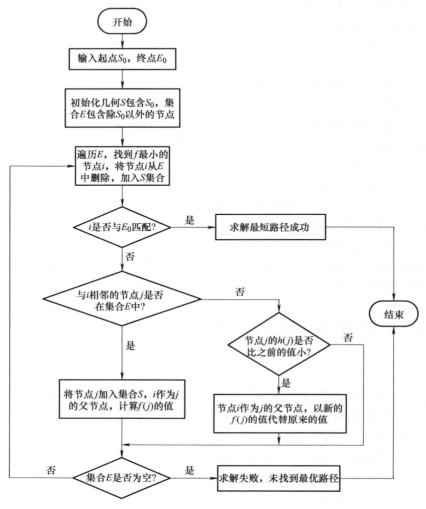

图 3-11　A* 算法的流程图

A* 算法在路径规划问题中的估价函数为

$$f(n) = g(n) + h(n), h(n) \leqslant h'(n) \tag{3-3}$$

式中，$f(n)$ 是从初始状态经过状态 n 到达目标状态的代价估计；$g(n)$ 是状态空间中从初始状态到达状态 n 的实际代价；$h(n)$ 是从状态 n 到达目标状态的最优路径的估计代价；$h'(n)$ 是从节点 n 到达目标节点的实际最好代价。

当启发函数 $h(n) \leqslant h'(n)$ 时，算法的搜索范围较广，搜索效率较低，但是可以得到最优解；当 $h(n) = h'(n)$ 时，启发函数就是最短距离，这种条件下算法的搜索效率最高；当 $h(n) \geqslant h'(n)$ 时，算法的搜索范围较小，搜索效率较高，但是不保证能得到最优解。

常用的三种启发函数如下：

1）曼哈顿距离。曼哈顿距离由赫尔曼·闵可夫斯基于 19 世纪提出，是坐标系中两点的绝对轴距之和。其表达式为

$$h_{\text{manhattan}}(n) = K\left(\text{abs}(x_n - x_D) + \text{abs}(y_n - y_D)\right) \tag{3-4}$$

式中，K 是栅格地图中栅格的边长；x_n 是 AGV 当前位置的横坐标值；y_n 是 AGV 当前位置的纵坐标值；x_D 是目标点的横坐标值；y_D 是目标点的纵坐标值。

2）欧几里得距离。欧几里得距离是指在 n 维空间中两个点的真实距离，或由以这两个点为端点的向量的模，在二维和三维空间中欧氏距离是指两点之间的实际距离。在二维坐标系中，欧氏距离的表达式为

$$h_{\text{euclidean}}(n) = K\sqrt{(x_n - x_D)^2 + (y_n - y_D)^2} \tag{3-5}$$

式中，K 是栅格地图中栅格的边长；x_n 是 AGV 当前位置的横坐标值；y_n 是 AGV 当前位置的纵坐标值；x_D 是目标点的横坐标值；y_D 是目标点的纵坐标值。

3）对角距离。在二维坐标系中，对角距离启发函数是指如果两点不在同一水平或垂直线上，那么 AGV 可以沿水平、垂直以及与其成 45° 的方向从一个点到达另一个点，其表达式为

$$h_{\text{diagonal}}(n) = K\left(\min\{\text{abs}(x_n - x_D), \text{abs}(y_n - y_D)\}^2 + \text{abs}((x_n - x_D) - (y_n - y_D))\right) \tag{3-6}$$

式中，K 是栅格地图中栅格的边长；x_n 是 AGV 当前位置的横坐标值；y_n 是 AGV 当前位置的纵坐标值；x_D 是目标点的横坐标值；y_D 是目标点的纵坐标值。

在以上距离启发函数中，曼哈顿距离适用于 AGV 只能在水平或垂直共四个方向上的运动，但这种距离启发函数规划的估计路长最长；欧几里得距离适用于 AGV 可以向任意方向转向的情况，这种距离启发函数规划的估计路长最短，但是对 AGV 的转向机动性及精度要求很高；对角距离用于 AGV 能在八个方向上运动的情况，即水平、垂直以及与其夹角为 45° 的四个方向，目前 AGV 普遍可以实现在八个方向上运行，因此对 AGV 的转向机动性要求并不高，易于实现，而且对角距离启发函数规划的估计路长较短。

3.4　汽车整车智能制造典型装备

当前，我国已成为世界新能源汽车的制造大国，2023 年的产销量已居世界第一位。尽管如此，但我国依然面临着促进汽车产业转型升级、抢占国际竞争制高点、实现产业链价值链全链提升的紧迫任务。同时，随着新科技革命浪潮的推动，高科技手段不断融入汽车工业领域，用户的个性化需求越发强烈，需求越发多样化。汽车已不再是传统产品的单一化市场，而向多元化方向发展，智慧、生态、绿色、脱碳、共享化的发展趋势，引领着汽车产品研发、生产制造、运维服务等全生命周期各环节的业务变革，支持大规模个性化定制的智能制造正在成为节能与新能源汽车产业发展的必然选择。

大规模个性化定制，是继福特大规模生产、丰田精益生产模式后最具行业发展指导意义的新模式，引领着世界汽车工业的发展潮流；更是我国汽车工业在智能制造时代获取竞

争优势的重要途径,是我国新能源汽车企业突破既有产销模式、实现用户需求驱动的跨越式发展的重要手段。以"智能化、电动化、低碳化和轻量化"的整车发展目标为指引,以"模块化设计、智能化生产、协同化运作"为特征的新能源汽车大规模个性化定制的智能制造新模式,颠覆了"从工厂到用户"的传统生产思维,转为"以用户需求为驱动"的个性化生产,通过产品模块化设计和个性化组合,满足用户的个性化需求。

汽车整车制造的四大工艺单元包括冲压、焊装、涂装和总装,汽车涂装车间的主要设备以工业机器人为主,总装车间以自动运输线、AGV 等设备为主,在本章的前述章节已做介绍。因此,本节主要以中国一汽红旗车间、北汽株洲工厂为例,针对汽车冲压、焊装车间的典型设备加以概述。

3.4.1 冲压生产线典型装备

汽车冲压生产线的工艺流程为:上料→磁性分张→拆垛→双料检测→板料传输→板料清洗→板料涂油→双料检测板料对中→上料装置送料→(首台压力机冲压)→工序间送料→(压力机冲压)→(根据工序数量循环)→下料取料装置送料→(末端压力机冲压)→线尾下料取料装置放料→皮带机输送→人工检验→人工装箱→叉车入库,如图 3-12 所示。

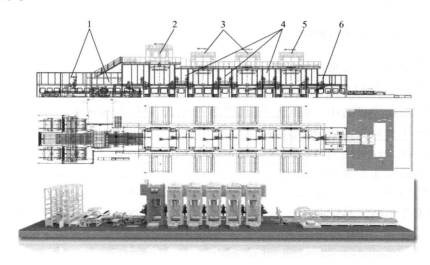

图 3-12　冲压工艺流程及布局示意图

1—上料机器人及上料输送装置　2—首台压力机　3—工序压力机
4—工序间送料装置　5—末端压力机　6—线尾下料取料装置

1. 板料立体库自动上料

中国一汽在国内首次应用了超大吨位的立体库设备存储板料,同时也是在国际上首次利用板料立体库实现冲压线线首的自动上料,大大提升了冲压车间的自动化水平,颠覆了传统冲压生产线的工艺布局,如图 3-13 所示。在冲压线线首集成了大吨位堆垛设备,并建立了立体货架,采用立体货架对板料进行缓存,采用堆垛机进行自动上料,并集成了AGV 输送系统用于板料的输送。

板料立体库建立了板料上料中央控制系统，对堆垛机、AGV、冲压线上料小车等设备进行了协同调度控制，实现了 1 个小托盘、1 个大托盘、2 个小托盘三种板料品种组合的自动上料，单个上料循环可控制在 10min 以内，大大提高了板料上料效率。同时由板料上料中央控制系统统一对板料进行管理，基本消除了板料上错、漏上等问题，保证了先入先出、异常板料锁定等工艺要求。整个上料过程无人员干预，也彻底消除了人员操作造成的安全隐患。

2. 高速钢铝混合冲压生产线

高速钢铝混合冲压生产线采用济南二机床公司的 8500t 全自动连续钢铝混合机械冲压生产线，如图 3-14 所示。线内一键换模在 3min 以内，自动化系统采用瑞士 GUDEL 公司的自动化单臂机械手系统，最高节拍可达 15SPM。济南二机床公司具有 80 多年的机床制造历史，目前是奔驰、大众、通用和福特等汽车厂的主要冲压设备供应商。该冲压线压力机的刚性高于 1/8000，冲压精度可达 ±0.2mm。同时，整线还采用了先进的数控伺服拉伸技术和同步控制技术，从而保证冲压件的高品质和稳定性。

図 3-13　板料立体库示意图　　　　図 3-14　高速钢铝混合冲压生产线

冲压生产线从钢板拆垛到成品冲压件的产出全部在密闭的环境中由机械手和数控压力机完成，无需人工介入。同时冲压生产线集成了干式 + 湿式板料清洗装置，实现了多种板料清洗方式的任意组合，还创新应用了真空辊技术，最大程度上保证了板料的清洁。冲压生产线还配备了激光打码系统，可以实现对每个冲压件进行激光二维码打刻。另外，冲压生产线开发了电气自动插接及下模自动夹紧系统，进一步提升了品种切换的自动化率。

3. 双飞翼式换模 + 全自动换模天车

智能天车在港口、造纸和核工业等领域的应用较为超前，而在其他领域，由于工况、标准化等因素的限制，使用情况相对较少，在汽车行业的冲压领域也是如此。但随着冲压生产线的节拍提升、产品小批量定制化需求、人工成本增加及工业 4.0 等因素的影响，越来越多的智能天车被应用到了冲压车间，但都是半自动天车，需要人员参与完成相应工作，中国一汽在红旗冲压车间首次配备了全自动天车，如图 3-15 所示。全自动智能天车的额定起重量为 65t，可实现自动在仓储区寻找模具、自动抓取、自动吊运和自动安装等全套自动化动作，全过程由仓储管理系统自主控制，无人员干预，换模效率可提升 20% ～ 30%，采用双天车方案后，整个车间换模时间减少约 50%。

图 3-15　中国一汽红旗冲压车间采用全自动天车

4. 重载 AGV

传统冲压车间一般采用有轨转运车等用于运输模具或板料，采用叉车转运零件。但随着工艺布局的柔性化需求越来越高，AGV 发挥的作用越来越大。一般用于转运模具的 AGV 额定载重量在 65t 以上，用于转运板料的 AGV 额定载重量在 15t 以上，用于转运零件的 AGV 载重量在 1.5 ~ 3t 之间。根据业务需求的差异，AGV 通常采用环境导航、色带导航、磁条导航等方式，通过调度系统控制，与立体库、天车、冲压线等智能装备进行对接，实现物流的自动化转运，提高产线的柔性化及效率。图 3-16a 所示为中国一汽红旗车间采用的重载 AGV。

5. 线尾自动装框系统

冲压线的自动装框系统集成了先进的机器人技术、机器视觉、自动化控制等技术，系统利用高精度的 3D 点云相机或其他高级视觉传感器，在一次拍摄中快速获取冲压件及料架的精确位置和尺寸信息，再基于视觉识别，引导机器人精确定位，即使对于形状各异的冲压件也能实现快速而准确地抓取和放置。装备有端拾器吸盘的工业机器人根据视觉系统提供的数据执行精确的动作，抓取冲压件并放置到相应的工位器具中。系统与线尾传输皮带、AGV 等设备进行协作，实现装框过程的全部自动化。图 3-16b 所示为线尾自动装框系统。

a) 重载AGV　　　　　　　　　　　　b) 线尾自动装框系统

图 3-16　中国一汽红旗冲压车间采用的重载 AGV 和线尾自动装框系统

6. 光学自动质检系统

目前，在国内奔驰、宝马、大众等主机厂的冲压车间已陆续使用了线尾冲压件光学自动质检系统，如图 3-17 所示，该系统可自动检测冲压件的表面质量缺陷，结合专业分析软件，可以对冲压件的质量缺陷进行评估、分析，从而将制件质量缺陷数字化、标准化，建立冲压件质量标准数据库，便于进行冲压件质量问题判定与追溯，并指导冲压件质量问题的跟踪与改进，降低沟通成本，减少抽检时间等。该设备主要由激光投影仪、光学相机、机器人、定位机构、控制系统、工作台、安全护栏等装置组成。目前，冲压件光学质检技术主要由德国蔡司（ZEISS）公司垄断，大众、奔驰、宝马、通用等主流车企均采用了德国蔡司公司的 ABIS（Automatic Body Inspection System，车身自动检测系统）光学质检技术。国内供应商在本领域处于起步、研发阶段。目前该技术在国内的应用中只能检测冲压件表面较明显的开裂、缩颈、坑、包等质量缺陷，对一些尺寸较小的质量缺陷，如 10μm 左右的脏点、压痕、缩径等缺陷尚无法 100% 检测。

图 3-17　线尾冲压件光学自动质检系统

3.4.2　焊装生产线典型装备

汽车焊装生产线是汽车制造过程中的关键环节之一，主要负责将冲压好的车身零部件通过焊接等工艺组装成完整的车身骨架（白车身），此过程涉及多种高度自动化和机械化的装备。焊装生产线一般包含机舱线地板、侧围、主线、门盖线等典型设备，车身总拼采用 Open Gate 技术，可实现四平台、六车型柔性化共线，如图 3-18 所示。

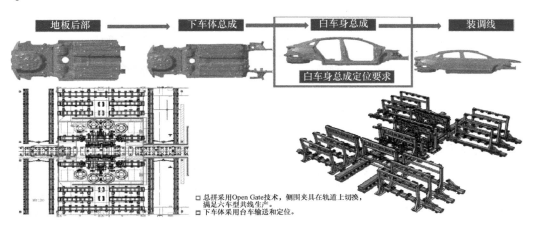

图 3-18　焊装生产线的柔性化共线生产流程（Open Gate 总拼）

Open Gate 总拼技术，是在平移式总拼的基础上通过堆栈法实现柔性化生产的一种总拼形式，只需在一个总拼工位就可以实现夹具和车型的切换，其动作顺序与平移式总拼相似。平移式总拼的动作顺序为：焊装线将下车体输送至总拼工位→侧围总成人工上件到夹具上→夹具平移到位→夹紧焊接。Open Gate 总拼技术的特点是车型可以单独调试，不影响车型正常生产；车身焊接稳定性较好，对钣金件精度要求相对较低；技术成熟度较高，后续车型增加方便；占地空间大；焊装生产线大量采用工业机器人，一次投入费用高。

以某国产汽车在湖南的车身车间为例，该车间采用了与奔驰相同的 KUKA 机器人，建设期间一期投入 176 台机器人，二期达到 200 台，其中包括焊接机器人、涂胶机器人、搬运机器人、弧焊机器人等，如图 3-19 所示。大量机器人的使用，有效地提高了工作效率，降低了人工成本及单车成本，同时机器人焊接涂胶，极大地提高了焊接及涂胶的稳定性，车身的强度及密闭性得到保证。

图 3-19　焊装生产线工业机器人

1. 车身自动涂胶视觉监控系统

车身自动涂胶视觉监控系统通过主机及现场显示屏，可实时监控涂胶是否断胶、涂胶量、涂胶位置，对涂胶质量进行监控，确保车身的密闭性，如图 3-20 所示。

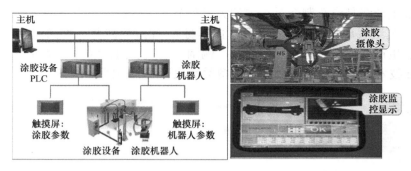

图 3-20　车身自动涂胶视觉监控系统

2. 车身弧焊设备

车身弧焊采用奔驰 CMT（Cold Meatal Transfer，冷金属过渡）机器人自动焊接设备，如图 3-21 所示。对于车身需要加强弧焊的位置，使用机器人弧焊，能有效保证焊接的一致性及焊接质量，增强整车碰撞强度及安全的可靠性。引入奔驰的焊接群控管理系统，将车间所有焊接控制柜通过网络进行连接，对每个焊接控制柜进行监控，能够发现焊接故障并及时报警，防止车身焊点漏焊；同时对焊点参数进行大数据管理，随时查看以往及当前焊点的焊接质量，并绘制焊接质量分析图，查看焊接质量趋势，保证车身焊接强度及安全。

图 3-21　奔驰 CMT 机器人自动焊接设备

3. 在线激光测量设备和视觉拍照引导系统

如图 3-22a 所示，采用在线激光测量设备 ACS（Auto Checking System，自动检测系统），通过精度传感器，对通过的每台车身 100% 进行在线实时监测，与理论数据做对比，判断车身安装点是否发生偏移，并把数据传输到质量控制中心，对车身偏移原因进行分析，防止不合格车身流出，影响工序装配，对整车安全及性能造成影响；如图 3-22b 所示，采用奔驰较先进的视觉拍照引导系统，对机器人抓取零部件进行精度监控，防止由于抓件定位不准，造成零部件磕伤及车身精度发生偏移，影响整车的装配及性能安全。

a) 在线激光测量设备　　　　　　　　　　　b) 视觉拍照引导系统

图 3-22　在线激光测量设备和视觉拍照引导系统

4. 柔性高效 FDS 设备

FDS（Friction Drill Screw，热熔自攻丝）设备是一种先进的连接技术，在汽车焊装生产线中主要用于车身轻量化材料的连接，特别是铝合金和其他异种材料的单面快速连接。FDS 技术的工作原理是利用旋转的自攻丝螺钉在不事先钻孔的情况下，通过摩擦生热软化并穿透材料，随后螺纹部分在材料中形成螺纹连接，完成零件间的紧固和连接。FDS 作为重要的混合连接技术，在汽车行业的应用越来越广泛。在铝型材、铝铸件以及空间狭小、封闭管腔等只能单边可达的部位，FDS 工艺具有不可替代性。

FDS 设备能够在无法从另一面接触的部位进行有效连接，为设计和组装提供了更大的灵活性；适用于多种材料，尤其是对于铝、镁等轻金属及其与其他材料（如钢）的异种材料连接，非常适合汽车轻量化趋势；相比传统焊接，FDS 产生的热影响区域小，有助于减少材料变形，保持良好的连接强度和外观。图 3-23 所示为高柔性弹夹式 FDS 铆接工作站的主要构成。

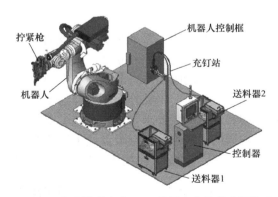

图 3-23　高柔性弹夹式 FDS 铆接工作站的主要构成

3.5　国产大飞机智能制造典型装备

航空工业是保护国家安全、支撑国家经济发展的重要战略性产业，既是一个国家国防安全的重要基础，也体现了一个国家的工业发展程度，是一个国家综合国力的体现。先进

75

航空产品的研制生产，能够有力地促进冶金、化工、材料、电子和机械加工等领域的技术进步。

飞机装配作为飞机制造过程的重要环节，是将大量的飞机零件按工艺路线进行组合连接的过程。飞机装配过程一般可以分为三个阶段：首先将若干单独的零件装配成组合件，比如机身的框、梁及壁板等；然后再将若干组合件组装成大部件，比如几个框、梁和机身壁板组装成一个机身段；最后将各大部件对接装配成完整的飞机机体。

在飞机装配过程中，要准确地确定装配件之间的相对位置，并用一定的连接方法将装配件连接在一起。在数字化和智能化技术的推动下，飞机装配技术快速发展，形成了现代飞机的数字化柔性装配模式。数字化柔性装配模式具体表现为：在飞机装配中，以数字化柔性工装为装配定位与夹紧平台，以先进数控钻铆系统为自动连接设备，以激光跟踪仪等数字化测量装置为在线检测工具，在数字化装配数据及数控程序的协同驱动下，在集成的数字化柔性装配生产线上完成飞机产品的自动化装配。

本节对飞机制造领域自动化、智能化的典型装备进行简要介绍，主要包括柔性装配工装、激光跟踪测量系统、大部件自动对接系统。

3.5.1 柔性装配工装

柔性工装技术是基于产品数字量尺寸协调体系的可重组的模块化、自动化装配工装技术，其目的是大幅减少设计和制造各种零部件装配的专用固定型架、夹具，降低工装制造成本，缩短工装准备周期，减少生产场地数量，同时大幅度提高装配生产率。

飞机产品的组件级、部件级以及对接装配阶段中采用了相应的柔性装配工装，比如多点阵真空吸盘式柔性装配工装、行列式柔性装配工装、分散式部件柔性装配工装和桥架式柔性装配工装。这些工装不仅提高了飞机装配效率，还降低了飞机制造成本，实现了飞机的精确装配与精益制造，大幅度提高了飞机装配水平。

1. 多点阵真空吸盘式柔性装配工装

多点阵真空吸盘式柔性装配工装是由一系列带真空吸盘的立柱式模块化单元组成的。立柱式单元具有三个方向的运动自由度，通过控制立柱式单元生成与壁板组件曲面外形一致并均匀分布的吸附点阵，利用真空吸盘的吸附力，能精确和牢固地夹持壁板以便完成钻孔、铆接等装配工作。当壁板外形发生变化时，工装外形和布局自动调整，通过改变定位和夹紧位置，可适用于不同零部件结构和定位夹装要求，从而降低了工装制造成本，也缩短了工装设计、制造周期以及产品的研发周期。多点阵真空吸盘式柔性装配工装广泛应用于波音、麦道及欧洲宇航防务公司（EADS）等公司的军、民用飞机生产中，如图 3-24 所示。

图 3-24　多点阵真空吸盘式柔性装配工装

2. 行列式柔性装配工装

行列式柔性装配工装是一种由多个行列式排列的立柱单元构成的工装，立柱单元为模块化结构且相互独立。立柱单元上装有夹持单元，夹持单元一般具有三个自由度的运动调整能力，从而可通过调整各立柱单元上夹持单元的排列分布，来实现对不同零部件的装配。

行列式柔性装配工装以空客系列飞机机翼壁板柔性装配系统为主，包括空客 A320/E4000、A340/E4100/E4150、A380/E380 等机翼壁板柔性装配系统，如图 3-25 所示。它具有模块化、数字化及结构开敞性好的特点，采用了电磁铆接动力头和决定性柔性装配工装，能适应不同规格和尺寸的壁板或翼梁的柔性装配。

图 3-25　机翼壁板行列式柔性装配工装

3. 分散式部件柔性装配工装

分散式部件柔性装配工装系统是一个集成了机械工装、定位计算软件、控制系统（包括人机操作界面）和数字化测量设备的综合集成系统，具有结构简单、开敞性好、占地面积小、可重组等优点，如图 3-26 所示。

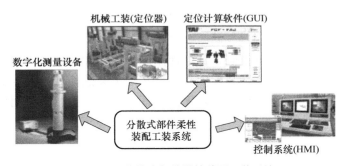

图 3-26　分散式部件柔性装配工装系统

分散式部件柔性装配工装系统主要用于机身和机翼部件的装配，在使用时，工装首先到达理论位置，利用激光跟踪仪测量各组件的实际位置数据，与理论位置数据对比，如果符合公差要求，将进行装配，否则重新调整定位器，直到满足装配误差要求。

当前应用广泛的两个分散式部件柔性装配工装系统是 MTorres 公司的 MTPS 和 AIT 公司的自动定位准直系统（APAS）。前者应用于空客系列飞机的机身部件装配及运输机 A400M 的机翼部件装配，后者应用于波音 747 的机身部件装配。

4. 桥架式柔性装配工装

桥架式柔性装配工装主要用于飞机机身框与交点的定位，如图 3-27 所示。中国航空工业集团公司中国航空制造技术研究院为沈飞集团公司研制的后机身部件柔性装配工装，实现了对机身加强框和交点的定位，上下各组横梁的每个定位器可沿 X、Y、Z 方向调整。通过安装在上下横梁上的定位器的运动，来定位机身部件的各个加强框，实现工装的数字化定位。

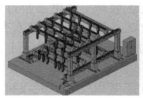

图 3-27　桥架式柔性装配工装

近年来，我国各大航空制造企业、高校和科研院所利用国外先进数字化装配理念和技术，在柔性工装技术方面开展了广泛研究，并取得了一定进展，开发了多种柔性工装系统，包括三坐标 POGO 柱、数控柔性多点型架、立柱式三坐标定位单元等，如图 3-28 所示。针对不同的飞机产品，已经设计了大量的柔性装配工装：用于壁板类组件装配的数控柔性多点装配型架、行列吸盘式壁板柔性装配工装以及壁板组件预装配柔性工装；用于机身部件、翼面类部件、机翼翼盒装配与大部件对接的柔性定位工装等，并提出了较为通用的设计方法。

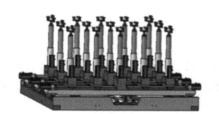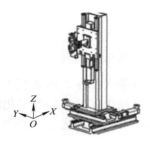

a) 三坐标POGO柱　　　　b) 数控柔性多点型架　　　　c) 立柱式三坐标定位单元

图 3-28　柔性工装结构示意图

柔性装配工装虽然在生产中得到了广泛使用，但仍存在着结构复杂、庞大，简约性不强，研制成本较高等问题。在实际装配中，柔性装配工装的使用过程需借助激光跟踪仪等测量设备实时辅助工作，因为定位精度若无法保证，将会直接影响应用效果。

3.5.2　激光跟踪测量系统

由于航空产品的尺寸大、外形复杂、精度要求高，因此在制造和装配过程中需要进行精密的测量，以保证产品质量。尤其对于大飞机来说，在装配前机头、机身和机翼是分离的，分别来自不同的制造商，因此，需要通过高精度的大部件装配对接，将原本分离的大部件逐步对接成功，最终形成一架完整的飞机。飞机大部件对接精度要求高，稍有偏差，飞机性能便会受到严重影响，必须采用先进的测量设备和定位调姿设备，而激光跟踪测量系统（Laser Tracker System）正是飞机大部件对接的标尺和眼睛。

激光跟踪测量系统是航空产品制造和装配过程中常用的数字化测量系统。激光跟踪测量系统集成了激光干涉测距技术、光电探测技术、精密机械技术、计算机及控制技术、现代数值计算理论等各种先进技术，对空间运动目标进行跟踪并实时测量。它具有高精度、高效率、实时跟踪测量、安装快捷、操作简便等特点，广泛地应用于部件组装、工装型面检测、机器人检测与调整，适合于大尺寸工件配装测量。

　　激光跟踪测量系统的工作基本原理是在目标点上安置一个反射器，跟踪仪发出的激光射到反射器上，又返回到跟踪仪，当目标移动时，跟踪仪调整光束方向来对准目标。同时，返回光束为检测系统所接收，用来测算目标的空间位置。简单来说，激光跟踪测量系统所要解决的问题是静态或动态地跟踪一个在空间中运动的点，同时确定目标点的空间坐标。

　　激光跟踪测量系统基本是由激光跟踪仪（跟踪头）、控制器、用户计算机、反射器（靶镜）及测量附件等组成。激光跟踪仪是利用激光干涉、测距仪和两个相互垂直的角编码器组成的三维光学坐标测量仪器，它是利用光的反射、光的干涉和光电信号转换等原理实现测量的仪器，它使用激光来跟踪目标反射镜，通过自身的测角系统和激光测距系统来确定空间点的坐标，从而实现完整的测量过程，其测量精度可高达 $10\mu m$。激光跟踪仪在航空制造中的典型应用场景如图 3-29 所示。

a) 零件装配检测

b) 工艺装备检测

c) 机械臂运动检测

d) 部件对接定位检测

图 3-29　激光跟踪仪应用场景

　　激光跟踪仪是利用激光测距，所以测距精度很高，但角度编码器随着距离的加大带来的位置误差同样很大，所以跟踪仪本身主要是角度误差。测距精度主要受到两个因素的影响，一是靶标对测量精度的影响。通常靶标外形为球形，内部为三个互相垂直的反射镜（CCR）。若三个反射镜的角点和外球的中心不重合或三个反射镜面相互不垂直都会引起误差，因此在同一次测量中推荐使用同一个反射镜，同时反射镜不要绕自身光轴转动。二是激光本身受大气温度、压力、湿度及气流流动的影响，所以大气参数的补偿对此仪器的正常使用十分关键。

　　激光跟踪仪具有非常高的技术壁垒，受此限制，目前全球能够提供该产品的主要企业仅有美国 FARO（法如）、美国 API（自动精密工程）、德国 Leica（徕卡）等少数几家，这些企业凭借着强大的技术创新实力和全球影响力，在全球市场竞争中始终保持领先地位。而这三家企业也占据了我国激光跟踪仪产品的绝大部分市场份额。目前具有代表性的激光跟踪仪产品如图 3-30 所示。

a) FARO公司产品　　　　b) API公司产品　　　　c) Leica公司产品

图 3-30　激光跟踪仪产品

近年来，我国研究院所及企业不断加强激光跟踪仪技术研发，并取得了一定突破，部分企业还实现了产业化。中国科学院光电研究院早在 2009 年便开展了激光跟踪仪的研制工作，并于 2013 年 12 月推出自行研制的激光跟踪仪原理样机。深圳市中图仪器股份有限公司也研发出了激光跟踪仪，并实现了产品产业化，成为国产激光跟踪仪的典型代表。清华大学等研究机构也率先取得了相关研发成果。此外，昆山君宇检测技术服务有限公司开发了一种便携式激光跟踪仪，中国科学院微电子研究所、海宁集成电路与先进制造研究院等机构进行了国产激光跟踪仪在工业机器人校准中的应用研究。

3.5.3　大部件自动对接系统

飞机大部件是指由多个相邻零件、组件或部件连接形成的飞机大型结构件。根据不同飞机的结构特点，飞机大部件可分为机头、前机身、中机身、后机身、中央翼、外翼和尾翼（平尾、垂尾）等。

大部件对接是飞机总装阶段的主要工作，前期的零件制造、部件装配都是为这个阶段的装配积累基础，大部件对接在很大程度上决定了飞机的最终质量、制造成本和周期。飞机大部件对接是根据尺寸协调原则，采用工装、测量设备等将多个部件对合连接的过程，主要工作包括：

1）机身各段对接，如前、中、后段的对接。

2）机翼各段对接，如中央翼、中外翼、外翼的对接或半机翼对接。

3）机身与机翼对接。

4）机身与垂直尾翼及水平尾翼的对接等。

传统的大部件对接采用人工吊装，利用水准仪与经纬仪等光学仪器测量，凭借工人经验，依靠手工或型架的方式进行装配，如图 3-31 所示。飞机大部件质量大且外形复杂，人工操作困难，装配效率低，装配质量难以保证。同时，传统的大部件对接装配协调仍采用模拟量传递模式，为了保证对接装配顺利可靠，常常需要在对接部位设计制造相应的巨大标准工装用于协调，延长了装配周期，增加了装配成本。

20 世纪 80 年代以来，随着数字化测量技术、自动化定位控制、精密制孔等多种先进自动化对接技术的发展，以及现代飞机安全、高效、长寿命与经济性等要求的不断提高，新一代飞机大多采用了全数字量协调，其大部件对接综合采用了数字化测量、信息化管理、数控自动定位和自动对接等技术，使得飞机大部件对接朝着自动化和数字化装配方向发展，如图 3-32 所示。只有如此才能提高飞机生产的高质量和高效率，减少装配工装数量，降低研制成本，缩短生产准备周期。

图 3-31　传统人工吊装大部件

图 3-32　飞机数字化装配车间

大部件自动化对接系统是一个集成了工装、测量系统、控制系统和计算机软件的综合系统，它利用高精度数字化测量手段确定部件初始位置，并实现部件位置的实时跟踪定位，构建全局测量场，结合数字化工装实时精确调整部件姿态，根据多轴联动机构的运动学原理，集成测量数据，优化计算调姿路径，控制系统实现精准姿态调整，完成部件对接。图 3-33 所示为大部件自动化对接平台示意图。

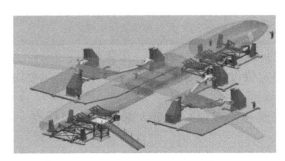

图 3-33　大部件自动化对接平台示意图

根据工装的结构特点可把当前的大部件对接平台分为三种形式：柱式结构工装平台、塔式结构工装平台和塔柱混联式结构工装平台，如图 3-34 所示。

柱式结构工装平台的工作原理是通过伺服控制系统实现定位装置在 X、Y、Z 三个方向的控制，实现对飞机大部段的精确定位。该平台向上支撑和驱动飞机部件，具有结构简单、开敞性好的特点，但其承载重量相对较小，多用于支线客机或军机等中小型飞机的装配，如支线客机 ARJ21。

塔式结构工装平台的工作原理是采用伸缩臂侧面调整的方式实现对部段的精确定位，具有较强的可操控性。从侧面支撑和驱动飞机部件，有像伸缩臂一样的运动调整部分，具有形体大、可承载重量大、结构复杂的特点，多用于大型客机的对接，如大型客机空客A380。

塔柱混联式结构工装平台的工作原理是将柱式结构的定位工装通过连接托架两两相连，用连接托架支撑部件，通过调整托架来调整部件的空间位置。该平台结合了柱式结构和塔式结构的优点，具有承载重量大、开敞性好、部件在调整时受力条件好、调整灵活的特点，代表了飞机大部件自动化对接平台的发展方向，如波音787和空客公司新的A350均采用了混联式结构平台对接。

a) 柱式结构工装平台　　　　　　　　　　b) 塔式结构工装平台

c) 塔柱混联式结构工装平台

图 3-34　大部件自动化对接平台

大部件自动化对接的流程如图 3-35 所示，步骤如下：

1）将大部件与调姿定位设备连接固定，调姿定位设备主要由固定定位工装和数控调姿定位系统组成。

2）利用测量设备（激光跟踪仪）测量大部件上的靶标点，获取大部件的实际位姿信息。

3）根据靶标点测量结果及工艺要求，计算大部件的位姿以及调姿定位设备的轨迹。

4）利用调姿定位设备，带动大部件做平移、旋转运动，实现对接双方的姿态以及位置调整。

5）完成大部件的对合及装配连接。

下面以某国产大型直升机的大部件自动化对接系统为例，说明其应用情况。该直升机机身各部件定位和协调遵循"中心扩散"原则，即首先完成中机身中段的定位固定，作为核心基准，然后中机身前段和中机身后段分别与中机身中段相协调，最后前机身和过渡段再分别与中机身前段、后段协调。

该直升机的大部件自动化对接系统主要由六部分组成：对接系统、运输系统、数字化测量系统、辅助托架系统、集成控制系统和辅助工作平台系统，如图 3-36 所示。

图 3-35　大部件自动化对接的流程

a) 大部件自动化对接系统实物图　　b) 安装大部件的自动化对接系统实物图

图 3-36　某大型直升机的大部件自动化对接系统

83

1）对接系统主要由固定定位工装和数控调姿定位系统组成，分别完成前机身、中机身前段、中机身中段、中机身后段和过渡段的调姿、定位、对接和支撑。

2）运输系统由两套全向运输车组成，用于运输各段件到机身对接装配站位中的装配位置，并能组合成一台车完成整机下架运输任务。

3）数字化测量系统由激光跟踪仪组件（三套）和测量控制系统组成，完成各机身段的定位测量以及机身上各测量点的测量和数据处理任务。

4）辅助托架系统由固定工装、数套产品托架、保形工装、限位架等组成，完成各机身段的支撑、连接、限位和保形任务。

5）集成控制系统由设备集控管理系统、工艺管理系统、数据信息管理系统和安防系统等组成，能够完成装配站位各设备、工艺、测量和安防等信息的管理。

6）辅助工作平台系统由一整套工作台架组成，用于保证人员作业、通行及安全防护，同时作为作业物品及工具设备存放平台。工作台架采用模块化设计及制造，具备快速组合、局部可分离及移动功能。

大部件自动对接系统在应用时，主要分为以下几步：

1）靶球座安装。所有靶标点遵循重要位置优先与刚度优先原则，即首先选定重要连接位置与直升机关键特征作为靶标点，同时考虑靶标点位置的结构刚度特性。尽可能使靶标位置空间分布均匀，保证靶标点位置分布在各个段件的顶部、左侧、右侧各面。

2）测量初始化。三台激光跟踪仪上电，分别测量地面及固定工装上的 ERS（Enhance Reference System，加强参考系统）点，建立三台激光跟踪仪的相互坐标关系及与大地坐标系的关系，测量系统接收调姿数模计算机传入的测量点位置信息，写入数据库，如图 3-37 所示。

3）段件调姿。激光跟踪仪分别测量段件相应的点位信息，并与理论值比较，将数据传输给控制系统，进行段件的定位及姿态检测。在对接过程中，通过三维力传感器数据及测量点实测数据，密切关注对接部位是否存在干涉现象。对接采用分段、多次进给的方式，每段定位调姿结束后，系统计算段件所有测量点的最新位置，并引导激光跟踪仪自动进行再次测量。经过多次测量，不断评估位移量与理论值偏差、测量点实际位置与理论位置差值，并实时监控，直到完成调姿对合，如图 3-38 所示。

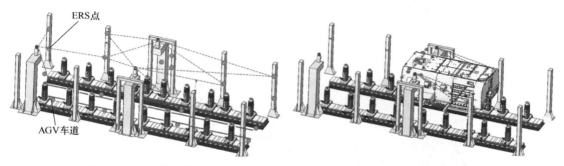

图 3-37　ERS 点分布图　　　　图 3-38　中机身前段与中机身中段件调姿对接示意图

84

4）对接质量检查。所有段件对接完成后，激光跟踪仪重新测量主减速器安装交点、发动机安装交点、主起接头、前起接头、外部蒙皮测量点等测量点位置信息，测量系统进行测量点数据分析，并进行相应质量检查。

习题

3-1　请举例说明典型的智能制造装备有哪些？

3-2　请举例说明智能制造场景下应用的典型工业机器人，并概括其特点。

3-3　请简要概括 AGV 系统的基本组成。

3-4　AGV 系统的分类有哪些？各自有何特点？

3-5　AGV 能否提高生产线柔性？为什么？

3-6　请举例说明汽车整车智能制造的典型装备及其特点。

3-7　请举例说明飞机柔性装配工装及其特点。

3-8　请简要概括激光跟踪测量系统的工作原理。

3-9　简述飞机大部件自动化对接系统的工作流程。

项目制学习要求

结合本章对智能制造典型装备的学习，完成项目制课程作品的整体方案设计。

设计要求如下：

1）完成 AGV 底盘各主要功能模块的初步布局。

2）完成机械臂结构设计及其与 AGV 的集成方案。

3）完成整体结构的三维建模与静力学分析。

4）完成作品关键结构的强度校核。

作业要求 1：

请各组提交项目制课程作品的整体设计方案报告，包括以下内容（不限于）：

1. 总体方案架构

2. 系统总体功能设计

3. AGV 结构方案

4.AGV 与机械臂集成方案

5. 参考文献（可选）

3.1 AGV 结构设计参考样例——三维模型源代码

作业要求 2：

请各组提交项目制作品的静力学、动力学分析与计算以及强度校核等报告，包括以下内容（不限于）：

1. 作品参数设计及分析过程

2. 分析结果及仿真视频

3. 方案改进与设计优化

4. 参考文献（可选）

3.2 AGV 与机械臂集成方案参考样例——三维模型源代码

3.3 AGV 与机械臂仿真分析——源代码

第4章 智能生产单元设计与开发

请扫码观看视频

学习目标

通过本章学习，在基础知识方面应达到以下目标：
1. 能够清晰概括单元生产的概念原理及单元生产系统的布局形式。
2. 能够清晰概括智能生产单元的定义及主要功能构成。
3. 能够清晰描述柔性制造单元／人机协作智能生产单元的设计方案。

本章知识点导读

请扫码观看视频

案例导入

中联重科打造单元生产模式提升整体制造效率[○]

中联重科"工程机械数字化柔性制造项目"获评 2022 年湖南省制造业数字化转型典型应用场景。柔性生产是指制造系统响应内外环境变化的能力，即工厂多种产品、多流程、多形态、多单元可快速转换与协同生产。中联重科"工程机械数字化柔性制造项目"应用场景，可帮助企业解决多品种、小批量、零部件多、需求波动大等困扰，生产效率提升 20%，运营成本降低 25%，从而快速响应市场需求，应对行业周期影响。

该项目主要包括物联网、大数据、人工智能、云计算等工业互联网平台基础能力建设、工艺数字化应用建设、计划与排程智能应用建设、质量管理数字化应用建设、制造执

○ 感兴趣的读者可以阅读《获评湖南省典型应用场景，中联重科数字化柔性制造领航行业》，网址为 https://www.zoomlion.com/content/details18_29458.html。

行数字化建设等内容。中联重科通过中科云谷工业互联网平台，在精益生产的基础上实现生产过程自动化，在自动化的基础上实现数字化，在数字化的基础上实现智能化，打造了卓越的柔性制造模式，全面实现提质、增效、降本、减存。

中联重科打造的搅拌车智能工厂通过产线的柔性配置，实现了同一条产线在同一个班次内，可生产多个市场客户提出的不同配置、颜色的搅拌车。目前可实现超过 200 多种的搅拌车混线生产，自制和外购零部件库存量显著下降，装配自动化率提升至 73.3%，物流自动化率提升至 90%，工艺参数和关键零部件已实现 100% 可追溯。在中联重科，平均每 12 分钟下线一台产品。感兴趣的读者，可以通过中联重科官网视频详细了解[⊖]。

数字化解决方案能极大提升装备制造企业生产的灵活性，柔性制造则让企业能更好地满足客户需求，中联重科的成功示范有助于化解多品种少批量的行业特点与高质量快交付的市场需求的矛盾。通过满足"多样化、小规模、周期可控"的柔性化生产、柔性制造，中联重科正积极推动制造和供应链的数字化转型，助力行业高质量发展。

早在 2014 年，中联重科为更加灵活地、更高效率地响应市场需求及应对变化，工程起重机公司履带吊制造分公司决定在装配车间进行一场生产模式的变革，打造单元式的装配生产模式。该模式在现场采用"人动物不动"的组织原则，运用多单元平行作业，具备"柔性强、效率高、场地占用小"的优势，将会更适应目前多品种、小批量、变动多的需求状况。以前，中大吨位履带吊产品采用台位式生产组织方式，小吨位履带吊产品按照流水线式组织生产，主要存在产量低、节拍过长、缺料、品质异常频发，工位工序划分不清晰等问题。为解决这些问题，履带吊精益推进办公室牵头组织成立了改善项目组，并经过组织多方讨论，本着"小投资创造大效益"的精神，决定在避免大量设备购入、改造车间的情况下，通过理顺台位式作业及物流组织、产能标准化等方式，结合履带吊自身实际打造单元生产模式。

讨论：

1）中联重科打造的单元生产模式给企业自身发展带来哪些帮助？对推进智能制造有哪些借鉴意义？

2）请结合该案例分析如何提高生产线的柔性？

3）请与同伴讨论并总结企业实施单元生产模式的必要性及实施步骤。

4.1　单元生产系统及其布局设计

对制造企业而言，设计开发满足多品种产品柔性生产需求的制造系统是企业获得竞争优势的重要保证。近年来，随着国际竞争的不断加剧，制造企业面临的市场环境发生了巨大变化。从需求侧来看，客户对产品的个性化、对产品交货期的时效性、对产品更新换代的频繁性等要求越来越苛刻；从供给侧来看，企业间竞争加剧，供应链的持续稳定面临更多风险，总体导致企业面临着越来越严峻的挑战。如何能以更快捷的生产模式响应客户的多样化、个性化需求，成为制造企业必须关注的关键问题之一。以多品种、小批量为主的

⊖　视频《效率拉满！平均每 12 分钟下线一台产品！红网揭秘中联重科高效"数字工厂"》的网址为 https://www.zoomlion.com/content/details105_24840.html#。

柔性制造模式在快速响应市场需求、满足多品种混线 / 共线生产方面具有一定优势，得到学术界和产业界的极大关注，开展了有关柔性制造等先进单元制造模式的研究，包括自治生产单元、精益生产单元、大规模定制的原子式组织、可重组制造的工作胞单元等单元生产系统不断涌现，这些单元生产模式在提高生产设备制造柔性的同时，通过高素质的生产人员和灵活的组织模式来达到提高组织柔性的目的，进而提高生产系统的整体绩效。

4.1.1　单元生产的概念

单元生产思想最初来源于成组技术，即根据产品的相似性，将产品种类组合成产品组，再根据产品与设备的关联情况，构建与产品组相对应的设备单元，进而形成某一类产品的生产单元。因此，可以说单元生产是以生产单元为基本载体的一种先进制造模式，因此也可称为单元制造。为叙述方便，本章不对单元生产和单元制造、生产单元和制造单元进行区分，前后两者表达含义一致。

单元生产方式的基本思想主要来源于成组技术，生产单元则是单元生产模式的基本组成单位，是构成制造系统的重要组成部分。本书在 1.2.2 小节中给出了智能制造系统的层次结构（详见图 1-10），描述了"企业 – 工厂 – 车间 / 产线 – 单元 / 工作站 – 设备"的智能制造系统层次化构成，其中的单元就是指生产单元，是制造系统中针对一组或几组工艺上相似的零件，按其工艺流程合理排列出完成该组零件工艺过程所需要的一组设备，由这组设备构成车间内一个相对"封闭"的生产系统，就形成了一个生产单元。因此，生产单元既包含了车间内的一组设备，自身也成为车间的组成部分。如果多个生产单元在零件加工、检测、部件或产品装配过程中，相互之间互为工艺上下游关系，则由多个生产单元组成相应的生产线。在部件或产品的装配车间或装配线上，有时也将这样的生产单元称为工作站，或装配站位、装配工位。

单元生产能够结合工作车间方式的灵活性和刚性流水线方式的高效率，在当前客户个性化需求不断增加、产品交付期越来越短的环境下，满足市场在时间、质量、成本、柔性等多方面的要求，在推进以个性化定制为特征的智能制造新模式方面将发挥更大作用。推进单元生产方式，首先要进行单元构建，智能生产单元设计与开发是智能制造系统实现快速柔性重构的基础。

4.1.2　单元生产系统的布局设计

多品种、小批量的市场需求要求制造系统具有一定的刚性来保证高的生产效率，同时又有快速转换的柔性和通用性，即既要求具有刚性制造系统（Dedicated Manufacturing System，DMS）的优势，也要求具有柔性制造系统（Flexible Manufacturing System，FMS）的特点，单元生产方式兼具了 DMS 和 FMS 的各自优势，逐步发展成为单元制造系统（Cellular Manufacturing System，CMS）。CMS 是在成组技术的基础上发展而来的一种新的制造系统，是进行制造系统重构的基础，通过单元的重构实现生产能力和生产功能按照需要进行增加、减少和调整，从而弥补刚性制造系统和柔性制造系统的不足，符合现代企业发展的要求。按照本书第 1 章对制造系统的定义，CMS 属于狭义制造系统范畴，概念上等同于单元生产系统。从表 4-1 可以看出 CMS 较 DMS 和 FMS 的优势主要在于：

1）CMS 可以根据市场实际需求的变化进行生产单元构建和重构，为制造系统提供所需制造功能，避免了制造能力的冗余，同时使用的设备基本为通用设备，投资成本低，可靠性好。

2）CMS 可以通过选择产品生产工艺路径来满足制造过程中的各种约束，如设备负荷约束、设备成本约束等，因此 CMS 不仅可以提高企业设备的生产效率，同时还能够根据市场需求变化来调整设备功能，避免大量浪费。

表 4-1　DMS、FMS 和 CMS 的设计原理与目标

制造系统	设计原理	目标
DMS	专门针对某一种零件而不是基于变化的生命周期，一般采用自动流水线	实现特定产品的高效率、高质量和低成本生产
FMS	针对某一产品组柔性生产，硬件主要包括多轴 CNC 机床，软件主要为可编程的控制程序，可根据订单实现柔性生产	实现某一产品组的高效率、高质量和低成本生产
CMS	由可变的机床、零件和人员组成，支持系统动态构建，通过快速改变自身组织结构响应市场变化，可实现具有相似加工工艺的零件组的柔性生产	根据生产需求的不同，快速改变自身生产功能和生产能力

单元生产系统的设备布局按照不同的作业方式，可以采用三种设计方案，即单人作业布局、分割作业布局和巡回作业布局，如图 4-1 所示。

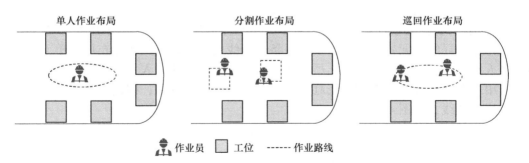

图 4-1　单元生产系统的三种设计方案

1. 单人作业布局

单人作业布局是指在一个作业单元之内的全部作业都由同一个作业员完成，这种方式是单元生产的基本方式，在装配平衡上，其效率最大。如图 4-2 所示，单人作业布局能够实现"一人完结"，即作业员按照工艺顺序从头做到尾，并且每次只加工一个产品，从原材料开始，直到最终成为成品，绝不会在同一个工序加工几个在制品。

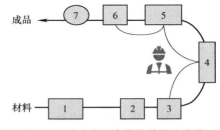

图 4-2　单人作业布局的单元生产线

因为作业员采用"一人完结"的生产方法，所以作业员会沿着工艺路线由一道工序走向另一道工序，因此生产线的布局绝对不可以是一条直线，因为假如是一条直线，那么当作业员一路做完最终工序时，如果想重新回到第一道工序的话，就会空手步行回去。这无

疑是一种浪费。因此在布局时，要把生产线设置成U形，让第一道工序和最后一道工序连在一起，这样的话，做完最后一道工序后就可以立刻开始下一个产品的第一道工序了。

在单人作业布局下，一个作业员按序完成各个工位的工作，因此不存在生产线各工位的平衡问题。这种形态的单元生产线广泛应用在：①以复印机、电视机为代表的电子装配行业；②以服装裁剪为代表的服装加工行业；③使用小型机器设备的机加工行业。

在单人作业布局下，单元生产线有以下两项极高的要求：①机器设备数量充足；②员工技能多样。因为每人一条生产线，所以生产工艺所需的所有机器设备都要配置齐全；因为采用一人完结的作业布局，所以员工必须掌握所有的作业方法和技能。如果企业产能过剩，有很多机器设备的话，自然可以给每个人配置多台机器设备；如果企业员工训练有素，每个人对不同的机器设备、加工工艺都非常熟练，自然可以一人完结。因此，在这种情况下采取单人作业布局的单元生产自然能收到提高工作效率、压缩库存、缩短生产周期的效果。但实际的生产环境下，很多企业并不具备这样的条件。如果贸然采用单人作业布局进行单元生产的话，需要投入许多机器设备并展开长期的技能培训。因此，在实践中发展出了巡回作业布局的单元生产线来解决机器设备投入过高的问题，又发展出了分割作业布局的单元生产线来解决技能培训时间过长的问题。

2. 巡回作业布局

巡回作业布局是在一个单元内安排若干名作业员，以大致相同的节奏依次进行每一道工序，同一单元内作业员轮流使用相同设备，因此所需要的机械设备相对较少。但作业员仍然采用一人完结式的作业方法，每个人从头做到尾，因而仍然采用U形布局。不同于单人作业布局的单元生产线的一个人一条生产线的做法，巡回作业布局的单元生产线采用了多人共用一条生产线的方式。虽然在一条生产线内，这些人并不进行工序分割，而是仍然采用一人完结方式进行你追我赶的作业，类似于龟兔赛跑，因此也形象地称为"逐兔式"单元生产线，如图4-3所示。

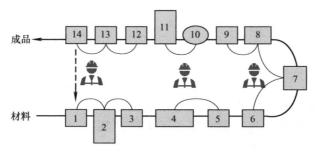

图4-3 巡回作业布局的单元生产线

在巡回作业布局的单元生产线中，由于多人共用一条生产线，在作业过程中互相追赶，就会存在作业速度最慢的作业员，总会被作业速度快的作业员追上。因此在这种情形下，容易产生生产线不平衡的问题。作业员在单元生产线内循环往复地进行"一人完结"作业，最慢的作业员会成为生产线的瓶颈。但在这种你追我赶的作业模式下，并不会时时发生瓶颈问题，要比传统传送带模式下发生瓶颈问题后造成在制品积压、影响生产线平衡率的情况好得多。

巡回作业布局的单元生产线很好地弥补了单人作业布局的单元生产线对设备数量要求过多的不足。但是，由于作业员还是采用"一人完结"的作业布局，因此，这种方式对于员工技能多样化的要求并没有降低，故而进一步发展出了分割作业布局的单元生产线。

3. 分割作业布局

分割作业布局是指在一个工作单元之内，安排若干名作业员，每人分担若干个工序。它是在完成一个产品所需的工序较多时采用，或者在多面手培训期间采用，作为向其他两种形态的过渡。

分割作业布局的单元生产线是多人共用一条生产线，根据员工的技能现状尽可能合并生产作业。这样一来，一个完整的工艺流程，由几位作业员分工完成，因此称为分割作业布局的单元生产线，如图 4-4 所示。

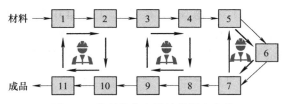

图 4-4　分割作业布局的单元生产线

分割作业布局的单元生产线采取"分工作业 + 相互协助"的作业方法，降低了对员工多能化的要求，这种方式与传统分工作业有以下两点不同：

1）传统分工作业往往尽可能进行作业细分，以求得作业数量的迅速提高，分割作业则尽可能进行"一人完结"，在作业员确实无法掌握必要的作业技能的情况下才会进行作业分工。因此，再怎么进行分割作业，新的方法也比传统方法更加接近"一人完结"。因此，平衡率也就越高。

2）分割作业布局是与"相互协助"同时存在的，虽然两个人负责不同的工位，但是却可以互相帮助，从而提高平衡率，降低库存。无论是传送带流水线设置，还是按照设备类型布局方式，都无法做到这一点，因为工序之间距离比较远，难以互相协助。

分割作业布局的单元生产线仍然采用 U 形布局，这样的话比较容易实现灵活的作业分割从而提高生产线平衡率。例如图 4-4 中，工序 1、2、10、11 这四道工序，由于位置非常接近，从而为一个人同时操作四道工序提供了可能。

分割作业布局的单元生产线不需要作业员立刻掌握全部技能，也不需要为每一位作业员配备一条单独的生产线。因此，从投入的角度来讲，这种方法无疑是最为快捷的，但这种方法的平衡率相比单人作业布局和巡回作业布局是最低的。

4.2　智能生产单元的定义及功能设计

4.2.1　智能生产单元的定义

本章 4.1.1 小节给出了生产单元的基本定义，智能生产单元本质上属于前述定义的生产单元范畴，只是更加强调其"智能"特征，即在传统生产单元的基础上体现了自律能力、人机共融、自组织与超柔性、自学习与自维护等智能制造系统具有的一个或多个典型特征。智能生产单元是构成智能制造系统的重要组成部分，它是在工艺流程相互关联的加工设备和辅助设备模块化基础上，结合工业机器人、移动作业机器人、AGV 等智能制造典型设备，形成的具有集成化、智能化特征并支持柔性重构的单元生产系统。

智能生产单元在各国的智能制造顶层规划中都有所体现，尤其是在日本的《工业价值链参考架构》（*Industrial Value Chain Reference Architecture*，IVRA）中更加突出了智能生产单元的地位和作用。丰田汽车生产系统（TPS）及其精益的生产理念，推动了单元生产模式在日本制造企业的广泛应用。2016 年，日本在借鉴《中国制造 2025》规划的智能制造系统架构、美国工业互联网联盟发布的《工业互联网参考架构》（*Industrial Internet Reference Architecture*，IIRA）和德国发布的《工业 4.0 参考架构模型》（*Reference Architecture Model Industrial* 4.0，RAMI 4.0）基础上，提出了一种可互联的智能制造单元（Smart Manufacturing Unit，SMU）概念，作为描述制造活动的基本组件，并从资产、活动、管理的角度对其进行了详细的定义，如图 4-5 所示。

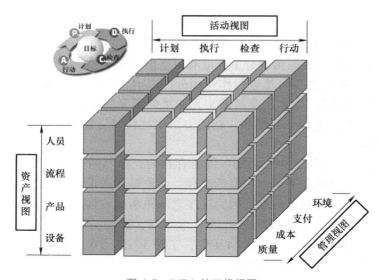

图 4-5　IVRA 的三维视图

智能生产单元在 IVRA 的体系中，具有完整的制造系统功能模块，是构成智能工厂的基本组成单元，体现了资产、活动和管理三个维度的属性，主要特征如下：

1）突出了 SMU 的资产价值属性，体现了伴随制造过程的价值变化。同时，兼顾制造的过程与结果，明确了人员在制造体系中的重要作用。

2）借助通用功能模块展现了制造价值链。从知识/工程流、需求/供应流和层次结构三个方面构建了通用功能模块（General Function Block，GFB），并在各流的交汇处实现了对 SMU 的功能定义，如图 4-6 所示。通过多个 SMU 的组合，不仅可以全方位地展现制造业产业链和工程链的情况，也可以根据需要体现企业的单项优势。

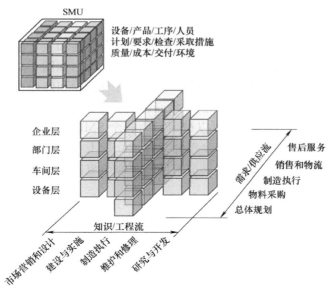

图 4-6　SMU 的通用功能模块

3）突出了专家知识库的重要意义。在 GFB 的建模过程中，将知识 / 工程流作为一个单独维度进行论述，其中包括市场营销和设计、建设与实施、制造执行、维护和修理、研究与开发过程中积累的专业知识和经验，突出了专家知识库对制造过程的重要影响。

4）提供了可靠的价值转移媒介。利用便携装载单元（Portable Loading Unit，PLU），在保证安全和可追溯的条件下，实现了不同 SMU 之间资产的转移，模拟了制造活动中物料、数据等有价资产的转化过程，从而真实地反映了企业内和企业间的价值转换情况，充分体现了价值链的思想，如图 4-7 所示。

5）坚持人是制造过程中的关键因素。基于 SMU 构建智能制造系统，不仅能够实现物理设备和信息数据的实时有效关联，而且将人视为信息和物理世界映射过程中的重要元素，充分考虑了人在制造活动中的地位和作用，使人有机参与到"制造活动"中，从而更贴切地描述具体工业场景。

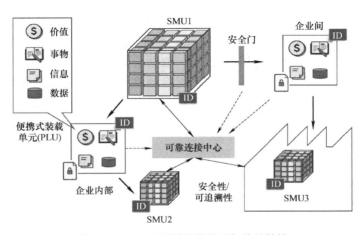

图 4-7　SMU 之间的连接关系与价值转换

93

4.2.2 智能生产单元的功能设计

智能生产单元的基本特征是具有执行生产活动的自主性和独立性，构成智能制造系统的各个车间/生产部门可以看作各个具体的智能生产单元。如图 4-8 所示，在层次结构上跨车间层和设备层；在工程视角上主要实现制造执行及维护和修理功能；在供应流上主要实现物料采购和制造执行功能。如果企业允许部门自主开展活动，以实现部门的独立性，工厂车间每一个区域或者工作部门可以被定义为一个 SMU，把不同类型同质设备进行模块化、集成化和一体化配置，使每一个单元具备独立加工几种类型或部件产品能力，这将提升底层向上的改进活动，从而实现灵活柔性的智能制造。

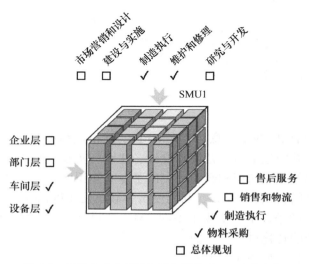

图 4-8 制造企业车间层和设备层的 SMU 功能定义

根据单元生产系统要完成的具体产品的工艺流程，比如要完成零件加工、质量检测、产品装配和物料搬运等过程，可将智能生产单元划分为智能加工单元、智能检测单元、智能装配单元和智能物流单元。从智能化的角度看，构成上述智能生产单元的基本要素至少应该包括工业机器人以及执行加工、检测、装配和物料搬运的典型设备，如数控加工中心、智能检测设备、装配辅助设备、AGV 等。除此之外，还应包含对生产单元的智能管控的软件系统，实现对生产过程的信息感知、数据采集、资源配置、计划调度、设备状态监测等功能。以上四类智能生产单元中，智能检测单元与被检测对象密切相关，具有较高个性化特征，检测设备也因检测技术不同而具有很大差异性，本书不做专门介绍。以下重点针对其他三种智能生产单元加以举例说明。

（1）智能加工单元设计

以零件切削加工为例，构建一个智能加工单元。如图 4-9 所示，基于数控加工中心和工业机器人实现零件切削加工的智能生产单元，由数控车床、数控加工中心、带地轨的六轴工业机器人、立体料仓和射频识别系统等设备组成，还包括切削单元的智能监控系统，切削加工单元智能监控系统的基本框架如图 4-10 所示。

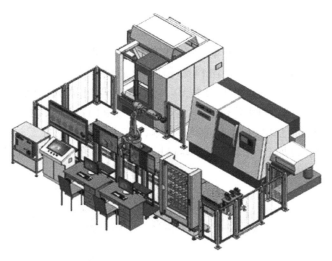

图 4-9　零件切削加工的智能生产单元

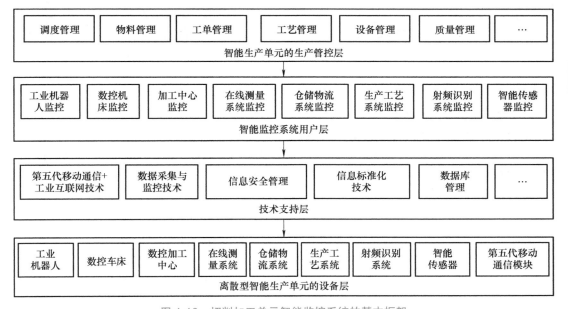

图 4-10　切削加工单元智能监控系统的基本框架

智能监控系统处于智能生产单元的生产管控层与技术支持层之间，是制造执行系统和监控与数据采集系统的重要组成部分。在切削单元的设备层中，需要采集数据的设备包括工业机器人、数控机床、在线测量系统、仓储物流系统、生产工艺系统、智能传感器等。其中，仓储物流系统管理数据由射频识别系统进行管理和采集，并及时传送给智能监控系统，其他信息数据则由安装在智能生产单元各个设备上的数据采集器和智能传感器进行采集，并传送给智能监控系统。使用监控与数据采集技术，将控制质量的指令实时下达给相应的生产设备。同时可以在智能制造切削单元的生产管控系统中安装智能监控系统的客户端，设备管理人员可以通过客户端对生产过程进行监控，并根据生产需求对生产任务进行合理调度和资源优化配置。

再举一个更为简单的智能加工单元设计实例。图 4-11a 所示为由两台工业机器人、一台 AGV 和两台加工中心、一个物料架和两个辅助工装组成的智能加工单元及其实际物料加工过程。在实际零件加工过程中，通过工业机器人/机械手夹取物料，通过 AGV 在物料架和加工中心之间进行物料运输，通过 RFID 追踪物料加工信息。图 4-11a 中左侧构建了该智能加工单元的数字孪生体，实现了零件加工过程的虚实同步，在孪生空间展示了零件的加工过程。图 4-11b 所示为整个智能加工单元的可视化监控系统。

a) 智能加工单元及其实际物料加工过程　　　　　　b) 可视化监控系统

图 4-11　智能加工单元设计实例

（2）智能物流单元设计

当前，在推进智能制造过程中，智能物流单元在智能工厂中得到较多应用。如图 4-12 所示，由多种工业机器人、Delta 机器人、协作机器人、AGV 协作机器人以及物料储运设备和多种视觉检测设备组成的智能物流单元，同时实现了对物料的在线检测、拣选、码垛和运输的功能。

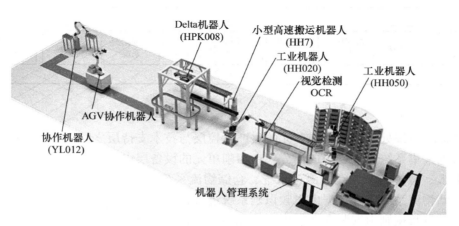

图 4-12　智能物流单元设计实例

通过该智能物流单元，实现对各种物料盒子进行排列，通过字符识别进行产品分类，并通过协作机器人和 AGV 进行物料运输。该智能物流单元执行的具体过程如下，感兴趣的读者也可以通过视频进一步了解[⊖]。

1）智能码垛：工业机器人（HH050）将每个支架大小不同的箱子稳定地堆放在一个托盘上，并通过 3D 视觉识别各种大小的箱子，实现最佳效率的装载。

2）工具更换：完成码垛作业后，工业机器人（HH050）自动安装用于拾取和放置作业的夹具，并完成从物料架上拾取小型物料托盘的作业，并将其放置到传送带上。

3）基于 OCR 的特征识别：工业机器人（HH020）通过字符识别的方式识别出箱子上的字符，并按照字符顺序将物品拾取并重新放置在传送带上。该机器人（HH020）借助 2D 视觉技术，可以识别字符，并辨别随机放置的箱子；还可以识别条形码和图案以外的型号名，适用于多种产品。

4）位置信息识别：针对单个盒子的位置识别，通过小型高速搬运机器人（HH7）借助固定式 2D 视觉，实现在不停止传送带的情况下将盒子排列在正确的位置。通过 2D 视觉技术，可以减少位置误差，实现高效的生产线运营管理。

5）传送带同步：Delta 机器人（HPK008）在不停止传送带的情况下，可以同步对物品进行分类，并可以通过视觉检查，应对多种物品的分类。

6）物料搬运：协作机器人（YL012）将箱子移到 AGV 上方的托盘上，然后运送到目标地点，并通过 QR（快速响应）码识别，确保较高的位置精度（±10mm），以便于进行路径更改。协作机器人和 AGV 构成了移动作业单元，具有高机动性和适应性，能够快速响应各种工艺布局。

（3）智能装配单元设计

近年来，随着运 –20、歼 –20 的成功装备部队，以及国产大飞机 C919 成功实现商业化运营，我国航空工业取得了长足进步，飞机智能制造系统也发挥了重要作用。图 4-13 所示为某公司以立柱式数字化柔性工装为基础，通过布置所需传感器，构建的面向飞机壁板的柔性智能装配单元。

图 4-13 右侧的立柱式柔性智能工装主要包括基座模块、立柱模块、蒙皮边界定位模块、蒙皮表面定位模块。工装采用"N–2–1"原则定位壁板，即壁板内表面由多个蒙皮内形定位点进行定位，壁板下侧水平边界由两个定位点进行定位，壁板竖直边界由一个定位点进行定位。通过数字伺服控制系统调整定位器的布局，形成不同的吸附点阵，可以满足不同壁板的柔性装配要求，实现装配工装"一架多用"的功能。通过分析影响壁板装配精度的关键因素，选择温度和载荷作为主要的感知信息源，通过布置温度传感器和载荷传感器等（图 4-13 中右侧在定位柱以及立柱后端的合理位置布置传感器，并对装配过程中的载荷信息进行采集），在对壁板装配过程中的温度、载荷、产品几何状态感知的基础上，通过定位误差及其影响因素分析，在定位调整决策指令的引导下，实现了壁板装配过程中的精确定位。

⊖　视频《机器人 +AGV+ 视觉识别，现代机器人全新无人化智能工厂》的网址为 https://mp.weixin.qq.com/s/QL1zn8Bf–HORjuSL2NQqqw。

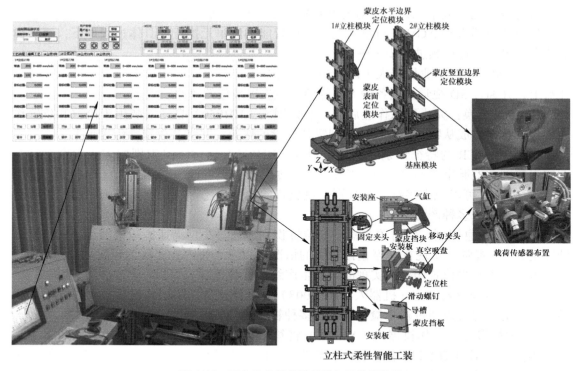

图 4-13   面向飞机壁板的柔性智能装配单元

4.3   柔性制造单元的构成及功能设计

4.3.1   柔性制造单元的基本构成

柔性制造单元（Flexible Manufacturing Cell，FMC）是由若干台加工中心、运输装置和仓储设备构成，适合多品种加工的生产模式。一般而言，FMC 是柔性制造系统（Flexible Manufacturing System，FMS）的"浓缩版"，更适合应用在中小型生产上，具有很好的自动化和柔性特征。图 4-14 所示为某企业柔性制造单元的局部图。

图 4-14   某企业柔性制造单元的局部图

以实现机械加工为主要功能的柔性制造单元一般包括三大组成部分：加工单元、物料储运单元和管理与控制单元。

（1）加工单元

加工单元主要实现零件的自动化加工功能，即根据加工指令自动进行铣削、钻孔等机械加工。在加工过程中，可以根据工艺要求按顺序自动加工各种工件，并能自动地更换工件和刀具，增加功能后还能自动检测和清洗工件等。加工单元中设备的种类和数量取决于加工对象的要求，一般包括数控机床、加工中心及经过数控改装的机床等加工设备、检测设备（如坐标测量机）以及自动排屑机、自动清洗机和冷却系统设备等辅助设备。这些设备都是数字化设备，即由 CNC 或 PLC 程序控制的设备。

就加工设备而言，对以加工箱体零件为主的柔性制造单元配备有镗铣加工中心和数控铣床；对以加工回转体零件为主的柔性制造单元多数配备有车削中心和数控车床（有时也有数控磨床）；对于能混合加工箱体零件和回转体零件的柔性制造单元，既配备有镗铣加工中心，也配备有车削加工中心和数控车床；对于加工专门零件如齿轮加工的柔性制造单元，则除配备有数控车床外还配备有数控齿轮加工机床。在加工较复杂零件的柔性制造单元中，由于机床上机械刀库能提供的刀具数目有限，除尽可能使产品设计标准化以便使用通用刀具和减少专用刀具的数量外，必要时还需要在加工系统中设置机外自动刀库以补充机载刀库容量的不足。

（2）物料储运单元

物料储运单元（也称物流单元）是柔性制造单元的重要组成部分，其功能是完成物料的存储、运输和装卸。因此，一般的物料储运单元均包括 AGV 和堆垛机在内的运输设备，以及可供仓储的货架等仓储设备，还有相关的工装设备装置等。物料的存储一般采用带有堆垛机的自动化立体仓库。物料的装卸对于立式或卧式加工中心一般采用托盘交换器，对于车削加工中心则采用装卸料机械手或机器人。

从立体仓库到各工作站之间的运输可以有多种方案。一种常见方案是采用辊道传送带或架空单轨悬挂式输送装置作为运输工具。这类运输工具的运输线路是固定的，一般为直线形或环形（通常是封闭的），加工设备在运输线的内侧或外侧。为了能使线路具有一定的储存功能和能变换工件的方向，常在运输线路上设置一些支线或缓冲站。环形输送系统中还有用许多随行夹具和托盘组成的连续供料系统，借助托盘上的编码器能自动识别地址以实现任意编排工件的传送顺序。另一种常见方案是采用 AGV 作为运输工具，可以在一定区域里按任意指定的路线行驶，使整个系统的布局具有更大的灵活性，这种运输方案的柔性最好，是柔性制造单元中物流单元的发展方向。还有一种方案是采用工业机器人作为运输工具，适用于小工件和回转体零件的短距离运输，它是加工回转体零件的柔性制造单元的重要运输工具。

（3）管理与控制单元

管理与控制单元（简称管控单元）是构成柔性制造单元的软件系统，可以在线实时监控生产过程，并对生产数据和生产设备进行管理。管控单元的核心任务可分为三大部分：作业计划与调度、设备与物料控制、检测与监控。作业计划与调度的功能是，一方面根据上一级下达的生产计划，制订单元生产日程计划，并对计划进行优化，即生产排程；另一方面根据柔性制造单元的实时状态，对生产活动进行动态优化调整、控制。设备与物料控制的功能是，根据事先编好的控制程序通过工业网络进行加工系统的控制、工件流控制、刀具流控制和自动化立体仓库控制。检测与监控的功能是，完成在线数据的自动采集和处理，对系统运行状态与加工过程进行检测和监控，并及时向作业计划与调度子系统提供工况及决策信息。

4.3.2 管理与控制单元设计

管理与控制单元作为柔性制造单元的核心组成部分，在柔性制造单元/系统的生产管理和资源管理方面具有重要作用，是柔性制造单元设计的重点。

1. 控制单元模块设计

控制单元模块可分为执行模块、控制模块、数据采集模块和通信模块，这些模块都在车间的工业以太网下或者现场总线下进行。执行模块主要负责车间的生产任务排程、生产过程监控、生产数据统计分析和生产设备维护等，一般包含在制造执行系统（MES）中，也可以和其他系统进行对接和交互；控制模块主要通过 PLC 接收外界传来的文件和指令来控制具体设备的运行；数据采集模块是通过通信协议解析实时获取生产数据并上传给MES，从而为 MES 实施数据管控、数据统计分析和数据录入提供数据支撑；通信模块则用于车间生产监控和数据传输过程中的信息通信管理。

2. 控制方式设计

为了使柔性制造单元更为有效、更具柔性，大多采用递阶分布式控制结构，该结构包含三个层级：单元控制层、工作站层和设备层，如图 4-15 所示。

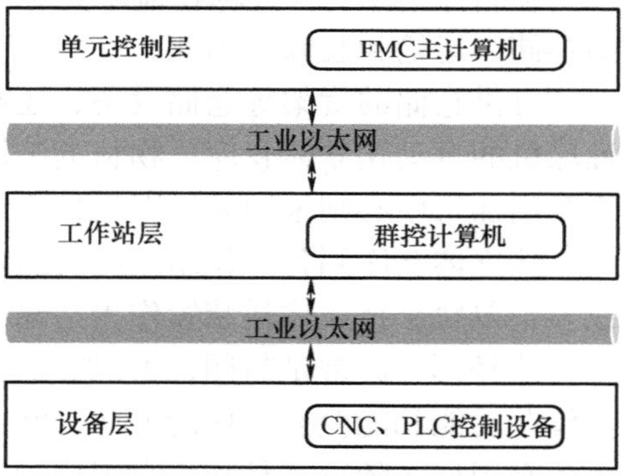

1）单元控制层：MES 下达生产任务给单元控制器，单元控制器收到生产任务后按照订单需求和车间生产情况进行生产调度，为下级进行调度做好准备；在该层中，对生产情况进行实时监控和处理，并反馈到上层；在生产任务调度后，发送下层指令并做好生产制造前的准备工作。

2）工作站层：工作站控制器根据单元控制器分配的任务进行处理，并且做好相关生产设备、生产工件等其他生产相关的工艺资源准备。

图 4-15 柔性制造单元的递阶分布式
控制结构

3）设备层：设备控制器负责对生产设备进行监控和管理，并对生产数据进行录入和处理，若有任何异常情况立马向上层反馈。

4.4 人机协作智能生产单元设计

人机协作是指人类与机器人、计算机或其他智能系统之间的协同工作和互动，旨在将机器的智能与人类的创造力和决策能力相结合，以实现更高效、更精确和更具创新性的工作。可以说，人机协作代表了未来科技发展的前沿，机器人和人类将在更多领域实现更密切的合作。比如在制造业领域，机器人可与工人一起完成复杂的装配任务，提高生产效率并降低错误率；在医疗保健领域，手术机器人可以协助医生进行精确的外科手术，而智能监测系统可以实时监测患者的健康状况。

对于制造企业而言，实施智能制造的根本目的是实现更高效的产品生产，寻求通过资源的最佳利用达成成本最优的制造方案。在众多制造领域中，智能制造系统的设计开发并不是全部自动化就是成本最优的。通过人机协作，在制造过程中实现人机融合的柔性制造将会有更广泛的应用。比如，在当前的电子制造行业，可以利用机器视觉取代人的眼睛做自动化检测，已经十分普遍，但是在像组装、装配这些比较复杂的领域，人的介入还是非常必要的，不是说不可以替代，而是由于要实现多品种、少批量的柔性化生产，从综合成本上来看，还没有到完全实现自动化的这一步。

4.4.1　协作机器人与人机协同场景

人机协作解决的一个重要课题是突破空间的限制，使用移动机器人就能够在有限的空间内更合理地布局产线，可根据不同的工位产能效率灵活地设计工艺流程，使得整个产线的效率最大化。构建人机协作式智能生产单元，需要在生产任务工艺约束下对协作机器人进行选型并识别不同的人机协同要求。

在工业 4.0 背景下，机器正在变得越来越智能化，从传统工业机器人到协作机器人，正在被广泛应用于智能制造系统中，以提高生产质量和生产率。然而面对复杂的场景和需求，工业机器人主要用来替代或协助人类以高精度执行各种重复、危险和烦琐的制造任务，对于极端场景和不断变化的市场需求，人仍然是智能制造系统不可缺少的劳动对象。在过去几十年中，工业机器人已经取得了很大进展。传统工业机器人是一种能进行高速、高刚度、高精度重复操作的自动化设备，主要应用在结构化环境中独立完成操作任务。要求事先确定操作对象的形状和位置，并且能预先估计和避免机器人与环境及人员的碰撞，这与工业机器人初始设计未考虑与人一起作业的安全性有关。因此，生产现场一般都会使用防护栏、光幕传感器或通过安全区域设计等技术把机器人和人员隔离。然而对于产品种类多、生产量小、柔性要求高的场合，基于工业机器人的相对刚性自动化的生产调整将变得非常困难，显著增加了调整周期和成本；另外，工业机器人固有的高刚度使其只能以非常受限的方法与外界交互，对于像小零件装配、狭小空间作业等自动化作业难度大，要求机器人灵活性高的场合，工业机器人往往是望尘莫及。此外，工业机器人复杂的编程与示教方式需要为机器人培养和配备专业的操作人员，每次任务的调整都需要经过编程、仿真、试运行等步骤，生产准备时间长。人类工作者与机器人共同执行这些任务是最灵活和可负担得起的解决方案。因此，协作机器人用来在人类帮助下执行多种复杂的生产任务，成为未来智能制造系统发展的重要方向之一。

将协作机器人融入人类作业环境实现人机协同作业，就是要充分利用彼此的长处，由人类负责完成对柔性、触觉、灵活性要求比较高的工序，而机器人则利用其快速、准确、恶劣环境工作能力强的特点来负责完成重复性的工作。通过人机协作，保证作业质量，改善人作业的舒适性，实现人机协作的安全、柔性和高效，解决传统工业机器人难以应对的低成本、高效率、柔性化、复杂作业自动化的应用需求。目前世界领先的协作机器人有优傲（Universal Robots）公司的 UR3、UR5 和 UR10，KUKA 公司的 LBR iiwa，ABB 公司的双臂协作机器人 YuMi，FANUC 公司的 CR 系列机器人，以及 Rethink 公司的 Baxter 和 Sawyer 等产品。近年来，我国在协作机器人领域也涌现出多家具有竞争力的公司及产品，包括大族公司的 Elfin 系列协作机器人、遨博公司的 AUBO-i 系列协作机器人等。这些机器人具有碰撞停止、拖动示教等功能，相比于传统工业机器人更为灵活，在生产制造中得到了广泛应用，如图 4-16 所示。

a) 汽车发动机组装   b) 飞机舵梁组装

c) 电子产品组装   d) 飞机机身组装

图 4-16　人机协作的典型应用场景

4.1　遨博协作机器人智能柔性生产线
https://www.aubo-robotics.cn//public/assets/aubo/anli/11.mp4

为了在真实的工业环境中实现操作员和机器人之间流畅的通信和工作流，需要为不同的工作场景设计反应方法来响应不确定性和意想不到的行为。针对实际工业生产过程需求，研究者设计了四个层级的人机协同场景，如图 4-17 所示。

下层（任务设计）是最接近于直接的人机交互，上层是直接的操作层收集机器人能够处理的所有动作，这些动作是几个任务的关联。处理不同子流程管理的最后一个级别是工业流程层级，其任务依赖于协调若干自主和协作的子流程，以完成令人满意的生产。这四个层级的人机协同场景分类对人机协作中存在的五个已确定的挑战做出了回应，即物理接触管理、对象处理、环境规避、任务调度和管理、任务调度适应性；前三个挑战属于操作层级，而后两个挑战属于工作单元层级。

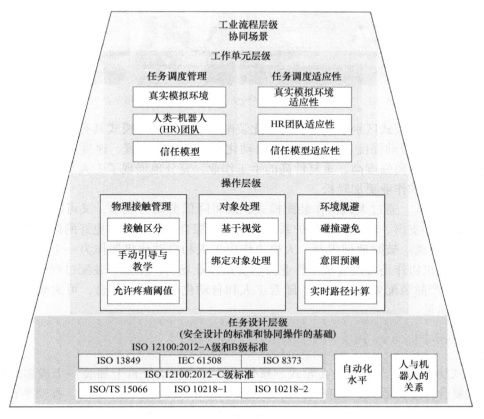

图 4-17　人机协同场景

4.4.2　人机协作智能装配单元

人机协作的关键在于通过机器的配合，让人的能力发挥到最大，把一些简单重复、需要精确定位和装配的工作让机器人来做，机器很难实现的工作再通过人来实现，通过人与机械互相感知状况，在同一个生产现场通过互补、协助，实现超柔性生产。

当前，实施智能制造过程中最为典型的人机协作应用是人机协作装配，通过工人与自动化机器在共享的作业区域内完成产品的装配，工人和自动化机器可同时进行相同或不同的任务，两者之间无时间或空间上的分离。人机协作装配系统的主体是工人与自动化机器，两者间的协作可完成工人和自动化机器单个难以完成的任务，人机协作下重点强调协作关系，即工人和自动化机器之间是"伙伴"或"同事"，而不是传统意义上的控制与被控制关系。人和机器间协调互助，不断使整个人机协作装配系统实现高效率的运行。

在混合装配单元中，工人与自动化机器间的协作方式主要有两种：循序加工和同步加工，如图 4-18 所示。循序加工中工人与自动化机器分别独立完成装配任务，没有直接的互动；同步加工中工人与自动化机器共享作业时空，且装配过程中两者可以直接互动，整个装配过程均能体现人机协作。

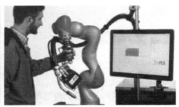

图 4-18　工人与自动化机器间的协作方式：循序加工和同步加工

人机协作装配模式区别于手工、自动化装配模式，该装配模式具有以下特点：

1）降低工人劳动强度。人机协作中自动化机器稳定的位置、速度和力的调控能力使工人可以更好地脱离强度高、重复性高的手工作业，充分地展现了工人与自动化机器各自的优点，使工人的作业更加轻松。

2）降低成本。通过人机协作装配模式，既可降低劳动力成本，又可减少为获得高技术所带来的额外支出，还可减少防护系统的成本，综合起来可获得更好的经济效益。

3）缩短距离。破除地域限制。人机协作中工人和自动化机器作为一个整体，可缩短工作距离，人机协作还可随着实际作业需求变换作业场所，使整个装配过程更加柔性。

4）提高产品装配效率及质量。随着工人和自动化机器间的配合，可大幅提升产品的装配效率及质量。

4.4.3　移动式协作机器人

移动式协作机器人通常是在轮式、履带式或足式移动平台上加装一个或多个操作手臂，组成复合作业机器人，具有较强的主动作业能力与较大的操作空间。移动平台与机械臂的结合，大大增加了地面移动作业机器人作业的灵活性和机动性，同时加装操作臂后也扩大了移动平台的地形通过能力和通行范围，已逐渐成为未来机器人的重点发展方向之一。移动式协作机器人在完成作业任务时，不仅存在环境影响，移动平台和操作臂之间也存在强烈的相互作用。因此，该系统存在高维度、高动态和强非线性的耦合效应。为解决机械臂与移动平台的耦合问题，研究者开展了多种技术探索，包括采用分离控制策略，将操作臂和移动平台视为两个独立的系统，分别进行建模和控制器设计，将动力学耦合效应视为外部扰动；或者通过简化耦合效应的影响，进行简单的建模处理，但这样的处理使得操作臂的承载十分有限。同时，由于扰动的不确定性，使其控制变得困难。针对轮式移动作业机器人移动平台和操作臂之间的耦合效应问题，研究者建立了系统整体的动力学模型，并提出了一种鲁棒自适应控制算法，控制效果得到了明显提升。因此，考虑地形、地貌以及环境对机器人的稳定性影响，建立适用于移动协作机器人的多耦合系统动力学模型仍然是该领域面临的一个关键问题。

人形机器人也是一种移动式协作机器人。通用人形机器人作为近年来机器人与 AI 交叉领域的研究热点和技术竞争高地，因其具备在非结构化人居环境中承担各种琐碎家务的潜力而得到广泛关注。人形双臂系统直接承载着人形机器人操作任务的执行能力，通用且灵巧的操作不仅依赖于先进的感知与推理决策，而且对复杂的协同规划控制设计提出了极高要求。现有的研究工作大多专注在解决某一特定层级的问题，例如环境 – 物体的感知、推理与策略生成、机器人系统的规划或操作控制，并且方案通常与特定的被操作物体或任务强相关，难以迁移和泛化。

任意抓取和操作具有各种几何和物理特性的任意物体是人形双臂机器人系统通用化的技术体现，构建一个通用的感知－规划－控制架构有望能利用双臂系统的硬件本体能力并充分发挥其灵巧性和多功能性的特点，弥合 AI 技术与机器人技术间的鸿沟。2024 年 3 月，腾讯机器人实验室（Tencent Robotics X Lab）发布了业界首个双臂通用协同灵巧操作架构，该架构在感知层、双手抓取、协同操作规划和底层控制等方面提供了丰富的接口，具有很高的通用性、可扩展性和兼容性。基于该架构，人形双臂机器人完成了包括协同旋拧、人机物理协同操作、协同倒水、基于物体可供性和意图识别的动态交互、干扰抑制和大体积物体的自主交接等各种具有显著差异化的任务。图 4-19 所示为基于该架构所实现的人机物理协同操作与双臂协作场景。

双臂通用协同灵巧操作架构充分发挥了人形双臂系统的灵巧性和多功能性，它包含两个相互耦合关联的子架构：基于学习的灵巧可达感知子架构采用端到端评估网络和机器人可达性概率化建模，实现对未建模物体的最优协同抓取；基于优化的多功能控制子架构采用层级化的多优先级优化框架，并通过嵌入基于学习生成的轻量级距离代理函数和黎曼流形上的速度级跟踪控制技术，同时实现了高精度双臂避自碰和高拟真双臂操作度椭球跟踪，保证了双臂系统的本质安全并开放了操作度椭球跟踪接口。感兴趣的读者可以通过扩展阅读进行详细了解[○]。

图 4-19　人机物理协同操作与双臂协作场景

4.5　智能生产单元设计与开发实例

从智能生产单元的构成来看，既包括构成单元的硬件设备，如工业机器人、协作机器人、AGV 和数控加工设备等，也包括对这些硬件设备进行集成管控、状态监测、任务分配、作业调度等完成生产活动的软件系统。本节分别从智能生产单元的硬件设备和软件系统两个方面进行智能生产单元设计与开发的实例说明。

4.5.1　螺纹丝杠智能生产单元设计实例

1. 开发背景

随着制造行业的快速发展，国内生产的螺纹丝杠副产品的总体质量已达到国际中等制

○　扩展阅读《人形双臂机器人重大进展！顶刊公布业界首个双臂通用协同操作架构》的网址为 https://mp.weixin.qq.com/s/GVS–39N6oSgwfDmeDUa0tA。

造水平，部分产品达到国际先进水平，但和美国、德国等较早研究的国家相比差距较大，主要体现在原材料性能、加工工艺、检测水平以及加工模式上，导致了我国高精度螺纹丝杠大部分依赖进口的局面。在现有技术中，精密螺纹丝杠的制造方法主要以专用设备加工为主，主流加工工艺包括旋风铣削以及滚轧等技术，加工工序烦琐，工时过长，一般适合大批量标准化生产，难以满足在军用精密装备等领域对小批量产品定制化生产的要求。

随着理论研究、材料技术以及新型加工工艺技术的成熟和发展，螺纹丝杠的加工效率及加工质量有了一定的提升。在"中国制造 2025"的战略规划背景下，传统加工方法已逐步向智能制造的方向发展。其中，智能生产单元是实现智能制造最终目标之一的数字化工厂的基本工作单元。智能生产单元针对装备制造业的离散加工现场，把一组能力相近的加工设备和辅助设备进行模块化、集成化、一体化处理，使其具备能够实现数字化工厂各项功能的相互接口以及多品种少批量产品生产能力输出的组织模块。对精密螺纹丝杠而言，为满足智能制造发展过程中对精密传动部件高速度、高精度和高刚度的新要求，有必要寻找一种高效快捷的新型加工工艺方案。面对装备制造业中自动化、信息化以及智能化的发展趋势，把新型加工工艺集成到智能生产单元中，实现高效制造、柔性定制的加工模式。

基于此，北京自动化控制设备研究所提出了一种新型精密螺纹丝杠加工方法的智能生产单元，基于高效电弧放电与高精磨削复合加工的工艺基础，实现螺纹丝杠的高效柔性定制。

2. 螺纹丝杠加工单元的构成及关键技术

螺纹丝杠加工单元主要包括一台电弧放电铣削机床（VL900L）、一台精密磨削机床、一台机器人（KUKA　KR210 R2700）、一台自动上下料设备及 PLC（Siemens S7–1200）。螺纹丝杠加工单元布局如图 4-20 所示。

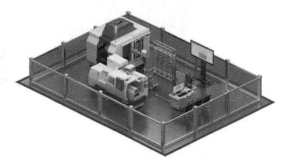

智能制造的核心在于生产工艺数据的获取、处理、优化与应用。精密传动螺纹丝杠加工单元在基于高效电弧放电与高精磨削复

图 4-20　螺纹丝杠加工单元布局

合加工的工艺基础上，实现具备状态感知、实时分析、自主决策、精准执行功能的智能生产单元集成与控制技术。

1）单元集成与控制。以智能制造技术推广应用发展需求为设计依据，按照"设备自动化＋管理信息化＋过程高效化＋决策智能化"的建设理念，将单元内设备及数据信息采集设备集成为智能生产单元的"硬件"系统；将数字化设计、数据交换的网络协议、机床数控系统、工艺管理数据库、工艺知识库与模型库、数据展示系统等典型数据，集成为智能生产单元的"软件"系统，这些软硬件系统构成了智能生产单元的基础模块。

2）复合加工工艺数据库。复合加工工艺的知识库与模型库是螺纹丝杠智能生产单元的数据基础，智能生产单元通过处理、分析与挖掘，反馈与优化这些数据，有利于快速选择加工参数，并将这些信息加以应用，形成生产单元的状态感知、分析和自主决策。

3. 螺纹丝杠加工单元设计

（1）单元硬件系统设计

单元通信网络拓扑结构如图 4-21 所示，在单元网络中，电弧放电铣削机床、精密磨削机床、PLC、机器人和上下料设备通过以太网接口连接到交换机组成局域网。单元系统挂载在工控机上，通过以太网接口连接交换机，系统设置到与设备在同一网段。单元系统通过无线网络将监控界面投影到显示看板上，将设备状态数据上传到云端，用户可以远程监控单元的运行状态。

设备互联中，PLC 作为主控单元，通过 I/O 输入/输出点位获取到单元内各设备的运行状态反馈，从而控制调度。机器人作为执行机构，通过 I/O 点位与电弧放电铣削机床、精密磨削机床进行卡盘、夹具的动作配合。电弧放电铣削机床、精密磨削机床作为独立单元接收主控单元的启动信号启动加工，加工完成后将停止信号发送到主控单元，单元运行流程图如图 4-22 所示。

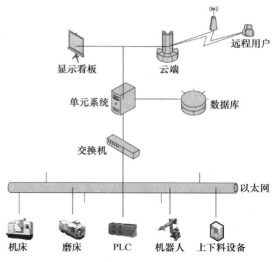

图 4-21　单元通信网络拓扑结构

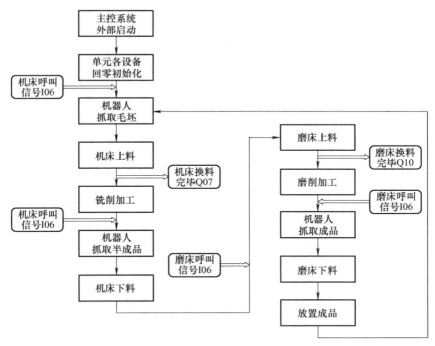

图 4-22　单元运行流程图

（2）单元软件系统设计

智能生产单元软件系统包括主控系统、电弧放电铣削加工系统、精密磨削加工系统、机器人系统。主控系统包括单元集成控制、设备加工运行状态监控、复合加工工艺数据库管理及分析等模块。电弧放电铣削加工系统包括电弧放电铣削机床的控制与管理、电弧电源系统等模块，电弧放电铣削机床用于螺纹丝杠粗加工。精密磨削加工系统包括精密磨削机床的控制与管理、智能误差补偿系统等模块，用于螺纹丝杠精加工。机器人系统主要分为运行线程和后台线程，运行线程用于逻辑程序执行，后台线程用于接收主控 PLC 的指令控制和运行状态数据上报。

单元软件系统框架关系如图 4-23 所示。系统通过主进程调用主对话框，再调用数据库服务以及相关设备设置界面，通过主界面管理来管理各设备监控界面。各设备监控同样通过管理类来管理其子界面。每一个设备类中均包含一个线程用于与设备数据交互。

电弧放电铣削机床系统、精密磨削机床系统预留的数据交互接口为 modbus-tcp，其中单元系统为客户端。单元系统与机器人、上下料设备通过 socket 采集数据，与 PLC 通过 S7 协议获取 I/O 点位状态，设备数据采集项见表 4-2。主控 PLC 作为单元总控调度，与各节点设备通信的部分输入 / 输出信号见表 4-3。PLC 与电弧放电铣削机床、精密磨削机床间采用光耦隔离的 I/O 信号交互，通过外部控制的方式控制机器人驱动状态，通过 I/O 信号与机器人通信，通过中间变量与单元系统通信。

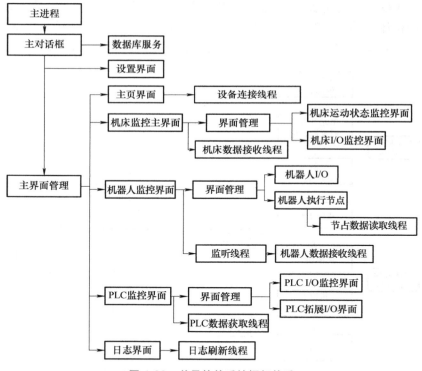

图 4-23 单元软件系统框架关系

表 4-2 设备数据采集项

序号	设备名称	通信协议	采集项
1	电弧放电数控铣床	modbus-tcp	时间、IO 状态、加工状态、电机状态
2	精密磨削机床	modbus-tcp	时间、IO 状态、加工状态、电机状态

（续）

序号	设备名称	通信协议	采集项
3	机器人	socket	轴坐标、世界坐标、IO 状态
4	PLC	S7	MB、EB、AB 寄存器、CPU 状态、版本型号
5	上下料设备	socket	运行状态、IO 状态

系统启停时，通过单元系统"启动""停止"按钮发送单元启动指令到 PLC，数据指令控制流如图 4-24a 所示，也可以通过中控台上按钮发送对应信号，PLC 扫描到 I/O 动作后执行后续动作，部分执行程序如图 4-24b 所示。

机器人接收到 PLC 的启动信号后，开始执行单元流程。机器人初始化后，接收到外部启动使能信号，执行从 PLC 的 I/O 选择执行的程序编号。机器人启动执行流程如图 4-25 所示。

表 4-3　PLC 与各节点设备通信的部分输入 / 输出信号

输入信号			输出信号		
地址	说明	信号源	地址	说明	信号去向
I0.0	系统启动	中控台	Q0.4	运行指示	指示灯
I0.1	系统停止	中控台	Q0.5	停止指示	指示灯
I0.2	急停	中控台	Q0.6	故障指示	指示灯
I0.5	控制机床夹具	电弧铣削机床	Q1.1	机床起动加工	电弧铣削机床
I1.0	控制磨床夹具	精密磨削机床	Q2.2	磨床起动加工	精密磨削机床
I3.0	PERI_RDY	机器人	Q3.0	MOVE_ENABLE	机器人
I3.1	ON_PATH	机器人	Q3.1	DRIVER_OFF	机器人
I3.2	PGNO_REG	机器人	Q3.2	DRIVER_ON	机器人
M500.4	暂停	单元系统	M800.0	急停标志	单元系统
M500.5	启停	单元系统	M800.1	停止标志	单元系统

109

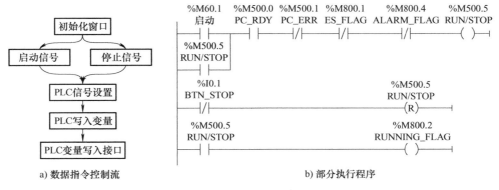

a）数据指令控制流　　　　　　　　　　b）部分执行程序

图 4-24　数据指令控制流和部分执行程序

（3）现场部署

智能生产单元的现场布置如图 4-26 所示。经过验证测试，系统稳定运行，实现了对设备的加工数据采集和实时监控。

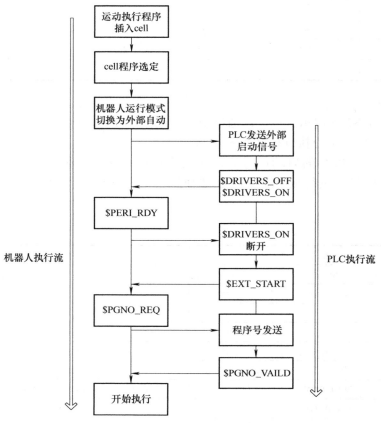

图 4-25　机器人启动执行流程

图 4-26　智能生产单元的现场布置

4.5.2　人机协作智能化单元生产线设计实例

在第三届中国国际进口博览会上,欧姆龙公司推出了"人机协作智能化单元生产线",如图 4-27 所示。

图 4-27　欧姆龙公司的"人机协作智能化单元生产线"

　　该生产线着眼于劳动密集型生产现场，通过最优化的人机协作、智能化实现自律的 IE（工业工程）改善和 AI 技术帮助作业者快速成长等，实现最大限度发挥人的潜力和高生产性、超柔性和高品质以及更强的应急能力。这条生产线融合了 AI、IoT（物联网）和大数据分析等先进技术，协作机器人与移动操纵机器人成为人类作业者最好的助手，与工人在同一生产现场通过互补、协助，实现柔性、高效、灵活的生产。

　　人机协作智能化单元生产线借助协作机器人与移动操纵机器人技术，从物料搬运、抓取、供给到组装，人与机械的协调作业范围变得越来越广。

1. 物料搬运自动化

　　整合了移动机器人和协作机器人的"移动操纵机器人"（MoMA）使物料架与作业工序之间的物料搬运完全实现自动化。具体包括四个步骤：移动至物料架、抓取料盒、搬送至后道工序和放置料盒，如图 4-28 所示。

111

a) 移动至物料架

b) 抓取料盒

c) 搬送至后道工序

d) 放置料盒

图 4-28　物料搬运自动化步骤

2. 人机协作完成组装与检测

　　在人机协作智能化单元生产线上，组装和检测工序的作业则由人与协作机器人分担完成，同时确保安全的社交距离，提供安心的生产现场环境。

　　实际作业过程中，工人只需完成第一道拧螺钉的工序，第二道拧螺钉环节就由协作机器人辅助完成，接下来它会与移动操纵机器人共同合作完成取料盒、装盒、检测和产品打标的系列工序，如图 4-29 所示。

a) 由人负责第一道拧螺钉工序

b) 机器人将物料搬运至第二道工序

c) 机器人进行第二道拧螺钉工序

d) 完成后搬送至打标工序

图 4-29　人机协作完成组装与检测

欧姆龙的人机协作智能化单元生产线也实现了机器人之间的协作，在生产线上有关打标、外观检查以及下料与搬送等工序作业，全部由协作机器人与移动操纵机器人之间配合完成，实现高度自动化生产。感兴趣的读者可以通过扩展阅读进一步了解人机协作智能化单元生产线的具体场景[⊖]。

4.5.3　智能生产单元监控系统设计实例

本小节以北京理工大学良乡校区工程训练中心的智能制造系统（智能生产单元生产线）为对象，进行智能生产单元监控系统的设计。该生产线的产品工艺过程相近，具备一类产品多品种、小批量的柔性生产能力，产线通过工控 PLC 完成整体的控制逻辑，通过现场 MES 进行订单获取与任务下放，其中的各类智能设备实现了包含订单获取、物料出库、物料运输、数控加工、自动装配、质量检测和成品入库在内的整个生产流程的完全自动化。该生产线的实际场景如图 4-30 所示。

1. 智能生产单元的构成

所选取的智能生产单元实例场景包含有一个立体仓库、一台三轴加工中心、一台四轴加工中心、一台数控车床、五台工业机器人、一座移动导轨、一辆 AGV、一个视觉检测站、一个自动打标站和一个自动装配站，同时该生产线还配备有 MES 和 WMS（仓库管理系统）等信息管理系统。智能生产单元的实际布局与关键设备分布如图 4-31 所示。

⊖　扩展阅读《进博时刻："人机融合"引领制造业数字化转型》的网址为 https://mp.weixin.qq.com/s/NqlYEPy4B5waScP7kp5c1g。

图 4-30　北理工良乡校区智能生产单元生产线的实际场景

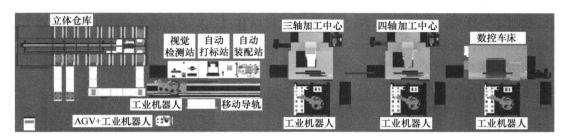

图 4-31　智能生产单元的实际布局与关键设备分布

从场景的功能模块划分角度考虑，可以将该场景划分为仓储管理站、机械加工站、移动运输站与装配检测站四个部分。

（1）仓储管理站

本场景中的仓储管理站具体指的是立体仓库。立体仓库是场景中的仓储设备，主要用于原料和产品等物料的存储，通过 WMS 完成仓库的调度、控制与管理，仓库货架用于物料仓储，每个仓位使用托盘作为承载物料的辅助器具，每个托盘最多可以容纳四个物料，伺服电动机用于堆垛机的驱动，堆垛机在仓库货架间移动实现仓库内物料的自动搬运，激光定位测距仪通过水平与纵向的光学测距实现堆垛机的精准定位，传送带用于物料的出入库搬运。

（2）机械加工站

每一台数控机床及其旁边的工业机器人、物料暂存工作台构成一个机械加工站，主要用于工件加工与工件缓存。数控车床、四轴加工中心和三轴加工中心是生产线中的主要加工设备，其中三轴加工中心和四轴加工中心主要用于铣削的机械加工，数控车床主要用于车削的机械加工。在当前工艺过程中，三轴加工中心内装有气动虎钳的工装，用于自动夹持铣削工件；四轴加工中心内装有气动三爪卡盘、定位装置与气动顶紧装置三类工装，用于实现精度比较高的定位与夹持工作；数控车床内装有气动三爪卡盘的工装，用于自动夹持车削工件。数控车床、四轴加工中心和三轴加工中心这三种数控加工设备旁各自配备有一台工业机器人，是辅助加工工件上下料的装卸设备。同时每一台工业机器人各自配备有一张工作台，用于原料或在制品的临时物料暂存，每一张工作台包含 16 个暂存仓位且配套有暂存仓储系统保证物料暂存过程不会发生冲突。

（3）移动运输站

移动运输站由一辆 AGV 搭载一台工业机器人组成，AGV 是在生产线内完成长距离物料搬运的运输设备，工业机器人完成 AGV 运输物料的上下料辅助装卸，AGV 上的托盘用于物料暂存，可承载最多四个工件，并配套有 AGV 调度系统。在本场景中由于 AGV 与工业机器人的协同作业控制逻辑较复杂，因此 AGV 设置了特定轨迹与目标位点保证定位的精度。

（4）装配检测站

装配检测站由一个自动装配站、一个自动打标站、一个视觉检测站、一座移动导轨、一台工业机器人与一个物料暂存工作台组成，自动装配站用于自动进行零件的装配，自动打标站用于产品商标 Logo 打印，视觉检测站用于产品的图像识别与质量检测，移动导轨可沿固定导轨进行平移运动，搭载在导轨上的工业机器人完成装配检测站内物料的上下料，物料暂存工作台包含 16 个暂存仓位。装配检测站是产品生产的最后阶段，工业机器人配合移动导轨依次完成自动装配站、自动打标站和视觉检测站的上下料，实现产品的装配、打标和质检过程。

2. 智能生产单元的运行流程

以小型减速箱生产为例，对智能生产单元的运行流程加以说明。减速箱的主要零件包括输入端盖、连接板、输出轴与输出端盖，这四种主要零件在依次完成零件加工、零件装配后进行产品的打标与检测，将质检合格的产品存入立体仓库，整个过程的物流搬运与上下料通过工业机器人与 AGV 自动完成。其柔性体现在产品的规格尺寸与零件参数可以存在一定区别，对于最终产品的减速器而言，即便规格尺寸与零件参数有所区别，但是产品的全生产流程、各个零件的加工工艺相似，通过调用不同的数控机床加工程序与工业机器人控制程序，可以满足类似产品减速器的多品种、小批量柔性生产需求。

智能生产单元完成减速箱零件加工与装配的工艺流程图如图 4-32 所示。对当前的工艺流程进行分析，可以看到在当前智能生产单元中的设备基本上按照工艺流程的顺序安排布局，从而使系统整体的物流运输过程保持较小的搬运距离与搬运时间。由于实际物理空间宽度的限制，本文场景的布局模式未能采取最贴合精益生产单元生产模式的 U 形布局设计，但是也在工艺流程的基础上设计了较为合理的布局顺序。考虑到具体的产品零件加工特点，四类零件的加工工序有所区别，但总体而言，四类零件的加工工艺过程都是由数控车床到四轴加工中心再到三轴加工中心，数控车床精车加工主要外形，四轴加工中心精铣加工部分定位较困难的局部外形，三轴加工中心精铣加工最后的孔与倒角，自动装配站依次完成各个零件的拼装与螺钉固定，自动打标站打印产品所需特定 Logo，视觉检测站通过机器视觉与图像识别进行产品的质量检测，若产品检测合格则存入仓库，若不合格则将废件运至缓冲区并重新安排仓库出料。因此在布局中数控车床、四轴加工中心、三轴加工中心、自动装配站、自动打标站、视觉检测站和立体仓库自右向左按顺序排布符合产品加工入库的工艺流程，能保证智能生产单元的高效运行。

3. 智能生产单元监控系统的功能设计与实现

结合智能生产单元的构成及实际运行需求，设计监控仿真系统，该系统的主要功能模块如图 4-33 所示。可视化监控模块为系统的主要功能模块，主要在 Unity 中实现，为场景监控提供三维可视化交互界面，展示场景的实时动态变换情况，进行设备运行状态、物料运输状态的可视化显示，提供虚拟场景漫游与实时参数显示的交互方式；数据采集模块为系统的数据来源，主要采集场景中的工控 PLC 数据、设备数控系统数据和关联信息系统数据，封装为 JSON 格式进行数据传输；数据管理模块为系统数据管控功能模块，主要为历史数据进行数据库访问提供可视化交互界面；虚拟仿真模块由可视化监控模块修改部分脚本实现，需要对数据源进行调整，在离线或在线环境下进行仿真；设备通信模块为设备控制指令传递模块，进行控制指令下发测试。

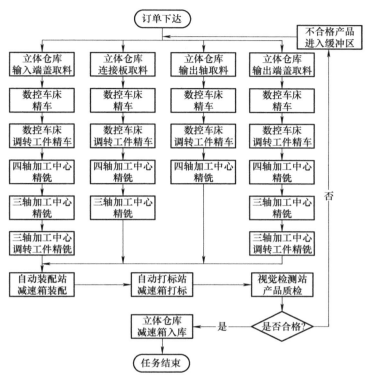

图 4-32　智能生产单元完成减速箱零件加工与装配的工艺流程图

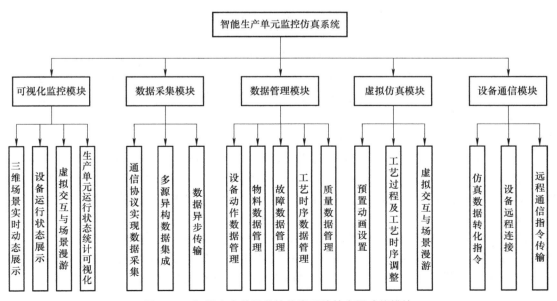

图 4-33　智能生产单元监控仿真系统的主要功能模块

　　系统通过连接数据库对数据进行管控，同时还可以开放 RESTful API（应用程序接口）供其他程序应用访问。图 4-34 所示为智能生产单元中 AGV 数据统计信息管理界面，通过对 AGV 在一个月内的运行状态数据进行基础统计分析，能够了解 AGV 完成的任务、系统数量、操作记录和故障情况等统计数据。

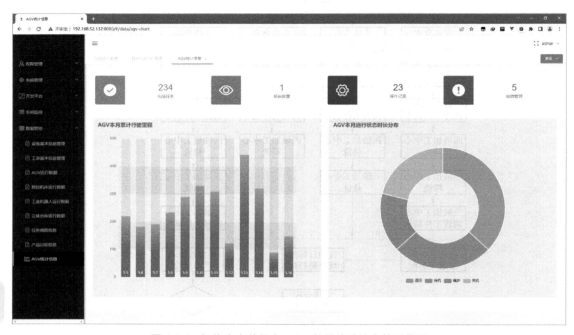

图 4-34　智能生产单元中 AGV 数据统计信息管理界面

　　对 AGV 在本月内每天累计的行驶里程进行统计并绘制柱形图，对 AGV 在本月内运行维护状态进行统计并绘制饼图，可视化地展示 AGV 的工作强度与利用率。通过类似的数据管理界面对数据进行管理、查询和可视化。

　　通过嵌入到 Web 页面中的 Unity WebGL 程序，对生产场景进行实时监控，其监控界面如图 4-35 所示。在 Web 系统中嵌入 Unity WebGL 主要通过 vue-unity-webgl 包实现，其主要目的在于通过云端部署的系统，为远程用户提供系统可视化三维监控的访问途径。

　　通过智能生产单元监控仿真系统，能够实现对单元中的关键设备进行状态监测，展示更详细的状态信息，其实现效果如图 4-36 所示。

　　由于一系列设备监控界面布局功能相似，以 AGV 设备监控界面为例，阐述具体设备监控界面的功能。通过图 4-36 右下角所示的"跳转至设备监控画面"功能选项列表，选择其中的 AGV 选项，可跳转至 AGV 监控界面。在此界面中能将设备单独进行详细的实时参数显示。如图 4-37 所示，左边功能框中包括针对 AGV 本次开机以来运行状态时长绘制的饼图，体现了 AGV 的利用率，每隔 3min 进行重新绘制，还包含了 AGV 运行状态参数表，由实时数据对表格进行动态更新；右边功能框中显示了 AGV 托盘上的仓位占用情况，同时包含了任务信息表，用于显示 AGV 当前的任务执行状态。单击"返回主页面"按钮，退出设备监控界面返回原界面。

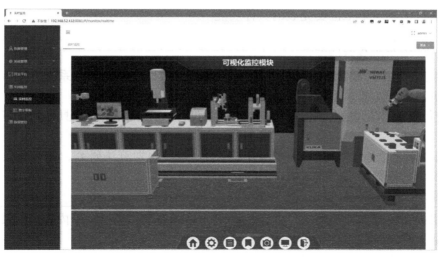

图 4-35　智能生产单元的三维实时监控界面

图 4-36　智能生产单元的关键设备状态
监测的实现效果

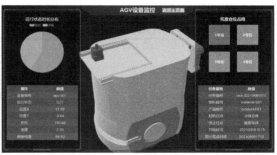

图 4-37　智能生产单元的 AGV 设备状态
监测效果示例

习题

4-1　什么是单元生产？单元生产具有哪些特点和优势？

4-2　请简述单元生产系统的主要布局方式。

4-3　请简要概括智能生产单元的定义及其主要功能构成。

4-4　请举例说明智能物流单元设计涉及的具体单元设备有哪些。

4-5　请以机械加工为例，简要概括柔性制造单元的主要组成及各部分的基本功能。

4-6　请结合本章内容，设计一个人机协作装配智能生产单元，并给出具体设计方案。

项目制学习要求

结合本章对智能生产单元的学习，进一步优化项目制课程作品的总体方案。

1）结合单元生产布局知识和项目场景定义，进一步优化复合作业机器人（AGV+ 机械臂）在项目场景各个工位要完成的具体功能。

2）对项目作品整体系统的机械结构进行动力学计算与仿真分析，校核系统在正常运行工况下的结构载荷分布情况。

3）参考智能生产单元监控系统设计实例，进行项目作品的软件系统方案设计，完成复合作业机器人作业监控系统的总体方案。

4）进行复合作业机器人控制系统详细方案设计，完成机械臂在具体作业场景下的任务分配。

5）结合第 3 章所学知识，进一步开展 AGV 路径规划算法研究，结合优化后的项目场景各个工位的任务要求，完成 AGV 路径规划。

作业要求 1：

> 请各组提交复合作业机器人作业监控系统的总体方案，包括以下内容（不限于）：
> 1. 作业监控系统的整体架构
> 2. 作业监控系统的总体功能设计
> 3. 作业监控系统的数据库设计
> 4. 作业监控系统的开发平台及 ROS 集成方案
> 5. 参考文献（可选）

4.2　复合
作业机器人
作业监控
系统——
软件视频

作业要求 2：

> 请各组提交 AGV 路径规划算法研究报告及演示视频，包括以下内容（不限于）：
> 1. 路径规划的场景要求
> 2. 算法整体框架说明
> 3. 实现过程及结果
> 4. 结合实车的演示验证视频
> 5. 参考文献（可选）

4.3　复合作
业机器人控制
系统——
源代码

第 5 章　智能生产线与车间布局设计

学习目标

通过本章学习，在基础知识方面应达到以下目标：
1. 能清晰概括生产线的概念、分类及各类生产线的主要特点。
2. 能清晰阐述装配线分析的主要内容及分析过程涉及的关键术语。
3. 能运用装配线平衡方法进行单一品种装配线和多品种流水装配线平衡设计。
4. 能简要概括设备布局的基本形式并运用相关方法进行产线布局与建模仿真。

本章知识点导读

请扫码观看视频

案例导入

　　近年来，我国工程机械的品牌影响力、国际化程度、科技和创新能力显著提高，工程机械与高铁、风电等装备已成为我国制造业核心竞争力提升的重点产品和推动制造业优化升级的重点行业。同时，得益于我国经济的高速发展和巨大的基础建设需求，我国工程机械企业越走越大、越走越稳、越走越强。对欧美日高端品牌已经由原来的望其项背，到如今的直面竞争。目前全球前五十大工程机械制造商中有 10 家我国企业入榜，厚积薄发的中国工程机械企业跑出了一条中国速度，不断彰显中国制造的力量。

三一集团 18 号工厂——全球制造业灯塔工厂[⊖]

　　目前，全球重工行业获世界经济论坛认证的"灯塔工厂"仅有 2 座，且都在三一重工。在花园式场景之下，18 号工厂有着许多"智慧"——通过智能制造转型升级，已实

　　⊖ 案例资料来源：https://m.sanygroup.com/news/11374.html。

现人员效率大幅提升，制造成本大幅下降。18号工厂占地10万平方米，是工信部首批智能制造试点示范工厂，2022年入选全球制造业"灯塔工厂"名单。

2018年，18号工厂启动"灯塔工厂"建设，在投入5亿元、突破55项关键技术、攻克1000多项难题后，于2020年建成投产。18号工厂的整个厂房按照"三一生产方式"设置了6大工作岛：自动化焊接、智能化涂装、柔性化机加、少人化装配、自动化物流和仓储、智能调试。依托工业互联网操作系统为底座进行数智化改造，目前，工厂的9项工艺、32个典型场景都已实现"聪明作业"。智能制造带来的是生产效率的飞跃。与改造前相比，18号工厂产能提升123%，效率提升98%，整体自动化率升至76%，可生产263种机型。

在机加中心，运用数字孪生技术，阀块机加作业的精度误差由0.1mm刷新至10μm级；装配中心，大到72m长的臂架，小到2mm的螺钉等，全部由机器人自动化装配完成；智能物流系统，可实现10万多种不同类型零件的自动搬运和上下料，准时交货率达99.2%；钢板的切割和分拣完全交由拥有3D视觉的人工智能机器人完成，将精度提升至1mm的同时，生产周期缩短60%。

在泵车总装线上，它总长150m，加上下线工位一共是12个工位，每45min就有1台泵车下线。一台泵车有2200个零件，生产完成要经过196道工序。在18号工厂，每台泵车从原材料开始就有一张专属"身份证"，由"工厂大脑"全程智能调度，实现"一张钢板进、一台泵车出"的智能制造全过程。2～120mm厚的钢制板材经过无人化下料、智能化分拣、自动化组焊、无人化机加和智能化涂装等工艺，45min就能组装好一辆重达46t的泵车。同时，这也是一条柔性化的装配线，可以实现混线生产，为下游客户量身打造不同规格的泵车。感兴趣的读者可以通过视频进一步了解一线工人眼里的"灯塔工厂"⊖。

讨论：

1）该案例介绍了三一集团的泵车总装线，你认为该生产线运用了哪些智能化技术？

2）三一集团18号工厂获得世界经济论坛认证的全球重工行业的"灯塔工厂"这一案例，对我国工程机械装备行业乃至制造业发展有何启示？

3）我国工程机械装备行业发展的主要成就有哪些？你对提升国产装备制造技术有哪些建议？

4）结合该案例总结智能车间建设的主要路径并思考传统工厂如何实现智能化。

5.1 生产线的概念与分类

5.1.1 生产线概述

1. 生产线的定义及主要发展阶段

《中国百科大辞典》将生产线定义为：在产品专业化基础上发展起来的一种生产组织形式，根据主要产品或多数产品的工艺路线和工序劳动量的比例来确定、排列和布置生产

⊖ 视频《央视探访三一！看一线工人眼里的"灯塔工厂"》的网址为 https://m.sanygroup.com/news/13504.html。

中所需要的设备数量。以生产线进行生产组织的过程称为流水生产，要求生产对象要按照一定的工艺路线顺序地通过各个工作地（站），并按照统一的生产节拍完成工艺作业的生产过程。

本书第 1 章的案例导入部分，介绍了福特汽车公司于 1913 年开发出世界上第一条汽车生产的移动式流水线。这里的流水线是流水生产线的缩写，通常也称为生产线。自亨利·福特创造性地发明了第一条工业生产线以来，它不仅改变了传统的生产组织方式，还极大地提升了生产效率，现如今已成为大多数具有一定生产规模的制造企业首选的生产手段，生产线（或流水线）也成为最重要和常见的制造业生产方式之一。按照生产线所使用设备的情况，生产线的发展主要经历了手工生产线、机械化生产线、自动化生产线和智能生产线四个重要阶段，如图 5-1 所示。

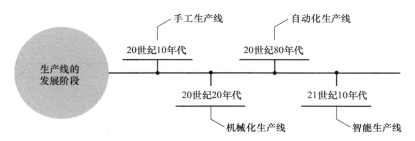

图 5-1　按照生产线使用设备的先进程度划分生产线的发展阶段

1）手工生产线阶段：20 世纪初期，即 20 世纪 10 年代左右，以福特汽车流水线为标志的生产线初创阶段主要是手工生产线，生产线上的作业主要以手工操作为主，工位间的产品和物料依赖人工进行传递。

2）机械化生产线阶段：20 世纪 20 年代至 20 世纪 70 年代，随着机械化的发展，应运而生了机械化生产线，这一阶段生产线的显著特点为机械传送带和机械生产装置。机械传送带取代工人进行产品和物料输送，使工件处于不断运动的状态并在生产线上传递给各个工位的工人，工人则在固定的工位上对工件进行加工、组装，工件的传输速度对应于每道工序的工作时间。同时，工位上也配备了适量的机械生产装置用于辅助人工进行作业，生产效率得到进一步提高。

3）自动化生产线阶段：进入 20 世纪 80 年代，随着传感器和自动控制等技术的快速发展，工业机器人开始应用在生产线上，尤其是计算机的广泛应用，使生产组织形式产生了质的飞跃，通过计算机进行生产控制，实现了不需要人工参与的自动化生产，自动化生产线时代随之而来。自动化生产线，即按照工艺过程，把一条生产线上的机器、设备连接起来，形成包括上料、下料、装卸和产品加工等全部工序都能自动控制、自动测量和自动传送的连续作业生产线，在汽车制造、电子信息、家用电器和机械加工等行业有着广泛的应用。

4）智能生产线阶段：进入 21 世纪 10 年代，即 2010 年前后，世界各国兴起智能制造浪潮，并积极制定智能制造发展战略和规划。智能生产线是智能制造的核心环节，是在自动化生产线的基础上融入了信息通信技术、人工智能技术，具备了自感知、自学习、自决策、自执行和自适应等功能，从而具备了制造柔性化、智能化和高度集成化的特点。

2. 生产线的结构、特点及运行机制

以零件加工生产线为例，其结构通常由加工单元按照工序顺序串联组成，并在各加工单元间设有缓冲区，一个加工单元可由单台设备或多台设备串并联组成。图 5-2 所示为一个由 J 个加工单元组成的离散型生产线结构框图，其中方形代表加工单元，圆形代表缓冲区。每个工件由第一个加工单元 WS_1 进入系统，经过加工周期 T_1 后，进入缓冲区 B_1，然后按箭头方向依次经过各个工位，直到最后一个加工单元 WS_J 加工完成并离开系统。

对于流水生产而言，其最主要的特点在于生产过程是按节拍进行的，即生产对象要根据工序要求以统一的生产速率依次进行加工或装配。节拍是指生产线上（同一工位）连续出产两个相同制品的时间间隔。流水生产情况下，生产对象在生产线的各个工序间单向移动，其工艺过程是封闭的，且生产线的设备专业化程度较高，一般在各个工作站之间通过一定的传送装置进行连接，比如传送带、自动导引车（AGV）等物流设备。

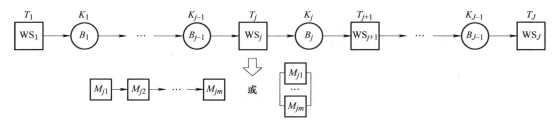

图 5-2　离散型生产线结构框图

从生产线运行角度看，根据图 5-2 所示结构按工艺顺序完成零件加工，由串联设备 M_{jl} 组成的加工单元 WS_j，其加工周期为各设备加工周期的最大值，即

$$T_j^{\mathrm{ser}} = \max\{T_{jl}\}, l = 1, 2, \cdots, m \tag{5-1}$$

对并联设备组成的加工单元，为保证合并后的加工能力不变，其加工周期为各设备加工周期倒数之和的倒数，即

$$T_j^{\mathrm{par}} = \frac{1}{\sum\limits_{l=1}^{m} \dfrac{1}{T_{jl}}}, l = 1, 2, \cdots, m \tag{5-2}$$

在生产线设计中，并联设备通常被用来平衡生产线节拍，防止由于该工序时间过长而成为明显的瓶颈环节，并且为保证产品质量的稳定性，多由同一配置的设备组成，因此设备往往具有相同的加工工艺及加工周期，此时式（5-2）可简化为

$$T_j^{\mathrm{par}} = \frac{T_{jl}}{m}, l = 1, 2, \cdots, m \tag{5-3}$$

在实际生产运行中，设备并不是完全可靠的，而是伴随着随机故障的发生。当某加工单元故障时，往往会影响其上下游其他加工单元的正常生产，这种现象也被称为"扰动传播"。为减少故障带来的扰动传播，加工单元之间通常设置一定的缓冲区。它们能够通过积累来自上游系统的工件并为下游系统释放工件来提高生产的连续性。

这样一来，当加工单元故障时，缓冲区的存量可以在其变空或变满前为维修活动提供

一定的"隔离时间",从而避免上下游其他加工单元立刻停产。例如,当 WS_j 发生故障时,B_{j-1} 能够暂时存储来自 WS_{j-1} 的工件使上游设备保持正常生产,而 B_j 能够为 WS_{j+1} 提供一定数量的工件使得下游设备不至于停产。从这个角度来看,缓冲区能够通过将刚性连接的加工单元变为弹性连接,由此来对相邻两个加工单元进行解耦,从而减少彼此之间的干扰。也正是由于缓冲区的这种作用,使得生产线区别于单纯的串并联系统而成为典型的离散事件动态系统,增加了其随机性与计算复杂性。

5.1.2 生产线分类

根据生产对象的移动方式、生产对象的数目、产品的变换方式、生产线运转的连续程度、生产的节奏性以及机械化程度,可以将生产线分为不同的类别,具体如图 5-3 所示。

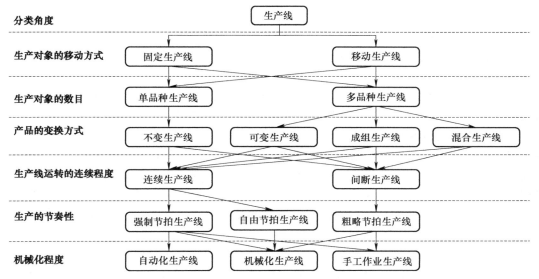

图 5-3 生产线的基本类别

(1)按生产对象的移动方式可分为固定生产线和移动生产线

固定生产线是指生产对象位置固定,生产工人携带工具沿着顺序排列的生产对象移动。主要用于不便运输的大型制品的生产,如重型机械、飞机(目前已经逐步发展为脉动生产线)和船舶等的装配线。移动生产线是指生产对象移动,工人、设备及工具位置固定,这是常用的生产线的组织方式。

以飞机装配为例,传统的飞机装配采用的是固定生产线,通过大型桁架等设备完成飞机在固定位置的一站式装配。但随着经济和军事发展需要,飞机产量规模不断提高,对传统装配线有限的生产能力提出挑战。飞机脉动生产线是指按节拍移动的一种生产线,运用精益制造思想,对生产过程进行流程优化和均衡,实现按设定节拍移动的站位式生产组织形式。图 5-4 所示为某型飞机采用脉动生产线的局部场景。脉动生产线对生产节拍要求不是很高,当生产某个环节出现问题时,整条生产线可以不移动,或者留给下个站位解决,当总成工作全部完成时,生产线就脉动一次。脉动生产线最开始应用于飞机制造,第一条脉动生产线是由波音公司在 2000 年建立的,经过多年的发展,脉动生产线的应用范围越来越广，逐步在卫星、雷达等领域应用发展。近年来，脉动生产线在我国航空工业和电子装备制造领域逐步推广应用。

（2）按生产对象的数目可分为单品种生产线和多品种生产线

单品种生产线又称为不变生产线，是指生产线上只固定生产一种制品，这种生产线要求制品的数量足够大以保证生产线上的设备有足够的负荷。多品种生产线将结构、工艺相似的两种或以上的制品组织到一条生产线上生产。

（3）按产品的变换方式可分为不变生产线、可变生产线、成组生产线和混合生产线

图 5-4 某型飞机采用脉动生产线的局部场景

可变生产线是指集中轮番地生产固定在生产线上的几个对象，当某一制品的批制造任务完成后，相应地调整设备和工艺装备，然后再开始另一种制品的生产。一般情况下，整个计划期内成批轮番地生产多种制品，但在计划期的各段时间内只生产一种制品；更换产品时，一般需调整设备和工艺装备，但调整变动不大；每种产品在生产线所有工作站的负荷系数大致相同。成组生产线是指固定在生产线上的几种制品不是成批轮番地生产，而是在一定时间内同时或顺序地进行生产，在变换品种时基本上不需要重新调整设备和工艺装备。混合生产线则是指在生产线上同时生产多个品种，各品种均匀混合流送，组织相间性的投产，一般多用于装配阶段。一般情况下，同一时间内，将工艺流程、生产作业方法基本相同的若干个产品品种，在一条生产线上科学地编排投产顺序，实行有节奏、按比例和成组的混合生产；更换产品时，不需要重新调整设备和工艺装备；生产不同品种产品时的产量、工时和工作站负荷全面均衡。

（4）按生产线运转的连续程度可分为连续生产线和间断生产线

连续生产线是指制品从投入到产出在工序间是连续进行的，没有等待和间断时间。间断生产线则是指由于各道工序的劳动量不等或不成整数倍关系，生产对象在工序间会出现等待停歇现象，生产过程是不完全连续的。

（5）按生产的节奏性可分为强制节拍生产线、自由节拍生产线和粗略节拍生产线

强制节拍生产线是指要求准确地按节拍出产制品。自由节拍生产线是指不严格要求按节拍出产制品，但要求工作站在规定的时间间隔内的生产率符合节拍要求。粗略节拍生产线则是指各个工序的加工时间与节拍相差很大，为充分地利用人力、物力，只要求生产线每经过一个合理的时间间隔生产等量的制品，而每道工序并不按节拍进行生产。

（6）按机械化程度可分为自动化生产线、机械化生产线和手工作业生产线

自动化生产线是指生产线上各道工序作业均由自动化设备完成，不需要人工参与的生产线生产。机械化生产线是指生产线上各道工序作业通过人工操作设备完成生产活动。手工作业生产线则是指生产线上各道工序作业通过人工方式直接完成生产活动。

5.1.3 手工装配线

手工装配线是离散制造行业应用最为广泛的一种生产线形式，离散型生产的大多数产

品都是经过多道工序装配而成的。装配线即装配型产品生产线的简称，是指工件（产品）以一定的速率连续均匀地通过一系列装配工作站，并按照具体工艺要求在各装配工作站内完成相应装配工作的生产线。装配线属于典型的多工作站制造系统。

手工装配线的发展源于科学管理和劳动分工原理的指导，在大批量生产模式下广泛应用。劳动分工原理阐述了分工可以提高效率的道理，泰勒的科学管理理论证明了对工人的操作方法制定作业标准，按照标准训练工人，按照标准操作也可以提高效率。以汽车装配为例，汽车总装线包含了数十个装配工作站，每个工作站均按照汽车总装工序分解后分配到各个站位，并确定了每个站位各工序的操作标准，使各个工作站的工序作业时间总和尽可能相等；最后按装配顺序布置工作站，按固定的标准顺序对产品实施轮流装配。

手工装配线的特征符合一般生产线的特点，即：

1）工作站专业化程度高。在装配线上固定地生产一种或少数几种产品，每个工作站固定地完成一道或几道工序，作业分工很细，这使得对工人的技术培训要求不高。

2）工艺过程相对封闭。工作站按装配顺序排列，装配对象在工序间单向移动，中间不接受线外的加工。

3）生产具有明显的节奏性，每道工序都按统一的节拍（周期时间）进行生产。

手工装配线的上述特征决定了它具有以下优点：①整个生产过程平行连续，协调均衡；②有利于机器设备和人力的充分利用；③易于对各作业的产量进行控制，最大限度地缩短生产周期；④缩短运输路线，工序间的在制品数量很少；⑤由于分配后各工作站专业化程度高，能采用专用设备、工具，有利于提高生产率；⑥操作工序细分，便于对质量进行控制，提高产品质量。

125

手工装配线是由一系列工作站组成，由工人执行装配任务的装配线，如图 5-5 所示。产品在装配线上移动时由工人按工序完成组装。在每个工作站，一名工人在设备上完成全部装配工作的一部分作业任务，所有待装配零件从装配线的起始工序开始，经过连续的工作站，工人在各个站位通过添加组件、装配操作，逐步完成产品的装配任务。整个装配过程的物料传送一般通过传送带等自动化物料运输系统来实现，整个装配线的生产速度取决于各工位中装配作业最慢的工位，也被称为"瓶颈"工位。

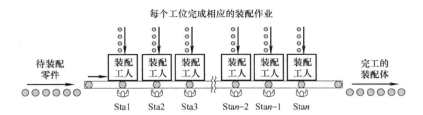

图 5-5　手工装配线运行示意图（Stan，表示第 n 个工作站）

1. 装配工作站（工位、工作地）

手工装配线上的工作站（也可称为工位、工作地），是按照装配工艺路线设置的装配任务操作场地，在该工作场地通常由一个或多个工人执行具体的装配作业。

装配工作站的设计可根据装配作业要求及工人装配操作的便捷性，设置为站立式工作站或者坐式工作站。当工人站立时，可以在装配工作站区域内移动以执行分配给他们的任务，这在汽车、家电等离散型复杂产品装配中很常见。产品通常由输送机以恒定的速度通过各个工位，工人在工位的上游侧（起始位置）开始装配任务，并与装配对象（产品、部件等）一起移动，直到任务完成，然后返回到下一个工位的起始位置，重复此循环。对于较小的组装产品（如小家电、电子设备和用于较大产品的组件），工作站的设计通常允许工人在执行任务时坐着，这对工人来说更舒适、疲劳更少，通常更有利于装配任务的精确度和准确度。

2. 工件输送系统

在手工装配线上完成工件移动有两种基本方法：人工搬运或机械系统输送。这两种方法都按照装配线工位确定的固定路线进行工件输送，即所有工件要通过相同的工位序列，这是由生产线的特点所决定的。

1）人工搬运：在人工搬运过程中，产品由工人从一个工位运送到另一个工位。这种运作模式下，容易产生生产线常见的两个问题："饥饿"和"阻塞"。"饥饿"是指装配工人在当前工位完成了分配工件装配任务，但下一个工件尚未到达工位的情况。"阻塞"意味着装配工人在当前工位上完成了分配的任务，但下一个工位尚未完成当前分配的任务，所以不能将该工位完工的工件传递给下游工作站，由此造成当前工位任务的阻塞。

因此，在手工装配线上为解决"饥饿"或"阻塞"问题，有时在工位之间建立缓冲区（工位）。在某些情况下在每个工作站完成的工件经过分批收集后移动到下一个工作站，每个工作站前面通常允许有一个或多个工作站的空间，作为缓冲区。尽管通过建立缓冲区能够减少"饥饿"或"阻塞"的现象，但同时可能会产生大量的在制品。

2）机械系统输送：带有动力的机械装置（如传送带等）被广泛用于手工装配线的工件输送过程。用机械系统输送工件时，可以根据生产线节奏要求设计成有节奏或无节奏运行方式，比如连续输送、同步输送和异步输送，如图5-6所示，纵轴表示速度 v、横轴表示输送距离 x，v_c 表示连续输送时的恒定速度。

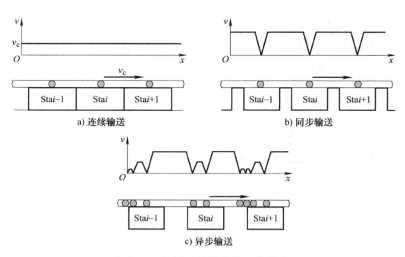

图 5-6　机械系统输送的三种方式

连续输送系统使用以恒定速度运行的连续移动输送机（传送带），如图5-6a所示，这种方式在手工装配线上很常见。输送机一般在整条生产线上运行，但如果生产线过长，如汽车总装厂，会把输送机分成几个部分，每个部分有一个单独的输送机驱动生产线进行独立输送。连续输送可通过两种方式实施：产品放置在输送机上或者产品可从输送机上取下来进行装配操作。第一种情况，产品又大又重（如汽车、洗衣机等），无法从输送带上取下，工人必须以传送带的速度与产品一起行走，以完成指定的装配任务；第二种情况，产品小而轻，可以从输送机上取下到操作工位，以方便每个工位的工人完成装配作业。

在同步输送系统中，所有的工件在工作站之间以快速、不连续的运动同时移动，然后置于各自的工作站进行装配作业。如图 5-6b 所示，这种类型的系统也称为间歇输送，在自动化生产线上应用较为普遍，在手工装配线上并不常见，因其要求装配任务必须在一定时限内完成，这会对装配工人造成不必要的压力，导致产品质量问题时有发生。

在异步输送系统中，当分配的任务完成后，工人将工件从当前工作站放回输送系统。各个工件在各工位按照装配工艺独立装配，与其他工位不是同步的。在任何时刻，都会有工件在工作站之间移动，同时可能其他工件还在工作站上进行装配的情况，如图 5-6c 所示。在异步输送系统中，允许在每一个工作站前面形成工件队列，同时允许各工位工人装配任务时间的差异，并不强制按统一节拍运行。

5.1.4　自动化生产线

自动化生产线由多个工作站组成，这些工作站通过工件输送系统实现相互连接，并将工件从一个工作站自动传送到下一个工作站，如图 5-7 所示。初始待装配零件进入生产线的一端（起始工位），并且随着零件的传送（图 5-7 中从左到右），按顺序执行加工步骤。该生产线也可包括执行中间质量检查的质检工位，对于难以通过自动化方式或自动化成本过高的任务，也可以设置手工作业工位。在自动化生产线上，由于每个工作站执行不同的作业任务，因此必须执行完生产线上所有工位的作业任务后才能完成每个工件的加工，工件才能从生产线的末端工位离开生产线。

在最简单的自动化生产线场景下，任何时刻生产线上的零件数量都等于工作站数量。在相对复杂的作业环境下，会存在站位之间的临时零件存储区域，也称为"线边库"，在这种情况下，生产线上的零件数量比工作站数量要多，会形成较多的在制品。

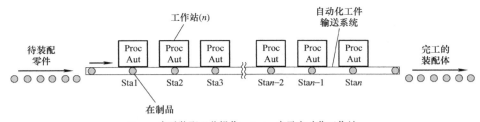

Proc：表示装配工艺操作；Aut：表示自动化工作站

图 5-7　自动化生产线示意图

自动化生产线以循环的方式运行，与手工装配线相类似。自动化生产线的每个周期等于零件加工时间加上将零件转移到下一个工位的运输时间。因此，生产线上最慢的工作站决定了生产线的节奏，这一点与装配线一样。

1. 工件输送系统

自动化生产线的工件输送系统与手工装配线的工件输送系统的作用是相同的，即在生产线上的工位之间移动工件。自动化生产线上使用的输送机构通常是同步或异步的，但很少采用连续输送方式。同步输送是自动化生产线上进行工件输送较为经典的方式，但异步输送更具优势，因其允许在工作站之间形成零件队列，作为存储缓冲区，对于生产线各工位的作业任务安排更灵活，也更容易调整或扩展生产线，但这些优势意味着更高的成本。

自动化生产线在进行工件输送时，根据要处理零件的几何形状，可以使用托盘固定装置进行零件搬运。托盘夹具是一种工件夹持装置，用于将零件固定在指定位置，实现工件的精确定位与夹紧，并通过输送系统在连续的工作站间移动。通过将零件精确地定位在托盘夹具上，以及托盘与工作站间的精确定位，确保工作站加工操作的精确定位。在机械加工中，位置精度的保证非常重要，机械加工的公差通常规定为 0.01mm 或 0.001in。

2. 布局方式

自动化生产线的布局方式包括直列、分段直列和回转式。

直列布局的自动化生产线由一系列站位组成，呈直线排列。这种结构通常用于加工大型工件，如汽车发动机缸体、发动机缸盖和变速箱壳体。因为这些零件需要大量的操作，所以需要一条有很多工位的生产线。

分段直列布局的自动化生产线由两个或多个呈直线排列的工位组成，且各个分段之间通常相互垂直，图 5-8a 显示了分段相互连接的几种可能布局。采用分段直列布局方式，主要考虑生产线的实际情况：比如可用的面积可能会限制生产线的长度，通过分段布局工件可以被重新定向，方便加工工件的不同表面，矩形布局提供了工件夹持托盘夹具快速返回到生产线的起始位置以供重复使用的便利性。

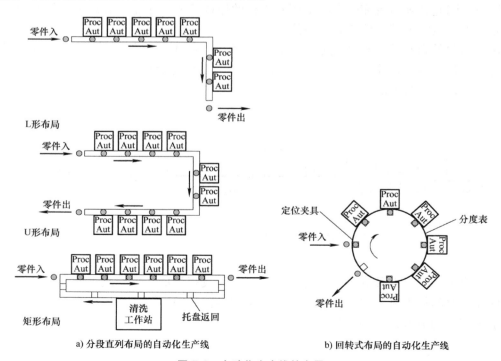

图 5-8　自动化生产线的布局

在回转式布局的自动化生产线上，工件会连接到夹具周围的一个圆形工作台，以便于按固定转角距离及顺序进行加工。典型的回转式布局如图 5-8b 所示，与直列和分段直列布局相比，回转式分度系统通常局限于较小的工件和较少的工作站，同时不考虑缓冲区的配置，相对其他两种布局方式占地面积更小。

5.1.5　自动柔性生产线

当前，随着客户个性化需求不断增加，以传统生产线为主要生产组织形式的大规模生产已经不再适应消费者追求个性化产品的时代，因而面向特定生产产品的由专用机床和设备组成的专用生产线，虽具有生产效率高、单位产品生产成本低等优点，也面临着新时代市场个性化需求增大而带来的巨大挑战。具有自动化、智能化、柔性、可扩展性和可重构性等特点的自动柔性生产线（Automated Flexible Production Line）应运而生。

产品生产加工过程是整个制造过程中至关重要的环节。而在现实的生产环境下，存在着很多不确定因素扰动正常生产，如机台故障频次和维修时间的不确定、产品加工时间的不确定、订单交期的不确定、生产产品种类和型号的不确定等。这些影响生产环节的诸多因素，极易干扰正常生产，同时也容易导致决策者的决策的失败、生产计划的失效，致使客户满意度降低。此外，一条生产线的初期配置成本通常耗资巨大，错误的决策将给生产企业带来巨大的损失。因此，在柔性生产线设计过程中，考虑现实生产中的不确定干扰因素，对有效满足生产线产能需求、产品生产计划的正确制定，以及对客户订单交期的有效允诺，都至关重要。

制造系统通常根据其产品类型和数量需求进行设计和优化，不同类型的生产线根据它们的特点在不同情况下使用。针对特定产品或产品系列的生产线是一项重大投资，选择和设计合适的制造系统对大多数制造商而言至关重要。目前，随着技术的快速发展，大多数产品正在迅速地更新换代，因此专用生产线往往不是生产这类产品的明智选择，特别是针对电子产品及其相关附属品的制造过程，需要能够应对产品类型更迭的制造系统，即柔性制造系统。此外，针对产品的定制要求和不确定的生产需求数量，要求生产线能根据不同产品的工艺特点，具备改变生产线结构以及增加生产线产能的能力。在这种情况下，一种新型连续多阶段带并行加工单元的自动柔性生产线（简称自动柔性生产线）应运而生。自动柔性生产线相比于传统的专用生产线而言，它采用了可以进行柔性加工的数控机床设备，能快速响应市场的需求变化，可以用于生产多型号多系列产品。自动柔性生产线具有以下特征：

1）自动柔性生产线由多个生产阶段组成，并且每个生产阶段由多个加工单元组成，这些加工单元可能包含不同数量的数控机床或加工中心，且在相同生产阶段的不同加工单元并行执行相同的加工操作集合，这种生产方式能够增加该生产线的生产能力。

2）多个相同的 CNC 机台和一个自动机器人虚拟构成一个加工单元，并行执行相同的一组加工操作，这种设计增加了系统的可靠性，即在应对机台故障发生时，生产线仍能继续生产，同时通过评估可以决策是否进行生产线重构，实现在现有情况的生产线下平衡并达到最优产能输出，最大化降低产能损失。

3）加工操作由 CNC 机台完成，而辅助操作则分配给自动化机器人，这使得该生产线具有高度自动化。

4）包含相同 CNC 机台的加工单元彼此相连，且由自动物料传送装置进行物料转移，原料、半成品和成品通过传送带以恒定速度进行输送，这有助于减少生产线中的在制品。

5）基于串行生产线形式并使用并行 CNC 机台加工的制造系统通常具有较高的柔性，可以因产品需求的波动进行重新配置，同时自动柔性生产线提供了可以添加新加工机台的空余空间，进一步增加了其生产柔性。

综上可以看出，自动柔性生产线具有多个且连续的由数个加工单元组成的生产阶段，且生产阶段按顺序完成被分配的加工操作，每个加工单元则包含一个机器人和多台相同的数控机床或加工中心，该生产线的整体结构配置如图 5-9 所示。

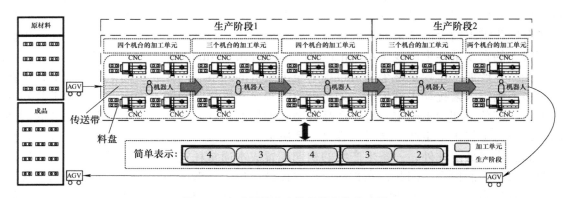

图 5-9　自动柔性生产线的整体结构配置

带有传送带的物料运输系统靠近加工机台，物料在对应生产阶段完成加工处理后，由机器人进行辅助处理并放置到传送带上运输到下一生产阶段。由于数控机床带有刀库，可用于多种类型操作的加工，因此该生产线在执行加工操作时具有一定的柔性。自动柔性生产线上的可移动机器人将该生产线划分为特定加工单元，并且每个加工单元中的所有数控机台执行所分配的指定加工操作，从而提高生产线的可靠性。因此，自动柔性生产线能够灵活地制造不同类型的产品，同时能够通过重新配置加工单元内机台数量、加工单元数量和生产阶段数量，以及增加机台和机器人数量，来改变生产线的生产能力与生产节拍，具有很高的柔性。此外，由于生产线上所有的机台均为数控机床等柔性加工设备，且同一生产阶段中的多个并行加工单元同时完成相同的加工操作，因此该生产线具有较高的可靠性，能面对加工期间发生的不确定性事件带来的生产扰动，不至于停线维修。同时，还可以通过加工单元重配置和生产阶段重配置，最小化停机带来的产能损失，提高生产线的可靠性。

5.1.6　智能生产线

智能生产线是自动化生产线的更高级形态，即在自动化生产线基础上，借助物联感知技术、网络协同技术并融合工业机器人、协作机器人等智能机器，实现自动化生产线的智能化，表现为在生产线上设备高度互联、制造数据深度集成，生产线支持动态重构，以满足多品种、小批量和个性化定制产品的混流生产要求。智能生产线实现了机器代替或辅助人类进行生产决策，实现生产过程的预测、自主控制和优化。智能生产线与自动化生产线相比，具有以下几个关键特征：

1）智能生产线柔性程度高。智能生产线能够实现快速换模，支持多种相似产品的混线生产和装配，便于灵活调整工艺，适应多品种、小批量生产，更好满足客户的个性化定制需求。

2）智能生产线具有感知能力。在生产和装配过程中，能够通过各类传感器自动进行数据采集，实时监控生产状态、驱动执行机构的精准执行；能够通过机器视觉和多种传感器进行质量检测，自动剔除不合格品。

3）智能生产线具有自主决策和执行能力。智能生产线将人工智能技术引入自动化生产线，使自动化生产线具有专家的知识、经验和推理决策能力，能够自主学习并获取新的知识，并模拟工程领域的专家进行推理、联想、判断和决策，从而达到设计、制造自动化的目的。

4）智能生产线具有人机协作能力。智能生产线的开发设计融合了人工智能、机器视觉等技术，通过高度智能化的协作机器人，实现生产过程的人机协作，构成人机共融、高度集成化的智能生产环境。

总体来看，与传统生产线相比，智能生产线的特点主要体现在感知、互联和智能三个方面。感知指对生产过程中的各种不同类型数据的感知和采集，并进行实时监控；互联指生产线所涉及的产品、工具、设备和人员互联互通，实现数据的整合与交换；智能指在大数据和人工智能的支持下，实现制造全流程的状态预知和优化。因此，在构建智能生产线时，除了自动化生产线具有的设备、控制系统等要素外，还需要加强智能传感器、工业通信网络和智能管控系统的应用，提高制造系统的感知能力、互联能力和分析决策能力。

131

5.2　装配线分析与平衡设计

5.2.1　装配线与产品多样性需求

装配线的平衡（Assembly Line Balancing，ALB）设计是提高生产线作业效率、均衡生产线上各工作站任务负荷的有效手段。要在充分了解企业生产流程和相关工序过程的基础上，结合产品装配工艺和车间布局，对装配线进行合理的规划，对工序作业时间进行测定，对各工作站的作业时间平均化，使生产线均衡、稳定，提高整体运行效率。因此，装配线分析与平衡设计需要在给定产品产量或生产周期的基础上，对装配线上的作业元素（工序）进行合理编排，属于一种比较复杂的组合优化问题。

以装配线进行产品生产组织，提升了生产效率，对单一品种的大规模生产发挥了巨大作用。但随着客户个性化需求的不断增加，装配线对多品种的适应性要求逐步提高。在传统刚性装配线上，人类手工作业的高度灵活性和适应性是其他机械化、自动化设备所无法取代的。因此，产品多样性需求使得装配线对多种产品的生产适配性要求越来越迫切。按照对产品多样性的适配能力，可以将装配线分为三种类型：单一品种装配线、成批生产装配线和多品种混合装配线。

单一品种装配线只能大量生产一种产品，所生产的每个工件都是相同的，因此在每个工作站执行的任务对于所有产品都是相同的。这种装配线适用于需求量大的产品。

成批生产装配线和多品种混合装配线适用于生产两种或两种以上的产品，但采用不同的方法来处理产品品种的变化。成批生产装配线分批次按照不同批量生产每种产品，即装配线的各个工作站先根据第一种产品所需数量进行生产准备，当完成该批次产品生产后，工作站会重新配置，为生产下一个品种的产品做好准备，这样循环往复轮番成批生产不同品种的产品。这种成批生产模式适合于每种产品的需求量适中的情况，此时针对每个品种的产品按批量组装。此时，设计一条成批生产装配线批量生产几种产品，一般比为每种不同的型号分别建一条装配线更经济。

在成批生产装配线上，在每批产品开始生产前对工作站进行的生产准备工作，称为设置工作站，这也是给装配线上的每个工作站分配任务的过程，包括执行任务所需的特定工具，以及工作站的物理布局等。当然，在成批生产装配线上所生产的产品通常在结构上是相似的，使得轮番成批生产过程中工作站的设置工作减少。但由于不同产品结构之间存在一定差异，各个工作站上不同批次使用的工装夹具等可能有所不同，因此在产品品种批次更换时，需要充分考虑不同批次间生产产品的投产顺序。另外，不同品种批次的产品生产的总工时可能不同，这就要求装配线以不同的速度运行，有时可能还需要对工人进行再培训或重构设备来生产新型号。正是由于上述原因，在成批生产模式下，当开始生产一个新品种/型号之前，必须进行工作站的设置，也因此导致成批生产装配线上的生产时间损失。

多品种混合装配线能够生产多种产品，但与成批生产装配线不同的是，它能够实现多个品种在装配线上同时生产，即装配线上不同的工作站同一时间生产的是不同品种的产品。每个工作站配备了能够满足多个品种生产所需的各种设备、工具等，保证通过工作站的任一品种的产品生产都能够完成相应的生产任务。比如汽车、家用电器等产品的总装线，都是混合装配线，能够适应多品种、多个规格型号产品的生产要求。

多品种混合装配线相对于成批生产装配线具有以下优点：

1）在不同品种/型号产品之间转换时不会损失生产时间。

2）避免了批量生产时容易产生高库存的问题。

3）能够根据产品需求变化而改变生产节拍。

然而，在多品种混合装配线上，为实现各个工作站的负荷均衡一致而进行的任务分配问题更为复杂。确定产品投产顺序，精确保证物料配送的种类、时间和数量，确保将正确的零件送到每个工作站等调度问题求解更加困难。

5.2.2 单一品种装配线分析

为便于对装配线平衡设计问题进一步描述和讨论，下面对装配线平衡问题的相关概念加以介绍。

● 作业元素（Task Element）：作业元素也称为工序。它是装配过程中全部工作内容的组成元素，是完成某项操作所进行的最小工作单元。在进行装配线平衡时，一般不能将作业元素再进行拆分，或者是没有必要再分。

● 工作站（Work Station）：工作站也称为工位或工作地。它是装配线中的一个工作地或者一个工作位置。产品在此工作地要完成一个或几个作业元素的操作。一般情况下，一个工作站只分配一个工人。

● 节拍（Cycle Time）：节拍也称为周期时间。它是一个用来表示装配线流动速度的重要指标。从整个装配线来说，节拍是指装配线在稳定生产的情况下，生产出一个产品所需要的时间，即相当于从装配线上下线两个相同制品的时间间隔。装配节拍越小，表示装配线流动速度越快，即在一定的时间内，装配线的产量越大。

● 作业元素时间（Task Element Time）：作业元素时间是指完成一个作业元素所需要的标准时间，也称为工序的时间定额。

● 工作站时间（Work Station Time）：工作站时间是指完成分配给一个工作站的全部作业元素所需的时间。

● 总作业时间（Total Work Time）：总作业时间是指从产品的整个装配流程来说，装配出一个产品所需要的时间，即装配一个产品的所有作业元素的作业时间总和。

● 瓶颈工序（Bottleneck）：瓶颈工序是指装配线上生产节拍时间最长的工序，生产线上存在的瓶颈不仅限制了一个周期时间的产出速度，而且还影响了其他环节生产能力的发挥。例如，一个瓶颈工序的节拍是每生产 100 个工件需要 60min，在固定节拍的装配线上，即使其他工作站的节拍高于这个值，但在实际生产过程中，装配线的生产速度也只能是每生产 100 个工件需要 60min。瓶颈工序的存在严重影响了装配线的产品产出速度，是装配线平衡过程中主要考虑的问题。

1. 节拍与负荷分析

单一品种装配线的设计首先要考虑的关键指标是生产率（用 R_p 来表示），要以满足产品需求的生产能力为目标。产品需求通常用年需求量（D_a）来表示，且在装配线设计过程中，管理层必须决定每周装配线的运行班次数和每班运行的小时数。假设工厂每年运行 50 周，则装配线必须满足的每小时生产率为

$$R_p = \frac{D_a}{50 S_w H_{sh}} \tag{5-4}$$

式中，R_p 是平均每小时的生产率，单位为数 / 小时；D_a 是装配线上单一产品的年需求量，单位为数 / 年；S_w 是班次 / 周；H_{sh} 是小时数 / 班次。如果装配线每年运行 52 周而不是 50 周，则 $R_p = \dfrac{D_a}{52 S_w H_{sh}}$。如果产品需求使用的是一年以外的时间段，则可以通过在分子和分母中使用一致的时间单位来修订式（5-4）。

一般而言，将生产率 R_p 转换为生产节拍 T_c，节拍表示装配线连续出产两个相同产品的时间间隔。节拍必须考虑到由于偶尔的设备故障、停电、缺少装配所需的某个零件，以及生产过程中的产品质量问题、劳动力问题和其他原因而导致的一些生产时间损失的情况。因为装配线存在的这些时间损失，装配线正常生产运行的时间只占总可用时间的一部分，该比例称为装配线运行效率。节拍可确定为

$$T_c = \frac{60E}{R_p} \tag{5-5}$$

式中，T_c 是装配线的节拍，单位为 min/ 周期；R_p 是要求的生产率，由式（5-4）确定；常数 60 将每小时的生产率转换为以 min 为单位的节拍时间；E 是装配线效率。手工装配线的典型 E 值在 0.90 ～ 0.98 范围内。节拍 T_c 确定装配线的理想周期速率为

$$R_c = \frac{60}{T_c} \tag{5-6}$$

式中，R_c 是装配线的理想周期速率，单位为周期 /h；T_c 与式（5-5）相同，即节拍。这个速率 R_c 必须大于所需的生产率 R_p，因为装配线效率 E 小于 100%。因此，装配线效率 E 被定义为

$$E = \frac{R_p}{R_c} = \frac{T_c}{T_p} \tag{5-7}$$

式中，T_p 是平均生产节拍时间（$T_p = 60 / R_p$）。

在装配线上完成一件装配型产品的总装，需要额定的装配时间，即装配总工时（T_{wc}），也就是生产一个单位产品必须在装配线上完成的所有工作任务的总时间。它代表了在装配线上完成产品装配需要完成的工作总量，并在已知装配总工时 T_{wc} 和生产率 R_p 的情况下，可以用于计算装配线理论上所需工人的最低数量。计算公式如下：

$$w = \frac{WL}{AT} \tag{5-8}$$

式中，w 是装配线上的工人数量；WL 是在给定时间段内要完成的工作负荷，单位为 min/h；AT 是在该时间段内每个工人的可用时间，单位为 min/（h・工人数）。该期间的工作负荷是每小时生产率乘以产品的装配总工时，也就是说，有

$$WL = R_p T_{wc} \tag{5-9}$$

式中，R_p 是生产率；T_{wc} 是装配总工时。

根据式（5-5），可得 $R_p = \dfrac{60E}{T_c}$，代入式（5-9），可得

$$WL = \frac{60E T_{wc}}{T_c} \tag{5-10}$$

可用时间 AT 等于 1h（60min）乘以装配线效率 E，即

$$AT = 60E \tag{5-11}$$

将 WL 和 AT 的这些项代入式（5-8），可将其简化为 T_{wc} / T_c。因为工人的数量必须是整数，所以应为对 T_{wc} / T_c 向上取整后的最小整数值，即

$$w^* = \text{Minimum Integer} \geqslant \frac{T_{wc}}{T_c} \tag{5-12}$$

式中，w^* 是理论上的最低工人数。

需要进一步说明的是，如果每个工作站有一个工人，那么式（5-12）也给出了理论上的最小工作站数。为行文方便，后续用 [　] 表示对方括号内数值的向上取整。

在实践中达到这个最小的理论值几乎是不可能的。式（5-12）忽略了存在于实际装配线中的两个关键因素，并倾向于将工人数量增加到理论最低值之上。这两个关键因素为：

1）产线时间损失。装配线上针对工件而进行的重新定位、转载或者工人重新分配等都会产生时间损失，因此每个工人执行装配的可用时间都会小于 T_c。

2）装配线平衡问题。在所有工作站之间平均分配任务时间几乎是不可能的，装配线上基本都会存在一些工作站任务量大且需要比 T_c 更少的时间，因此也会导致工人数量增加。

2. 产线时间损失

装配线上发生重新定位损失，主要是因为每个周期都需要一些时间来重新调整工人或工件，或两者都需要重新调整。例如，在连续输送线上，工件附在输送机上并以恒定速度移动，工人从刚完成的工件走到进入工位的上游工件需要时间。在其他传送带系统中，需要时间将工件从传送带上移开，并将其放置在工位上，以便工人在工位上执行其任务。在所有的手工装配线中，都有一些损失的时间用于重新定位。将 T_r 定义为每个周期重新调整工人 / 工件所需的时间。在随后的分析中，为简化问题分析，假设对所有工作站的工人而言重新调整的时间 T_r 都相同。

在生产线设计过程中，必须从周期时间 T_c 中减去重新定位时间 T_r，以获得在每个工作站执行实际装配任务的剩余可用时间。在每个工作站执行指定任务的时间称为服务时间，即前文定义的工作站时间，用 T_{si} 来表示，$i(i=1,2,\cdots,n)$ 用来表示每个执行任务的工作站。由于总的工作任务不能在各个站点之间均匀分配，所以服务时间在不同的站点之间会有所不同，有些工作站可能比其他工作站分配更多的工作量，因此会存在至少有一个站的 T_{si} 是最大的，也就是整个装配线的瓶颈工作站，该最大工作站时间 T_{si} 必须不大于周期时间 T_c 和重新定位时间 T_r 之间的差，即

$$\max\{T_{si}\}\leqslant T_c-T_r,i=1,2,\cdots,n \tag{5-13}$$

式中，$\max\{T_{si}\}$ 是所有工位之间的最大服务时间，单位为 min/ 周期；T_c 是式（5-5）中装配线的生产节拍，单位为 min/ 周期；T_r 是重新定位时间（假设所有工位相同），单位为 min/ 周期。为简便起见，T_s 表示最大允许使用时间，则

$$T_s=\max\{T_{si}\}\leqslant T_c-T_r \tag{5-14}$$

当某些工作站的 T_{si} 小于 T_s 时，这些工作站的工人将在整个生产节拍周期内有一段时间处于空闲状态，如图 5-10 所示。如果最大服务时间没有消耗掉整个可用时间（当 $T_s<T_c-T_r$ 时），这意味着生产线可以采用比式（5-5）中的 T_c 更快的速度运行。在这种情况下，生产节拍 T_c 通常会减少，使得 $T_c=T_s+T_r$，从而使生产率可以稍微增加。

重新定位损失减少了生产线上可用于实际生产装配工作的时间，这些损失可以用效率系数表示为

$$E_r = \frac{T_s}{T_c} = \frac{T_c - T_r}{T_c} \tag{5-15}$$

式中，E_r 是重新定位效率；T_c、T_s、T_r 已在前面定义。

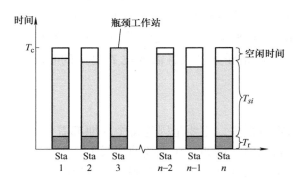

图 5-10　每个工作站的周期时间构成

3. 装配线平衡问题

对于装配线而言，在装配线上执行的具体作业任务是由许多相互独立的不同作业元素组成的，但这些作业元素的执行顺序相互之间是有限制的（工序的先后顺序约束），而且生产线必须以式（5-5）所规定的生产节拍运行。因此，装配线平衡问题关注的核心是如何分配各个作业元素到具体工作站，使所有工作站的作业负荷相当，即各个工作站时间相等。为此，在装配线上完成产品装配，要遵循几个关键准则，也称为装配线应该遵循的约束条件，最重要的两个约束包括最小理论作业元素约束和装配先后顺序约束。

1）最小理论作业元素约束。它是指装配作业中不可进一步细分的实际作业任务，如钻孔、螺钉与螺母装配作业等。因此，所有装配工作站的工作内容的作业时间等于各工作站作业元素的作业时间之和，也就是说，有

$$T_{wc} = \sum_{k=1}^{n_e} T_{ek} \tag{5-16}$$

式中，T_{ek} 是作业元素的时间，单位为 min；n_e 是工作内容被划分成作业元素的数量，即 $k = 1, 2, \cdots, n_e$。

工作站 i 的任务时间，也就是服务时间 T_{si}，由分配给该工作站的作业元素时间组成，也就是说，有

$$T_{si} = \sum_{k \in i} T_{ek} \quad (假设所有的 T_{ek} < T_s) \tag{5-17}$$

在实际装配过程中，不同的作业元素需要的时间也是不同的，当这些作业元素逻辑上打包形成一组装配任务并分配给工人时，各个工作站的服务时间 T_{si} 可能并不相等，也因

此意味着由于作业元素时间的不同，工作站上工人被分配的任务量可能也会不完全一致，有的工人被分配了较多的工作，而其他人可能被分配了较少的工作。尽管服务时间因工作站不同而有一定差异，但工作站所有工作任务的时间一定是工作站的服务时间之和，即

$$T_{\text{wc}} = \sum_{i=1}^{n} T_{si} \tag{5-18}$$

2）装配先后顺序约束。这是装配过程中的一种主要约束。先后顺序约束是装配线平衡过程中所要依据的重要准则之一。它是指由产品设计和生产工艺所确定的作业元素之间的加工先后顺序。在装配线的作业分配中，当且仅当一个作业元素的所有紧前作业元素被分配完毕，这个作业元素才能被分配。例如，在汽车的装配过程中，安装车轮之前必须先拧开车轮的固定螺母，装上车轮后才能把螺母拧紧。

在表达装配先后顺序约束时，可以采用装配任务关系图和装配优先关系矩阵来表示。装配任务关系图是执行每个作业元素 i 可能顺序的一种直观的表示方式。它给出了装配过程的各步骤之间的内在先后顺序。如图 5-11 所示，每个带号码的节点表示装配单元，箭头连线表示完成的顺序，图中描述了一种产品，它包含了 9 个任务，圈内的数字代表任务的编号，且每个任务有且只有一个编号。圈的右上角标明各任务的装配时间，这里取的是单位时间。箭头的指向代表任务的先后关系，由前任务指向后任务，如任务 5、任务 6 必须在任务 7 之前完成。

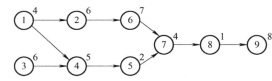

图 5-11　装配任务关系图

装配任务关系图给出了作业元素 $i(i=1,2,\cdots,n)$ 在装配过程中可能的装配顺序的一种直观表达，通过装配任务关系图可以很清楚地了解各个作业元素的逻辑关系。但对于作业元素较多、前后约束关系较为复杂的装配过程来说，装配任务关系图有时显得过于烦琐。特别是当要利用计算机来解决装配线问题时，这种图像难以识别。在编写算法和实现算法系统时必须要有一种人机交互的转换方式，所以就要将装配任务关系图数量化，使其易于计算机的运算。这样就产生了优先关系矩阵（Precedence Matrix）。优先关系矩阵的确定方式为：若装配线上含有 n 个作业元素，则其优先关系矩阵为 $n\times n$ 的方阵 $\boldsymbol{P}$。即

$$\boldsymbol{P} = (p_{ij})_{n\times n} \tag{5-19}$$

式中，$p_{ij} = \begin{cases} 1, & \text{若 } i \text{ 为 } j \text{ 的紧前作业元素} \\ 0, & \text{否则} \end{cases}$，$i$、$j$ 为作业元素序号。

例 5-1　以一个手持电风扇为例，在一条装配线上完成组装。组装该产品的作业任务已简化为表 5-1 所列的作业元素。该表还列出了每个元素的时间以及必须执行的优先顺序。该生产线的年需求量为 100000 台 / 年，设计运行 50 周 / 年、5 班 / 周和 7.5h/ 班。每个工作站将有一名工人。根据以往经验，该生产线的正常运行时间效率为 96%，每个周

期的重新定位时间损失为 0.08min。试确定：

1) 总工作内容时间 T_{wc}。

2) 满足年需求所需的每小时生产率 R_p。

3) 生产节拍 T_c。

4) 生产线上所需工人的理论最低数量。

5) 生产线平衡后的服务时间 T_s。

表 5-1 手持电风扇的作业元素

序号	作业元素描述	T_{ek} /min	紧前工序
1	将框架放入工件夹具和夹具中	0.2	—
2	装配插头并连接电源线	0.4	—
3	将支架组装到框架上	0.7	1
4	将电源线连接到电动机上	0.1	1, 2
5	将电源线连接到交换机上	0.3	2
6	将机构板装配到支架上	0.11	3
7	将叶片装配到支架上	0.32	3
8	将电动机装配到支架上	0.6	3, 4
9	对准铲叶片连接到电动机上	0.27	6, 7, 8
10	组装开关至电动机支架上	0.38	5, 8
11	安装盖、检查和测试	0.5	9, 10
12	放入手提箱包装	0.12	11

解：

1) 总工作内容时间 T_{wc} 是表 5-1 中工作元素时间的总和，即

$$T_{wc} = 4.0\,min$$

2) 考虑到年需求量，每小时生产率为

$$R_p = \frac{100000}{50 \times 5 \times 7.5}\,台/h = 53.33\,台/h$$

3) 正常运行效率为 96% 的相应生产节拍 T_c 为

$$T_c = \frac{60 \times 0.96}{53.33}\,min = 1.08\,min$$

4) 生产线上所需工人的理论最低数量由式（5-12）给出：

$$w^* = \left\lceil \frac{4.0}{1.08} \right\rceil = \left\lceil 3.7 \right\rceil = 4$$

5) 生产线平衡后的服务时间 T_s 为

$$T_{\mathrm{s}} = (1.08 - 0.08)\,\mathrm{min} = 1.00\,\mathrm{min}$$

4. 装配线平衡问题的评价指标

在进行装配线平衡时，必须确定一个或多个评价指标，用这些参数来评定平衡的效率以及平衡方案的优劣。

1）节拍时间 T_{c} 和工作站数 w。在工作站数 w 相同的情况下，节拍 T_{c} 小的结果更优；而当节拍时间 T_{c} 相同时，工作站数 w 小的平衡方案最优。这是一种所见即所得的平衡方案比较方式，在平时应用的范围不大。

2）平衡率（Balance Rate）。当节拍时间 T_{c} 和工作站 w 都不相等时，平衡结果应用平衡率来衡量，平衡率越大，平衡效果越好。平衡率的计算公式为

$$E_{\mathrm{b}} = \frac{T_{\mathrm{wc}}}{wT_{\mathrm{s}}} \tag{5-20}$$

式中，E_{b} 是平衡率，通常表示为百分比；T_{s} 是生产线上的最大可用服务时间（$\max\{T_{si}\}$），单位为 min/ 周期，当产线损失时间 T_{r} 为零时，$T_{\mathrm{s}} = T_{\mathrm{c}}$；$w$ 是工人数量（当每个工作站分配一个工人时，即为工作站数）。式（5-20）中的分母给出了生产线上用于装配一个单位产品的总服务时间。T_{wc} 和 wT_{s} 的值越接近，生产线的空闲时间就越少。理想的生产线平衡率 $E_{\mathrm{b}} = 1.00$，实际生产中典型的生产线平衡率在 0.90 ～ 0.95 之间。

3）平衡延迟（Balance Delay）。平衡延迟是与平衡率互补的一个指标，它表示由于不完美平衡而损失的时间与总可用时间的比率，又称时间损失系数。平衡延迟主要反映了这种不平衡的空闲时间对装配线无效性影响的程度，用 d 来表示：

$$d = \frac{wT_{\mathrm{s}} - T_{\mathrm{wc}}}{wT_{\mathrm{s}}} \tag{5-21}$$

式中，d 是平衡延迟，其他参数已在前面定义。当平衡延迟为 0 时，意味着达到了完美平衡。根据式（5-20）和式（5-21），$E_{\mathrm{b}} + d = 1$。

4）工人需求（Worker Requirements）。如前所述，有关手工装配线生产率相关的三个指标包括：

① 装配线效率 E，在式（5-7）中给出了定义。

② 重新定位效率 E_{r}，在式（5-15）中给出了定义。

③ 生产线平衡率 E_{b}，在式（5-20）中给出了定义。

上述三个关键指标，共同构成了装配线上的整体劳动效率：

$$装配线劳动效率 = EE_{\mathrm{b}}E_{\mathrm{r}} \tag{5-22}$$

使用这种劳动效率的测量方法，可以根据前面的式（5-12）计算出装配线上工人数量的更接近生产实际的值：

$$w = \frac{R_p T_{wc}}{60 E E_b E_r} = \frac{T_{wc}}{E_b E_r T_c} = \frac{T_{wc}}{E_b T_s} \tag{5-23}$$

式中，w 是生产线实际需要的工人数；R_p 是每小时生产量；T_{wc} 是生产线上完成每件产品的全部时间。式（5-23）在实际计算时，在生产线建成和运行之前，很难确定 E、E_b、E_r 的值。但该公式提供了有关在单一品种装配线上去完成给定工作负荷所需工人数量的准确计算模型。

5.2.3　单一品种装配线平衡设计

装配线平衡设计的核心任务就是要确定装配线的生产节拍、给装配线上的各工作站分配负荷并确定产品的生产顺序，平衡设计的目标可以用以下模型表达：

$$\text{Minimize}(w T_s - T_{wc}) \text{ or } \text{Minimize} \sum_{i=1}^{w}(T_s - T_{si}) \tag{5-24}$$

Subject to：

（1）$\sum_{k \in i} T_{ek} \leq T_s$；

（2）遵循所有装配先后顺序约束。

接下来，本小节将介绍几种求解上述生产线平衡设计问题的算法，使用例 5-1 中的数据进行说明。具体包括最大候选规则法、K&W（Kilbridge 和 Wester）法和分级位置权重法。这几种方法都属于启发式算法，并假设每个工作站都有一个工人，所以当提到某个工作站 i 时，也包括了工作站的工人。

1. 最大候选规则法

在这种方法中，作业元素根据其 T_{ek} 值按降序排列，见表 5-1。使用最大候选规则法对表 5-1 所示的作业元素进行任务分配，具体步骤如下：

1）先将作业元素根据其 T_{ek} 值按降序排列。

2）通过从列表的顶部开始选择满足优先级要求，并且不会导致该工作站处的 T_{ek} 的总和超过允许的 T_s 的第一个作业元素，将该作业元素分配给该工作站；当选择一个元素用于分配给该工作站时，重新从列表的顶部开始进行后续的分配。

3）当在不超过 T_s 的情况下不能分配更多的元素时，则进行下一个工作站的分配。

4）以此类推，重复步骤 2）和 3），直到所有的元素都分配完毕。

例 5-2　最大候选规则法应用示例

将最大候选规则法应用于例 5-1，其装配任务关系图（次序图）如图 5-12 所示。

求解过程如下：

步骤 1：将表 5-1 中作业元素在表 5-2 中按 T_{ek} 值降序排列。

步骤 2：按表 5-2 中排列顺序，从上到下选取满足优先约束，但 T_{ek} 值的和不超过作业节拍时间 T_c（当不考虑损失时间时等于 T_s）的可行作业元素并配置在第一个工作站上，以此类推。

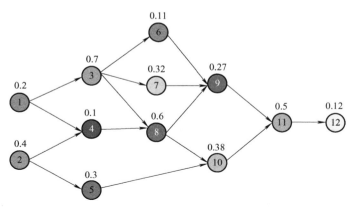

图 5-12　例 5-1 的装配任务关系图

步骤 3：重复步骤 2，直到合理分配到 $\sum\limits_{k\in i} T_{ek} \leqslant T_c$ 为止，见表 5-3。按 $\sum\limits_{k\in i} T_{ek} \leqslant T_c$，将满足优先约束的 2、5、1、4 组合，安排到 1 号工作站。

步骤 4：重复步骤 2、3，安排完第 2 至最后一个工作站。

解决方案中需要 5 个工人和工作站。平衡率的计算公式为

$$E_b = \frac{4.0}{5\times 1.0} = 0.80$$

平衡延迟 $d = 0.20$，生产线平衡的解决方案如图 5-13 所示。

表 5-2　按 T_{ek} 值降序排列作业元素

作业元素	T_{ek} /min	紧前工序
3	0.7	1
8	0.6	3、4
11	0.5	9、10
2	0.4	—
10	0.38	5、8
7	0.32	3
5	0.3	2
9	0.27	6、7、8
1	0.2	—
12	0.12	11
6	0.11	3
4	0.1	1、2

表 5-3　基于最大候选规则法的作业元素分配

工作站	作业元素	T_{ek} /min	工作站时间 /min
1	2	0.4	1.0
	5	0.3	
	1	0.2	
	4	0.1	
2	3	0.7	0.81
	6	0.11	
3	8	0.6	0.98
	10	0.38	
4	7	0.32	0.59
	9	0.27	
5	11	0.5	0.62
	12	0.12	

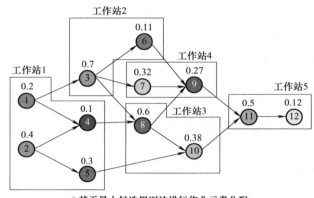

a) 基于最大候选规则法进行作业元素分配

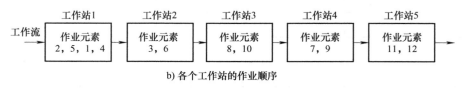

b) 各个工作站的作业顺序

图 5-13　生产线平衡的解决方案

2. K&W 法

K&W 法，是由 Kilbridge 和 Wester 于 1961 年共同提出的一种生产线平衡设计算法，简称 K&W 法。K&W 法的基本思路是将作业元素的先后关系图分成若干纵列，并依纵列将作业元素划分到各工作站。其具体步骤如下：

1）根据各个工序的先后次序关系，绘制产品装配次序图。

2）将装配次序图根据以下规则划分成若干纵列：将没有紧前任务的工序放在第一列，将第一列各工序的紧后工序放在第二列，以此类推，将各工序分配到各纵列中。需要注意的是，在同一纵列中的作业元素不能存在先后次序关系。每一个纵列中的作业元素按照

T_{ek} 值降序排列（即应用了最大候选规则法），这样可确保首先选择 T_{ek} 值较大的元素，从而增加使每个工作站中的 T_{ek} 总和更接近允许的节拍时间 T_c。

3）按纵列从左至右的顺序，将工作元素分配至工作站中。需要注意的是，同一工作站中的作业元素时间总和不能超过周期时间（节拍）。

4）将已分配的作业元素从所有作业元素中删除，并重复步骤 3）。

5）如果由于某作业元素的加入，使得该工作站的总作业时间超过周期时间，则该作业元素需安排至下一工作站。

6）重复步骤 3）～ 5），直到将所有作业元素分配至工作站中。

同样以例 5-1 为例，可以得出如图 5-14 所示的装配先后次序图，按 K&W 法将工序划分为若干纵列。

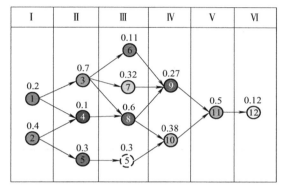

图 5-14　K&W 法对工序的划分

然后生成表 5-4 所示的顺序排列，如果某个作业元素可以位于多个列中，那么应该列出该元素的所有列，就像元素 5 的情况一样。

表 5-4　对应图 5-14 的作业元素序列

作业元素	列	T_{ek} /min	紧前工序
2	I	0.4	—
1	I	0.2	—
3	II	0.7	1
5	II，III	0.3	2
4	II	0.1	1、2
8	III	0.6	3、4
7	III	0.32	3
6	III	0.11	3
10	IV	0.38	5、8
9	IV	0.27	6、7、8
11	V	0.5	9、10
12	VI	0.12	11

基于 K&W 法的作业元素分配见表 5-5。经计算，该方案需要 5 名工人，平衡率为 $E_b = 0.80$。请注意，虽然平衡率与最大候选规则相同，但工作元素到工作站的分配是不同的。

表 5-5　基于 K&W 法的作业元素分配

工作站	作业元素	列	T_{ek} /min	工作站时间 /min
1	2	I	0.4	1.0
	1	I	0.2	
	5	II	0.3	
	4	II	0.1	
2	3	II	0.7	0.81
	6	III	0.11	
3	8	III	0.6	0.92
	7	III	0.32	
4	10	IV	0.38	0.65
	9	IV	0.27	
5	11	V	0.5	0.62
	12	VI	0.12	

144

3. 分级位置权重法

分级位置权重法又称为阶位法。某作业元素的分级位置权（Ranked Positional Weights，RPW）值是指该作业元素的时间与其后续作业元素的时间的总和，权值高的作业元素应安排在较前的工作站内，这样才能有效地使工作站数减少，如此安排完所有的作业元素，平衡工作才可结束。使用分级位置权重法进行装配线平衡的一般步骤如下：

1）根据装配任务关系图和每个作业元素的紧后作业元素的 T_{ek} 值，计算 RPW。即

$$RPW = \sum_{k=1}^{n_e} T_{ek} \quad (k=1,\ 2,\ \cdots,\ n_e) \tag{5-25}$$

2）按 RPW 值从大到小顺序安排作业元素。

3）按 RPW 值的排列顺序，把作业元素分配到工作站，并考虑作业元素之间的优先约束，但注意不要超过工作站节拍时间。

仍然以例 5-1 为例，计算各个作业元素的 RPW 值，以 11 号和 8 号作业元素为例，根据图 5-14，11 号的紧后工序是 12 号作业元素，8 号的紧后工序及其相关的后续作业包括 9、10、11、12 号工作元素，因此 11 号和 8 号的 RPW 值如下：

$$RPW_{11} = (0.5+0.12)\,min = 0.62min$$

$$RPW_8 = (0.6+0.27+0.38+0.5+0.12)\,min = 1.87min$$

以此类推，得出各作业元素的 RPW 值，按 RPW 值的递减顺序排列各作业元素，具

体见表 5-6。按优先约束和节拍时间限制划分工作站，具体见表 5-7。

表 5-6　作业元素的 RPW 值

作业元素	RPW	T_{ek} /min	紧前工序
1	3.30	0.2	–
3	3.00	0.7	1
2	2.67	0.4	–
4	1.97	0.1	1、2
8	1.87	0.6	3、4
5	1.30	0.3	2
7	1.21	0.32	3
6	1.00	0.11	3
10	1.00	0.38	5、8
9	0.89	0.27	6、7、8
11	0.62	0.5	9、10
12	0.12	0.12	11

表 5-7　基于分级位置权重法的作业元素分配

工作站	作业元素	T_{ek} /min	工作站时间 /min
1	1	0.2	0.90
	3	0.7	
2	2	0.4	0.91
	4	0.1	
	5	0.3	
	6	0.11	
3	8	0.6	0.92
	7	0.32	
4	10	0.38	0.65
	9	0.27	
5	11	0.5	0.62
	12	0.12	

根据表 5-7 的分配结果，最长作业时间的是 3 号工作站（0.92min），则平衡率为

$$E_b = \frac{4.0}{5 \times 0.92} = 0.87$$

因此，这种方法的平衡率要高于采用最大候选规则法和 K&W 法（$E_b = 0.80$）。此时，生产线节拍时间为

$$T_c = T_s + T_r = (0.92 + 0.08)\,\text{min} = 1.00\,\text{min}$$

则生产线的理想周期速率为

$$R_c = \frac{60}{T_c} = \frac{60}{1.0}\,\text{周期/h} = 60\,\text{周期/h}$$

根据式（5-7），则实际生产速率为

$$R_p = R_c E = 60 \times 0.96\,\text{件/h} = 57.6\,\text{件/h}$$

上述结果表明，针对例 5-1 的问题，分级位置权重法是一种比前述生产线平衡方法更好的解决方案。事实证明，一个给定的生产线平衡算法的性能取决于要解决的问题，生产线平衡的不同方法在不同问题的平衡效果上会有所差异。同样的方法可能对一些问题平衡得好，但问题更换后，可能就没有其他方法效果好。因此，对于生产线平衡而言，上述启发式算法均有其各自的优缺点，需要结合实际问题进行判别使用。

例 5-3 假设某装配线的节拍为 8min/件，由 13 道小工序组成，单位产品的总装配时间为 44min，各工序作业顺序及单件作业时间如图 5-15 所示，试进行作业元素（工序）的工作站分配，并计算装配线负荷系数。

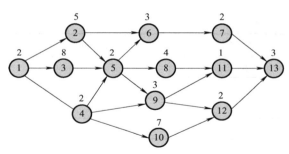

图 5-15 某产品装配线工序作业顺序及单件作业时间

解：
装配线上的最少工作站数为

$$w^* = \left\lceil \frac{T_{wc}}{T_c} \right\rceil = \left\lceil \frac{44}{8} \right\rceil = \lceil 5.5 \rceil = 6$$

作业元素分配，又称为工序同期化处理，由此确定装配线上实际采用的工作站数，工序同期化通过合并工步进行，即将工步分配到工作站，为工作站分配工步需满足的条件如下：①保证各工序之间的先后顺序；②每个工作站的作业时间总和不能大于节拍；③每个工作站的作业时间应尽量相等和接近节拍；④应使工作站的数目最少。

（1）采用最大候选规则法

首先根据各作业元素的作业时间降序排列，见表 5-8，其分配结果见表 5-9，某产品装配线工序同期化处理后的工序及工作站分布如图 5-16 所示。

表 5-8　基于最大候选规则法的作业元素的作业时间降序排列

工序号	作业时间 /min	紧前工序
3	8	1
10	7	4
2	5	1
8	4	5
9	3	4、5
6	3	2、5
13	3	7、11、12
1	2	—
4	2	1
5	2	2、3、4
7	2	6
12	2	9、10
11	1	8、9

表 5-9　基于最大候选规则法的作业元素分配结果

工作站序号	工序号	作业时间 /min	紧前工序	工作站单件作业时间	工作站损失时间 / min
1	1	2	—	7	8-7=1
	2	5	1		
2	3	8	1	8	8-8=0
3	4	2	1	8	8-8=0
	5	2	2、3、4		
	8	4	5		
4	10	7	4	7	8-7=1
5	9	3	4、5	8	8-8=0
	6	3	2、5		
	7	2	6		
6	12	2	9、10	6	8-6=2
	11	1	8、9		
	13	3	7、11、12		

147

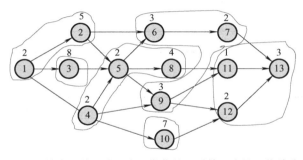

图 5-16　某产品装配线工序同期化处理后的工序及工作站分布

装配线负荷系数为 $K_i = \dfrac{w}{w^*} = \dfrac{5.5}{6} = 0.92$ ，因此可以组织连续装配装配线。

（2）采用 K&W 法

根据给定的装配关系图，划分 6 个纵列，如图 5-17 所示；并按照 T_{ek} 值降序排列各个作业元素，具体见表 5-10；其分配结果见表 5-11。对比表 5-11 和表 5-9，可以看出本题两种方法分配的结果是一致的。

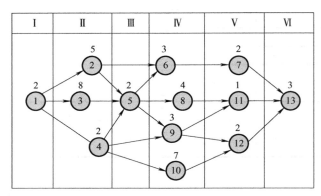

图 5-17　基于 K&W 法的作业元素划分

表 5-10　对应图 5-17 的作业元素序列

工序号	所属纵列	作业时间 /min	紧前工序
1	I	2	—
3	II	8	1
2	II	5	1
4	II	2	1
5	III	2	2、3、4
10	IV	7	4
8	IV	4	5
9	IV	3	4、5
6	IV	3	2、5
7	V	2	6
12	V	2	9、10
11	V	1	8、9
13	VI	3	7、11、12

表 5-11　基于 K&W 法的作业元素分配结果

工作站序号	工序号	所属纵列	作业时间 /min	紧前工序
1	1	I	2	—
	2	II	5	1

（续）

工作站序号	工序号	所属纵列	作业时间 /min	紧前工序
2	3	Ⅱ	8	1
	4	Ⅱ	2	1
3	5	Ⅲ	2	2、3、4
	8	Ⅳ	4	5
4	10	Ⅳ	7	4
	9	Ⅳ	3	4、5
5	6	Ⅳ	3	2、5
	7	Ⅴ	2	6
	12	Ⅴ	2	9、10
6	11	Ⅴ	1	8、9
	13	Ⅵ	3	7、11、12

4. 并行工作站的应用

针对例 5-1 的问题，是否有更好的平衡方案？比如在一个工作站通过设置并行工作站的方式来提供装配线的平衡率。

分析例 5-1，结合图 5-14，5 号工作元素可以后移到第三纵列，考虑将 1、2、3、4、8 号工作元素的任务分配到一个工作站的两个并行工作站位，重新分配各个工作元素，得到表 5-12 所示的结果，分配过程如图 5-18 所示，实现了更高的平衡率。

表 5-12　采用并行工作站的作业元素分配结果

工作站	作业元素	T_{ek} /min	工作站时间 /min
1，2①	1	0.2	2.00/2=1.00
	2	0.4	
	3	0.7	
	4	0.1	
	8	0.6	
3	5	0.3	1.00
	6	0.11	
	7	0.32	
	9	0.27	
4	10	0.38	1.00
	11	0.5	
	12	0.12	

① 工作站 1 和工作站 2 是并行工作站。

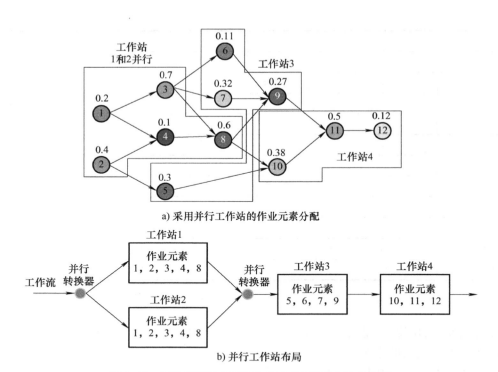

a) 采用并行工作站的作业元素分配

b) 并行工作站布局

图 5-18　采用并行工作站的作业元素分配及工作站布局

采用并行工作站时单件产品总工作时间 T_{wc} 为 4.0min，和例 5-1 的之前分配方案相同。对于可用的服务时间，工作站 3 和 4 的各自服务时间 T_s 为 1.0min；并行工作站 1 和 2 每个服务时间为 2.0min，但 1 和 2 两个工作站各自完成产品，它们的有效吞吐量也是每分钟完成 1 个工件。因此，此种方案的平衡效率为

$$E_b = \frac{4.0}{2 \times 1.0 + 2.0} = 1.0 = 100\%$$

5.2.4　多品种流水装配线平衡设计

多品种流水装配线平衡设计与单一品种装配线的平衡设计具有相似之处，同样包括了节拍计算、工作站计算和工序同期化处理等步骤，在此基础上还需进行生产平准化处理。

1. 多品种可变装配线平衡设计

（1）计算节拍

可变装配线节拍要对每种制品分别计算，计算方法有如下两种：

1）代表产品法。在装配线所生产的制品中选择一种产量大、劳动量大和工艺过程复杂的制品为代表产品，将其他产品按劳动量换算为代表产品的产量，然后以代表产品来计算节拍。

假设共生产 n 种产品，以产品 i 作为代表产品，则换算后的总产量为

$$Q = \sum_{k=1}^{n} \frac{Q_k T_k}{T_i} \tag{5-26}$$

式中，Q 是换算后的总产量；Q_k 是第 k 种产品的计划产量；T_k 是第 k 种产品的工时定额；T_i 是选择的代表产品 i 的工时定额。

各制品的节拍为

$$R_k = \frac{T_{效}}{Q} \tag{5-27}$$

式中，R_k 是第 k 种产品的节拍；$T_{效}$ 是计划期有效工作时间。

2）劳动量比重法。按各种制品在装配线上总劳动量中所占的比重来分配有效工作时间，然后据此计算各制品的节拍。

假设生产 n 种产品，总劳动量为

$$L = \sum_{k=1}^{n} Q_k T_k \tag{5-28}$$

每种产品的劳动量比重为

$$l_k = \frac{Q_k T_k}{L} \tag{5-29}$$

每种产品的节拍为

$$R_k = \frac{l_k T_{效}}{Q_k} \tag{5-30}$$

式中，L 是总劳动量；l_k 是第 k 种产品的劳动量比重。

（2）计算工作站数

$$S_k = \left[\frac{T_k}{R_k} \right] \tag{5-31}$$

式中，S_k 是第 k 种产品所需工作站数。经推导可得所有产品所需的工作站数是相同的。

（3）工序同期化

针对每个品种的产品，用单品种装配线平衡方法计算，此处不再赘述。

2. 多品种混合装配线平衡设计

（1）计算节拍

混合装配线的节拍不是计算某种产品，而是按照产品组计算，则有

$$R_g = \frac{T_{效}}{Q_g} \tag{5-32}$$

式中，R_g 是零件组的节拍；$T_{效}$ 是计划期有效工作时间；Q_g 是产品组数量，即各制品计

151

划期产量之和。

（2）计算工作站数

$$S = \left\lceil \frac{\sum\limits_{k=1}^{n} Q_k T_k}{R_g \sum\limits_{k=1}^{n} Q_k} \right\rceil \qquad (5\text{-}33)$$

式中，S 是所需工作站数；Q_k 是第 k 种产品的计划产量；T_k 是第 k 种产品的工时定额。

（3）混合装配线平衡

1）绘制综合工序图。在进行混线生产时，多个产品可能会有相同的作业工序，不同产品的相同作业应该分配到同一工作站，所以将多个产品的相同工序合并，形成综合工序图。

2）工序同期化。与单一品种装配线类似，混合装配线平衡时也要满足作业顺序限制和各工作站时间限制，可以按照以下原则进行：按任务所处加工区间分配；作业时间较长的工序（综合时间）优先分配。

工作站时间限制可以表示为

$$\sum_{k=1}^{n} \sum_{j \in \{1,\dots,m\}} Q_k T_{kj} \leqslant T_{效} \qquad (5\text{-}34)$$

式中，T_{kj} 是第 k 种产品分配到该工作站的工序 j 的作业工时。

式（5-34）两边同时除以计划期总产量 Q_g，可得到以节拍为约束的工作站时间限制：

$$\sum_{k=1}^{n} \sum_{j \in \{1,\dots,m\}} \frac{Q_k}{Q_g} T_{kj} \leqslant \frac{T_{效}}{Q_g} = R_g \qquad (5\text{-}35)$$

当产品数量 n 为 1 时，式（5-35）就变成了单一品种装配线的约束。

混合装配线的评价指标主要有混合装配线负荷率和混合装配线在计划期内的工作时间损失，其计算公式分别为

$$E = \frac{\sum\limits_{k=1}^{n} Q_k T_k}{S R_g \sum\limits_{k=1}^{n} Q_k} \qquad (5\text{-}36)$$

$$BD = S R_g \sum_{k=1}^{n} Q_k - \sum_{k=1}^{n} Q_k T_k \qquad (5\text{-}37)$$

（4）生产平准化

除了装配线平衡外，要在生产中真正实现均衡化，还需做好产品混合生产的计划和组织工作。应合理搭配产品品种，不但要求生产按节拍、不间断地进行，使总体产量达到均衡，而且还必须保证工时和品种的均衡。这样的组织生产的方法称为生产平准化。

生产平准化具有以下特点：①同一条装配线上有多种产品在同一时间内循环变换生

产；②为达到均衡生产，应减少批量，增加批次；③合理选择各品种产品的投产顺序。

实现生产平准化的主要手段是合理安排产品的投产顺序。常用的方法包括生产比例倒数法、逻辑运算法、启发式算法和分支定界法。其中，生产比例倒数法的基本步骤如下：

1）计算生产比。从各品种的计划产量中找出最大公约数，计算各品种的生产比：

$$x_k = \frac{N_k}{d_c} \tag{5-38}$$

式中，x_k 是产品 k 的生产比；N_k 是产品 k 的计划产量；d_c 是各产品计划产量的最大公约数。

2）计算生产比倒数 m。m_k 是产品 k 的生产比倒数，用公式表示为

$$m_k = \frac{1}{x_k} \tag{5-39}$$

3）确定投产顺序。投产产品的选择规则为：全部品种中生产比倒数 m 小的品种先投；在具有多个最小生产比倒数 m 的情况下，晚出现的最小生产比倒数 m 的品种先投。若出现连续投入同一品种的情况，应排除这一品种，在剩下的各种品种中先投晚出现的最小生产比倒数 m 的品种。

4）标记本轮选择的品种并更新 m 值（即加上该产品的 m 值）。

5）循环步骤3）、4），直至所有品种的 m 值大于1，完成生产平准化。

例 5-4　某混合装配线上有 A、B、C 三种产品，平均日产量分别为 40 台、10 台和 30 台，一个工作日一班，不考虑停工时间，各产品的作业顺序如图 5-19 所示。

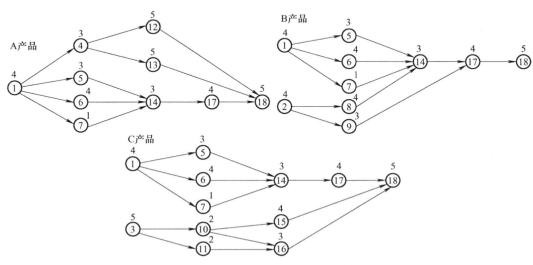

图 5-19　A、B、C 三种产品的作业顺序

求混合装配线的节拍 R 和最少工作站数 $S_{\min}$，绘制综合作业顺序图，并进行混合装配线的平衡。

解：

1）分别计算三种产品的生产周期：

A 产品：$F_A = (4+3+3+4+1+5+5+3+4+5)\ \text{min} = 37\text{min}$

B 产品：$F_B = (4+4+3+4+1+4+3+3+4+5)\ \text{min} = 35\text{min}$

C 产品：$F_C = (4+5+3+4+1+2+2+3+4+3+4+5)\ \text{min} = 40\text{min}$

2）计算混合装配线节拍：

$$R_g = \frac{T_{效}}{Q_g} = \frac{1 \times 8 \times 60}{40 + 10 + 30}\ \text{min/台} = 6\text{min/台}$$

3）计算最少工作站数：

$$S = \left\lceil \frac{\sum\limits_{k=1}^{n} Q_k T_k}{R_g \sum\limits_{k=1}^{n} Q_k} \right\rceil = \left\lceil \frac{40 \times 37 + 10 \times 35 + 30 \times 40}{6 \times (40 + 10 + 30)} \right\rceil = 7$$

4）绘制产品 A、B、C 的综合作业顺序图。针对 A、B、C 三种产品，将相同工序进行归类，不同工序保留先后顺序，形成综合作业顺序图，如图 5-20 所示。

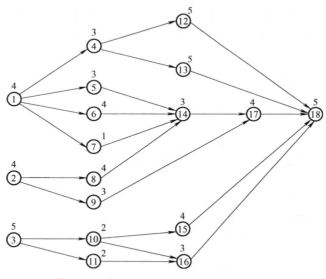

图 5-20 产品 A、B、C 的综合作业顺序图

接下来进行混合装配线的平衡，将综合作业顺序图中各作业元素合并成工序，要求合并后的工序数尽可能小。要求不违反作业先后顺序，同时必须满足处于同一工作站的所有工序作业时间之和不大于每天一班的工作时间，以及满足如下要求：

$$\sum_{i=1}^{n} d_i \leqslant T \tag{5-40}$$

式中，d_i 是工序 i 的作业时间，但 A、B、C 都需要加工时，则 $\sum_{i=1}^{n} d_i$ 指三种产品的总作业时间。

具体平衡步骤如下：

1）按作业先后次序将综合作业顺序图划分成区间，如图 5-21 所示，本例 A、B、C 三种产品的综合作业顺序图划分成 5 个作业区间。

2）编制作业元素关系表，明确哪些作业元素的先后次序是可变的，见表 5-13。

3）进行平衡，即进行作业元素分配，并遵循以下原则：

① 按区间顺序进行分配。

② 在同一区间内尽可能先分配 d_i 值较大者，按一日一班计，使 $\sum_{i=1}^{n} d_i \leqslant 480\,\mathrm{min}$，尽可能达到工作站数目最小。

③ 在一个区间内不易继续分配时，可用能够移动的作业元素进行调整。

4）对平衡结果按照装配线平衡的评价指标进行分析，若有必要则进行工序的进一步合并。

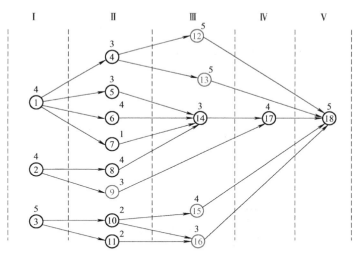

图 5-21　产品 A、B、C 的综合作业顺序图的区间划分

表 5-13　A、B、C 三种产品综合作业的作业元素关系

区间	作业元素	移动的可能性	d_i/min	区间内累计作业时间 /min	总累计作业时间 /min
I	①		320		
	②		40	510	510
	③	若移 ⑮⑯，可移至区间 II	150		

（续）

区间	作业元素	移动的可能性	d_i/min	区间内累计作业时间 /min	总累计作业时间 /min
II	④	若移⑫⑬，可移至区间III	120	950	1460
	⑤		240		
	⑥		320		
	⑦		80		
	⑧		40		
	⑨	可移至区间III	30		
	⑩	若移⑮⑯，可移至区间III	60		
	⑪	若移⑯，可移至区间III	60		
III	⑫	可移至区间IV	200	850	2310
	⑬	可移至区间IV	200		
	⑭		240		
	⑮	可移至区间IV	120		
	⑯	可移至区间IV	90		
IV	⑰		320	320	2630
V	⑱		400	400	3030

通过表 5-13，可以看出区间 I 、II 和 III 都存在累计作业时间超出每天一班的生产时间的情况，需要结合作业移动的可能性进行调整，从而实现平衡，即可根据表 5-13 第三列（移动的可能性）做出调整。平衡后的结果见表 5-14。

再根据混合装配线平衡的评价指标进行平衡效果评价，计算得到：

混合装配线在计划期内的工作时间损失为

$$BD = SR_g \sum_{k=1}^{n} Q_k - \sum_{k=1}^{n} Q_k T_k = (3360 - 3030)\,\text{min} = 330\,\text{min}$$

混合装配线负荷率为

$$E = \frac{\sum_{k=1}^{n} Q_k T_k}{SR_g \sum_{k=1}^{n} Q_k} = \frac{3030}{3360} = 0.902 = 90.2\%$$

表 5-14　A、B、C 三种产品综合作业平衡后结果

区间	作业元素	d_i/min	$\sum d_i$/min	作业元素的移动	修正后的累计时间 /min	作业工序
I	①	320	320		480	1
I	②	40	360			
I	③	150	510	移至区间II		
II	④	120				

（续）

区间	作业元素	d_i/min	$\sum d_i$/min	作业元素的移动	修正后的累计时间 /min	作业工序
Ⅰ	③	150	150	移自区间 Ⅰ		
Ⅱ	⑤	240	390		450	2
Ⅱ	⑩	60	450			
Ⅱ	⑥	320	320		460	3
Ⅱ	⑦	80	400			
Ⅱ	⑪	60	460			
Ⅱ	⑧	40	40		390	4
Ⅱ	⑨	30	70			
Ⅲ	⑫	200	270			
Ⅲ	⑮	120	390			
Ⅲ	⑬	200	200		440	5
Ⅲ	⑭	240	440			
Ⅲ	⑯	90	90		410	6
Ⅳ	⑰	320	410			
Ⅴ	⑱	400	400		400	7

例 5-5　假设某混合装配线上有 A、B、C 三种产品，平均日产量分别为 40 台、30 台和 10 台，试确定每日生产批次、每批次批量大小及投产顺序。

根据前述多品种混合装配线平衡设计中有关实现生产平准化的生产比例倒数法的五个步骤，由步骤 1）、2）可得

$$N_A = 40, N_B = 30, N_C = 10$$
$$d_c = 10$$
$$x_A = 4, x_B = 3, x_C = 1$$
$$m_A = \frac{1}{4}, m_B = \frac{1}{3}, m_C = 1$$

循环步骤 3）、4）、5），其计算过程见表 5-15。

表 5-15　生产比例倒数法的计算过程

计算过程	品种			投入品种	连锁
	A	B	C		
1	1/4*	1/3	1	A	A
2	1/4+1/4=1/2	1/3*	1	B	AB
3	1/2*	1/3+1/3=2/3	1	A	ABA
4	1/4+1/2=3/4	2/3*	1	B	ABAB
5	3/4*	1/3+2/3=1	1	A	ABABA
6	1/4+3/4=1	1*（晚出现且不与上一轮重复）	1	B	ABABAB
7	1*（晚出现）	1/3+1=4/3	1	A	ABABABA
8	1/4+1=5/4	4/3	1*	C	ABABABAC
9	5/4	4/3	1+1=2		完成混流顺序编排

注：* 表示该单元格的生产比倒数值相对该步骤其他两列的生产比倒数值最小或相同数值情况下最晚出现。

通过表 5-15 可以看出,该装配线的三种产品 A、B、C 在一个批次的混合投产的生产顺序为 A-B-A-B-A-B-A-C,每批生产 8 件产品,包括 4 件 A、3 件 B 和 1 件 C,每天生产 10 批,刚好能够完成每天的日产量要求。把各个品种在混合装配线上的流送顺序称为连锁,即一个循环中产品的投产顺序。

5.3 智能车间设施布局设计

5.3.1 车间设施布局的基本形式

车间设施布局实际就是生产过程的空间组织,是指在一定的空间内,合理地设置企业内部各基本生产单位,如车间、工段、班组等,使生产活动能高效地顺利进行,其实质就是车间内生产设备及系统的空间布局,就是将一些设备 / 设施按照一定顺序和要求合理地布置到一定的空间之中,从而达到一定的目标要求,如车间物流运输成本最低、占地面积最小、面积利用率最高。有效的设施布局能够极大地提高生产系统的生产能力和生产效率,而对于设施布局好坏的评价指标中最重要的就是车间物料的搬运费用。

车间的设施 / 设备布局形式,决定着生产系统内部的分工和协作关系、工艺进程的流向以及原材料、在制品在厂内的运输路线等。从生产对象是否移动的角度可分为固定站位式布局和移动式布局。

固定站位式布局是指将制造过程中所需的设备、工装、工具、零部件等都放置在相应的固定站位,这种布局方式一般适用于大型不易移动的产品,如飞机、船舶。

对于移动式布局,按照生产的专业化形式布局还可以分为三种基本形式:对象专业化或称为产品导向布局、工艺专业化或称为工艺导向布局、混合式布局。

1. 对象专业化布局(产品导向布局)

按照不同的加工对象(产品或零件)来划分生产单位,每个生产单位集中了为加工某种产品(零件)所需的全套设备、工艺装备和有关工种的工人,对同种或相似的产品(零件)进行该产品(零件)的全部(或大部分)工艺加工。如图 5-22 所示,三种零件 A、B、C 的工艺路线在车间按照对象专业化进行布局。

对象专业化布局能有效缩短产品运输距离,节省运输费用,减少仓库面积的占用;便于使用专用高效设备和工艺装备;车间零件加工过程中减少了停放与等候时间以及在制品数量,流动资金占用少。但对象专业化布局也存在一定不足:柔性不足,很难适应产品品种的变化;易造成生产过程中断;工艺和设备管理较为复杂。

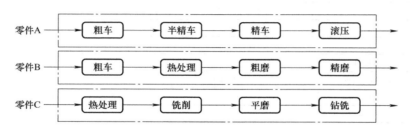

图 5-22　对象专业化布局示意图

2. 工艺专业化布局（工艺导向布局）

按照生产过程各个工艺阶段的工艺特征建立生产单位，在工艺专业化的生产单位中，统一集中了相同类型的设备和相同工种的工人，对不同种类的工件进行相同工艺方式的加工，如图 5-23 所示。

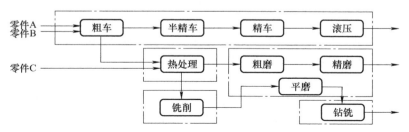

图 5-23　工艺专业化布局示意图

在进行工艺专业化布局时，生产产品的工艺路线可以有一定弹性，该种布局能较好地适应产品品种的变化；同类设备集中，不易造成生产中断，能够有效提高设备利用率；同种工人集中，有利于技术交流和提高技术水平；车间内的工艺和设备管理较方便。但工艺专业化布局也存在一些缺点：运输路线较长，往返、交叉运输增多，运输费用增加；产品在加工过程中停放、等待的时间增多，延长了生产周期，增加了在制品数量，多占用了流动资金；各生产单位之间的协作关系复杂，生产管理工作难度增大。

因此，在企业的实际生产系统布局中，为避免上述两种专业化布局的缺点，经常结合起来应用，尤其是在成组技术支持下，形成了基于成组技术的混合式布局。例如，在制造企业中，既有按对象专业化建立的车间，如流水线加工、装配等，也有按工艺专业化建立的车间，如热处理车间等。在一个车间内部，也存在两种专业化布局同时存在的情况，即有些工段或班组按对象专业化建立，而另一些工段或班组按工艺专业化建立。总之，一个生产车间（单位）采用何种专业化布局，需要因地制宜，灵活运用。

3. 混合式布局（基于成组技术的混合式布局）

混合式布局是指将两种布局方式结合起来的布局方式。混合布置是一种常用的设备布局方法。例如，一些工厂的总体生产流程包括加工、部装和总装三阶段，按混合式布局形式进行设备布局，即在加工阶段采用工艺专业化布局，在部装和总装阶段采用对象专业化布局。这种布置方法的主要目的是：在产品产量不足以大到使用生产线的情况下，也尽量根据产品的一定批量、工艺相似性来使产品生产有一定顺序，物流流向有一定秩序，以达到减少中间在制品库存、缩短生产周期的目的。混合布置的方法又包括一人多机、成组技术等具体应用方法。

（1）一人多机

一人多机（One Worker，Multiple Machine，OWMM）是一种常用的混合布置方式。如图 5-24 所示，这种方法的基本原理是：如果生产量不足以使 1 个人看管一台机器就足够忙的话，可以设置一人可看管的小生产线，既可使操作人员保持满工作量，又可在这种小生产线内使物流流向有一定秩

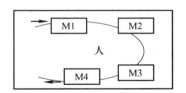

图 5-24　一人多机布置示意图

159

序。这个所谓的小生产线，即指由 1 个人同时看管的几台机器（图中，M1、M2 等分别表示不同的机器设备）。

在一人多机系统中，因为有机器自动加工时间，员工只在需要看管的时候（装、卸、换刀和控制等）工作，因此有可能在 M1 自动加工时，去看管 M2，以此类推。通过使用不同的装夹具或不同的加工方法，具有相似性的不同产品可以在同一 OWMM 系统中生产。这种方法可以减少在制品库存以及提高劳动生产率，其原因是工件不需要在每一台机器旁积累到一定数量后再搬运至下一机器。通过一些小的技术革新，如在机器上装一些自动换刀、自动装卸、自动起动和自动停止的小装置，可以增加 OWMM 系统中的机器数量，以进一步降低成本。

图 5-24 所示的 OWMM 系统呈现一种 U 形布置，其最大特点是物料入口和加工完毕的产品的出口在同一地点。这是最常用的一种 OWMM 布置，其中加工的产品并不一定必须通过所有的机器，可以是 M1 → M3 → M4，也可以是 M2 → M3 → M4 等。通过联合 U 形布置，可以获得更大的灵活性，这在日本丰田汽车公司的生产实践中已被充分证实。

（2）成组技术布局

成组技术布局也称单元式布局，是指将不同的机器组成加工中心（工作单元）并对形状和工艺相似的零件进行加工的布局方式。成组技术布局和工艺专业化布局的相似点是加工中心用来完成特定的工艺过程，且加工中心生产的产品种类有限。

成组技术（Group Technology，GT）是为了有效地进行多品种小批量生产，将相似零件（如形状相似、尺寸相似、加工工艺相似）汇集成组，使工艺设计合理化，对各组提供适当的机床和夹具，减少调整时间、工序间的搬运和等待工件的时间，与无次序的生产情况相比，可扩大批量，以得到接近大量生产的效果，提高生产率。在以过去设计和生产的对象作为重复零件、相似零件时，根据对零件生产信息的检索，使得零件设计、工艺设计和估计生产都变得容易。

成组技术的基础是零件的分类方法，即根据零件的形状、尺寸和加工工艺（包括调整、装夹方式、机械加工、装配、工艺顺序和测量方法），对零件进行分类。目前，针对零件的分类系统，各国提出了各种方案。不论哪一种，都是将图样上的零件加工方法和形状的信息，转换为数字来表示零件的编码系统。也就是说，将零件的图样信息转换为数字，用一系列数字来表示。这样，由数字来表达零件，采用计算机进行工艺设计和图形处理就方便了。将成组技术的概念做广义的解释，是这样一种概念：将繁杂的多种加工件和信息，按一定的分类规则建立有条理有次序的标识，从其中选出符合特定目的的并将其汇集起来，集中在一定的组内，对于设计、加工、装配的一系列生产，可进行合理的设计和计划。

成组技术布局是将相似零件汇集成组作为一批进行加工，成为有效地生产相似零件的设备布置，即基于成组技术的设施布局，如图 5-25 和图 5-26 所示。

1）基于成组技术的流水线（GT 线）：因为这种形式中的相似零件组的加工工序相同，所以其加工流程相同，接近大量生产的流水生产方式，可按图 5-25 所示进行布置。这是 GT 布置中最理想的一种形式，由于可采用自动机床和输送机等，因此能提高生产率。

2）基于成组技术的加工单元（GT 单元）：当汇集的相似零件组的加工流程不能组成 GT 线时，可由多种机床组成机床组，在该组内完成所有的或几乎全部的加工工序。为了加工一个或几个相似零件组，将需要的机床布置在一起，称为"GT 单元"，可按图 5-26 所示进行布置。在此 GT 单元内，虽然是以对分配的相似零件组进行所有加工为原则，但实际上，对使用次数不太多的机床和特殊机床，多布置在别的地方。

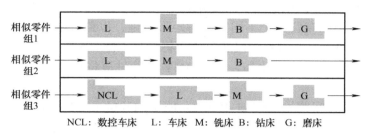

图 5-25　成组技术布局——流水线

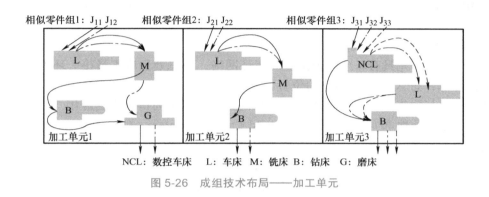

NCL：数控车床　　L：车床　M：铣床　B：钻床　G：磨床

图 5-26　成组技术布局——加工单元

5.3.2　车间设施布局问题

从研究角度来看，智能车间的理想布局形式应综合考虑柔性化、高效率和低消耗的特点，即智能车间布局既要有工艺型布局的高柔性，也要兼顾产品型布局的高效率、低消耗。基于成组技术的单元布局将智能车间划分为多个单元，每个单元负责加工工艺相似的零件族。单元布局的常见结构可分为单行布局、多行布局以及多层布局。多行布局是多行直线形布局，其通常带有横向与纵向交错的通道，通道两边为设备，搬运设备在横纵通道中进行物料搬运；多层布局是指考虑到多楼层间的设施布局。根据智能车间的实际情况，采用单行布局、多行布局以及多层布局。围绕这三种布局类型，并根据生产系统物料加工路径的形状，产生了七种设施布局问题（Facility Layout Problem，FLP），具体包括单行、多行、双行、并行排序、环形、开放式场地和多层布局问题，如图 5-27 所示。

1）单行布局问题（Single-Row Layout Problem，SRLP）：如图 5-27a 所示，这个问题涉及沿着一条直线排列给定数量的矩形设施，以便使所有成对设施之间的流量和中心到中心距离的乘积之和最小，即总布局成本最小。SRLP 包括直线、半圆形或 U 形。

2）多行布局问题（Multi-Row Layout Problem，MRLP）：如图 5-27b 所示，MRLP 将一组矩形设施放置在二维空间中的给定行数上，以使所有设施对之间的中心距离的总加权总和最小化。每个设施都可以分配给任何给定的行。这些行都具有相同的高度，并且相邻行之间的距离都是相等的。物料搬运设备不仅可以沿着水平直线在同行内不同的设施之间移动，还可以沿着垂直方向完成跨行在不同的设施之间移动。该布局形式适用于产品种类多、工艺复杂的工况，且物料搬运系统具有较高的柔性，但其设计较为复杂。

3）双行布局问题（Double-Row Layout Problem，DRLP）：如图 5-27c 所示，DRLP涉及在直线走廊的两侧布置多个不同宽度的矩形设施，以最大限度地减少设施间物料处理的总成本。物料搬运设备沿着物流通道依次将物料、待装配件运送至各个不同的设施，从而有效减少物料搬运成本。比如，采用 AGV 沿着过道将材料从一个设施移到另一个设施。

4）并行排序布局问题（Parallel-Row Ordering Problem，PROP）：如图 5-27d 所示，在 PROP 中，具有一些共同特征的设施沿着一行排列，剩下的设施平行排列。与 DRLP不同的是，PROP 假定每行的安排从一个共同点开始，并且两个相邻设施之间没有间隔。此外，DRLP 假设两个平行之间的距离为零。该布局形式多用于半导体、集成电路行业的产线布置。

5）环形布局问题（Loop Layout Problem，LLP）：如图 5-27e 所示，该布局问题是将 n 个设施布局到预先具有 n 个候选位置的闭环网络，使总处理成本最小。环形布局结合了装卸站，即部件进入和离开环路的位置，站点是唯一的，且被假定位于位置 1 和 n 之间。该布局形式因其物流控制简单、柔性程度较高且结构简单而得到广泛应用。

6）开放式场地布局问题（Open-Field Layout Problem，OFLP）：如图 5-27f 所示，开放式场地布局对应于设施可以随意放置而不受诸如单行、双行、并行、排序、多行或环形布局所需考虑的限制。设计开放式场地布局最突出的限制是模型的非重叠约束，即设施之间没有任何重叠。该布局形式可有效降低设施间的物料搬运成本。

7）多层布局问题（Multi-Floor Layout Problem，MFLP）：如图 5-27g 所示，城市空间不足以提供居住空间的昂贵成本，使得设计师和工程师可以考虑使用多层布局而不是单层布局，多层布局的厂房有利于节约土地使用成本。制造系统中的零部件不仅可以在给定的楼层上（即沿水平方向流动）水平移动，而且可以在不同楼层垂直移动（即沿垂直方向流动）。该布局形式适用于土地成本高的车间和轻型化、多品种、可移动的产品。

总之，就物料输送路线考虑，设施布局可有一维布局和二维布局，若工艺路线特别长、零件又不太大的系统还可以布置成楼上楼下的三维布局。所谓一维布局即零件输送按单向或往复的直线运动，适合于工艺路线较短，加工设备不太多的情况；而二维布局即零件输送路线不是成直线，而是成环形或 U 形、L 形运动，适合于工艺路线较长，加工设备较多的制造工艺系统；三维布局可以看成由两个或多个二维布局的子系统组成。当产品输送路线确定后，加工设备就可以沿输送路线的一侧或两侧布置，若设备不多或从便于操作方面考虑，设备布置在输送路线的一侧较好。

对于一个车间设施布局形式的选用，一般受到多种因素的影响，如车间大小、设施类型、占地面积和物料搬运设备等，以及与其他生产环节的关联要求。不同的设施布局形式对车间的生产效率、生产柔性、生产成本和产品质量等有着重要的影响。因此，需要根据实际生产任务、车间工况以及影响因素综合考虑，确定车间设施布局形式。例如，对于飞机装配车间，它具有车间占地面积大、产品体积大不易移动、物料需求种类多以及数量大等特点，基于最小化物料搬运成本的考虑，宜采用开放式场地布局形式。

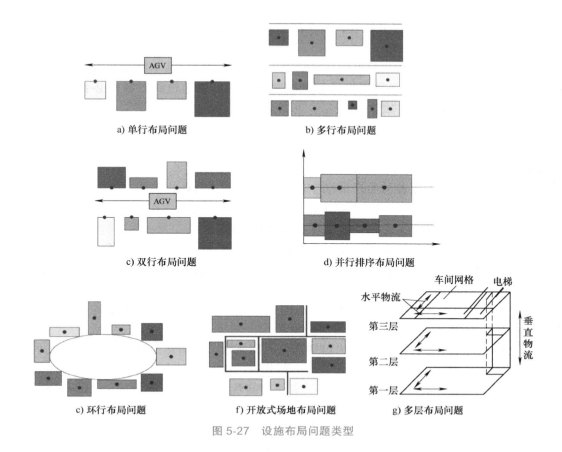

图 5-27　设施布局问题类型

5.3.3　智能车间布局设计方法

智能车间布局设计的核心是对车间的设施 / 设备在给定的物理空间范围内进行合理的位置安排。一般来说，影响车间布局设计的主要因素包括产品、产量、工序、辅助服务和时间 5 个方面，简写为 "PQRST"，即

1）产品（P）：生产 "什么" 产品？

2）产量（Q）：各种产品生产 "多少"？

3）工序（R）：用 "什么加工工序" 生产各种产品？

4）辅助服务（S）：以 "什么样的辅助服务" 支持生产？

5）时间（T）："何时" 进行生产？

智能车间布局设计是在准确掌握上述 5 个因素的基础上，决定进行的从选择工厂用地到车间设施 / 设备布置的一系列布置计划，是一种系统化方法，可分解为以下 7 个步骤。

1）产品—产量（P—Q）分析：这是决定设施 / 设备布置的最重要因素，准确把握产品种类及其数量的关系，对车间布局非常重要。根据 P—Q 关系，可大致决定基本的布置形式。

2）物流分析：用于分析各种产品（P）各为多少产量（Q），通过什么加工工序（R），何时（T）开始流动。对物流的分析有几种方法，按 P 和 Q 的大小关系来考虑，当产品产量较大时，可采用加工工序分析表；当产量和品种均较小时，可采用多品种工艺分析表和从至表（From-to-Chart）法。

3）生产活动相互关系：在决定布置计划时，物流虽为最基本因素，但实际上为了进行生产，还必须充分考虑各种辅助活动的位置关系。可以通过调查各种必要活动的相关性，然后将其接近性分为"绝对必要""非常必要""必要""一般""不必要""不希望"六个等级，以生产活动相关图表示这一关系。

4）物流/活动相关图：根据前面的物流分析和生产活动相关图，决定各种生产活动的相对布置。一般采用试行错误法进行，以流程图来表示。

5）面积相关图：在表示生产活动空间布置的物流/活动相关图中，并没有考虑各种生产活动所需要的面积。因此，需要决定所需要的面积，进而考虑可能利用的面积，在物流/活动相关图的基础上，绘制生产活动的面积相关图。

6）设计布置方案：以面积相关图为基础，考虑物料搬运、存储设备、工厂地区等条件和实际上的限制，调整布置。然后再以最佳化的评价标准（如总运输费用最小），对两个相邻车间（部门）或三个车间（部门）进行交换，并给出几种方案。

7）布置方案的选择：分析已设计方案的优点和缺点，综合各种方案进行评价，选出最佳的方案。

常用的设施/设备布局设计方法包括物料流向图法、物料运量比较法、相对关系布置法、从至表法以及定量分析法等，在物流工程相关的教材中对上述方法都有较为详细的介绍。本书重点针对智能工厂规划过程中经常使用的基于软件的车间设施/设备布局方法加以阐述。

传统的布局设计都要经历模型建立和算法求解两个阶段，但由于设施布局问题自身的复杂性，在有限的时间内难以求得最优解，且用数学优化模型描述的布局问题已做了大量简化，与工程实际有一定的差距。因此，往往需要借助于辅助的设计手段进行设施布局的设计。随着计算机技术的发展，出现了计算机辅助设施布局设计和仿真的商用软件，大大提高了设施布局问题的设计建模、布局求解及布局仿真与交互的效率和质量。

目前计算机辅助设施布局设计的商用软件主要有两类：一类是纯粹进行设计规划与设计的软件，如早期的 Factory CAD、FactoryPlan、FactoryOPT、Factory Modeler 和近年来的 Line Designer 等，这些软件中内嵌各种经典的布局优化算法，辅以计算机图形绘制、三维建模及可视化工具，以人机交互方式自动或半自动地进行计算机辅助设施布局设计；另一类是在上述规划与设计功能的基础上还包括仿真与性能分析的系统，如 Tecnomatix、Arena、Flexsim、Witness、Quest 等，这类软件实质上是将设施布局设计与系统仿真功能集成为一体，是今后的主流应用方式，毕竟车间或产线的布局设计显著影响系统性能，将两者集成起来充分体现了产线规划、设计、评估和验证等活动是一个不可分割的复杂过程。本书将在第 6 章重点介绍几款支持计算机辅助设施布局设计的商业化生产线建模与仿真软件。

图 5-28 所示为使用 FactoryPlan 软件设计的某自行车生产线的布局方案，包括切割机、折弯机、铸造设备、焊接设备及其他辅助设施。如图 5-29 所示，在 Line Designer 软件中使用模块化、参数化的方式实现三维可视化工厂建模，在三维空间中处理设备空间排布、物流设备设计和通道规划等，消除设计干涉，并保证通过性。

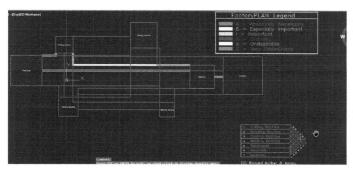

图 5-28　使用 FactoryPlan 软件设计的某自行车生产线的布局方案（二维平面布置）

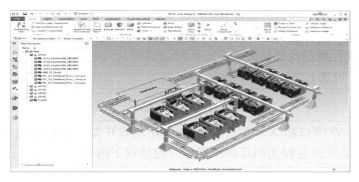

图 5-29　使用 Line Designer 软件进行某生产线布局设计（三维工厂建模）

习题

5-1　对于本章例 5-3，如果采用分级位置权重法进行工作站分配，会得到何种结果？请尝试求解并比较分级位置权重法在求解该问题时的效果（可以与 K&W 法相比）。

5-2　简述什么是流水生产，流水生产的主要特点有哪些。

5-3　简述生产线的主要分类有哪些。

5-4　什么是节拍？装配线遵循的关键准则有哪些？

5-5　简述生产线平衡的主要步骤，说明生产线平衡的评价指标及其含义。

5-6　简述车间设施布局的基本形式有哪些。

5-7　车间设施布局问题有哪几种类型？简要描述各问题的内涵。

5-8　结合例 5-3 思考，是否能够进行工序的进一步合并，实现一个工作站设置多个工位，达到减少工作站的目的？

5-9　结合例 5-4 思考，为什么要采用小批量生产且混流编排生产顺序？这种方式的优点有哪些？可以从及时交货、库存的角度考虑。

项目制学习要求

结合本章对智能生产线相关知识的学习，请与小组同伴讨论考虑运用 AGV 进行物料运输时，AGV 的任务分配对生产线平衡设计有何影响。

1）结合智能生产线及车间布局设计，完成 ROS 仿真环境下规定场景的复合作业机器人的 SLAM（即时定位与地图构建）功能。

2）进行复合作业机器人控制系统开发，实现在真实车间环境下的运动调试。

3）结合第 4 章项目制学习要求中对 AGV 路径规划算法的研究，利用 ROS 仿真环境进行复合作业机器人路径规划、导航控制、实时避障的仿真模拟。

4）研究考虑物料搬运任务的生产线平衡问题，构建数学模型并求解。

作业要求 1：

请各组开展考虑物料搬运任务的生产线平衡问题研究，并提交研究报告，包括以下内容（不限于）：

1. 问题背景分析
2. 生产线平衡问题的国内外研究现状
3. 模型构建及求解算法开发
4. 利用相关软件进行仿真验证
5. 参考文献（可选）

作业要求 2：

请各组围绕本章项目制学习要求开展 SLAM 功能开发、控制系统开发及 ROS 仿真模拟，并提交作品开发过程文档及演示视频，包括以下内容（不限于）：

1. SLAM 功能开发过程文档
2. 控制系统开发过程文档
3. ROS 仿真模拟视频
4. 参考文献（可选）

5.1　SLAM
建图与导航
开发源代码

5.2　小车控
制系统演示
视频

第6章　智能工厂设计与仿真

学习目标

通过本章学习，在基础知识方面应达到以下目标：
1. 能简要概括智能工厂的基本特征及其概念演变历程。
2. 能清晰描述智能工厂设计、建模及仿真的基本方法与流程。
3. 能结合实际案例运用仿真软件进行智能工厂建模与仿真。

本章知识点导读

请扫码观看视频

案例导入

　　聚焦智慧城轨建设，释放科技创新动能。近年来，随着我国城市进程和轨道交通发展，一种绿色低运量轨道交通工具——"空列"正在悄然兴起。空中轨道列车（简称空列）是一种将轨道高架悬空设置，充分利用空中资源的现代化新型绿色交通方式，能够解决传统交通的诸多痛点。在日本、德国等多个国家都有多年成功运行的案例。

　　本案例对象——哈尔滨空列轨道交通集团，以研制生产悬挂式单轨列车为主营业务。在推进智能工厂建设项目过程中，企业投资千余万元进行空列结构件智能车间工艺布局与仿真项目。在智能工厂设计过程中，采用仿真技术能够解决哪些问题？

哈空列结构件智能车间：工艺仿真助力智能工厂运行优化

　　智能车间设计采用"精益、绿色、智能"理念，以工艺、装备为核心，以数据为基础实现生产制造自动化、生产运营智能化、资源利用集约化的智能化轨道梁智能化生产车间。该工厂的智能车间由板材备料、轨道梁拼装焊接、轨道梁焊后去应力处理、轨道梁涂装四个生产单元组成，车间整体工艺布局如图 6-1 所示。同时配有物流仓储和信息化系统，可实现钢板预处理、切割分拣、坡口、焊接和涂装的自动化生产。在智能工厂设计阶段，采用工艺仿真的技术手段，对车间进行工艺物流仿真，验证并优化规划设计方案，用于指导项目的建设。

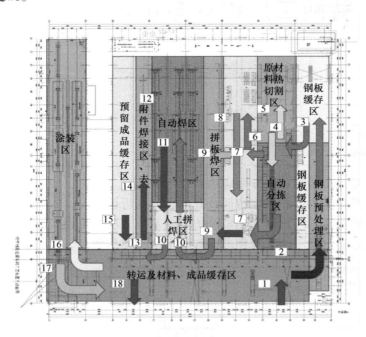

图 6-1　哈空列结构件智能车间整体工艺布局

以焊接工序为例，对拼接焊、人工拼装焊接、自动焊、附件焊接工序进行规划分析，再通过仿真软件对所有工序设备进行分析，评估设备负荷，发现设备规划能力的不足和过量之处。针对焊接工序进行仿真建模，以拼接焊开始到去应力结束为仿真范围，以每日工作时间为变量，以产能为衡量目标来进行仿真，如图 6-2 所示。

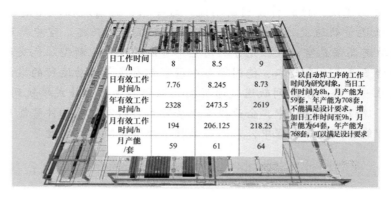

日工作时间/h	8	8.5	9
日有效工作时间/h	7.76	8.245	8.73
年有效工作时间/h	2328	2473.5	2619
月有效工作时间/h	194	206.125	218.25
月产能/套	59	61	64

以自动焊工序的工作时间为研究对象，当日工作时间为8h，月产能为59套，年产能为708套，不能满足设计要求。增加日工作时间到9h，月产能为64套，年产能为768套，可以满足设计要求

图 6-2　焊接工序利用率仿真分析

以工作时间为每天 8h、8.5h、9h 三个场景进行仿真，通过仿真结果发现日工作时间为 8h 不能满足设计产能，对日工作时间进行研究，得到自动焊工序每天工作时间为 9h，

可以达到设计产能，且 4 台拼板焊的利用率较低，可以将拼板焊设备的数量缩减为 1 台。

1）涂装工序利用率分析：针对涂装生产线进行研究，计算生产线产能和利用率。涂装生产线中，自动喷漆的利用率最高为 88.76%，生产线产能可以满足设计要求。通过对涂装生产线在生产过程中各工序的在制品数量进行仿真分析，发现涂装生产线在制品最多为 4 套，因此可以将工件输送装置设置为 6 台，留 2 台进行检修或备用。

2）物流转运设备（行车、轨道车）搬运能力分析：对项目范围内的转运设备进行逻辑建模，分析其整体运行状态，并对物流设备的负荷进行评估，进而验证物流设备的搬运能力，确保设备合理分工。以东三跨到东六跨、南一跨的行车和轨道车为仿真对象，对轨道车和行车进行利用率分析。东三跨有 2 台行车对物料进行运输，东四跨到东六跨各有 1 台轨道车和 2 台行车结合起来对物料进行运输，南一跨有 2 台行车对物料进行运输。通过仿真，行车的平均利用率为 27.56%，其中东三跨的行车利用率最高，为 80.28%，根据吊车利用率可调整吊车操作人员数量。

3）切割坡口自动分拣线的节拍分析：结合车间生产实际情况，形成等离子切割自动分拣线的工艺布局方案，对等离子切割自动分拣线进行建模仿真，分析生产节拍，对改善后的方案进行仿真分析并输出仿真结果。以工作时间为每天 8h 仿真运行，切割机的平均利用率为 68.94%，小件等离子切口切割机的平均利用率为 82.67%，大件等离子切口切割机的平均利用率为 48.54%，根据仿真结果可减少 1 台搭建切割机，满足试生产的同时降低设备投资。

讨论：

1）智能工厂设计过程中，为什么要采用工艺仿真技术？请结合案例总结建模仿真技术的主要作用。

2）结合该案例，并回顾第 5 章有关生产线平衡的相关知识，对比分析本案例的工艺仿真与生产线平衡之间的异同。

3）根据该案例，请总结智能工厂设计时考虑的关键设计指标或影响因素有哪些。

6.1 智能工厂的定义及特征

6.1.1 智能工厂的概念演变

智能工厂的概念随着时代和技术的发展一直在演变，目前还没有统一的学术定义。美国国际商业机器公司（IBM）于 2008 年首次提出"智慧地球"的概念，而"智慧工厂"则是 IBM "智慧地球"理念在制造业的实践。美国罗克韦尔（Rockwell）自动化公司的奇思·诺斯布希于 2009 年提出"智能工厂"的概念，该概念的核心与我国推行的工业化与信息化深度融合的理念是一致的。2013 年，德国在汉诺威工业博览会上提出"工业 4.0"的概念，指出"智能工厂"是"工业 4.0"的两大主题（智能工厂和智能生产）之一，其重点是研究智能化生产系统及过程，以及网络化分布式生产设施的实现。图 6-3 所示为德国工业 4.0 给出的智能工厂架构。

169

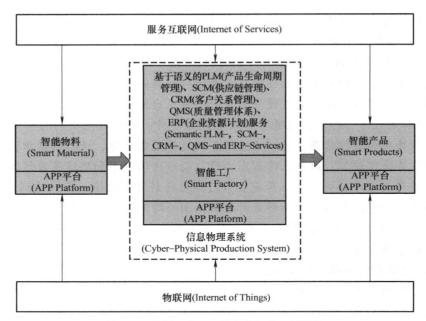

图 6-3　德国工业 4.0 给出的智能工厂架构

随着物联网、大数据、云计算等技术的广泛应用，智能工厂的概念得到了进一步发展。智能工厂不仅强调生产过程的自动化和智能化，还强调生产过程的可视化、可追溯性和可预见性。我国在推进智能制造过程中，中国工程院周济院士、李培根院士、卢秉恒院士等专家学者对智能工厂概念及技术体系深入研究，提出了以"人-信息物理系统"为核心的新一代智能制造系统，认为智能工厂是面向工厂层级的智能制造系统，是信息物理深度融合的生产系统，通过信息与物理一体化的设计与实现，制造系统构成可定义、可组合，制造流程可配置、可验证，在个性化生产任务和场景驱动下，自主重构生产过程，大幅降低生产系统的组织难度，提高制造效率及产品质量。

智能工厂的智能化体现是设备必须具有自我感知、控制、调整、交换和通信的能力，强调实时的数据采集和设备状态反馈。从技术角度看，智能工厂是基于科学对物质、知识的加工系统；从企业角度看，智能工厂是通过定制化来提高客户满意度实现盈利的中心；从用户角度看，智能工厂提供的是创新产品全生命周期的服务。在有关智能制造的国家标准中，也针对智能工厂进行了多角度定义。《基于云制造的智能工厂架构要求》（GB/T 39474—2020）中，给出智能工厂的定义是：通过将人工智能技术应用于产品设计、工艺、生产等过程，使得制造工厂在其关键环节或过程中人、机、物、环境、信息等能够体现出感知、互联、协同、学习、分析、认知、决策、控制与执行能力，动态地适应制造环境的变化，从而实现提质增效、节能降本的目标。《智能工厂安全控制要求》（GB/T 38129—2019）中给出智能工厂的定义是：在数字化工厂的基础上，利用物联网技术和监控技术加强信息管理和服务，提高生产过程可控性、减少生产线人工干预，以及合理计划排程。同时集智能手段和智能系统等新兴技术于一体，构建高效、节能、绿色、环保、舒适的人性化工厂。

未来，随着新技术的不断涌现，智能工厂的概念将继续发展和完善。总体而言，智能工厂是智能制造的载体，广泛应用物联网、大数据、区块链、人工智能和数字孪生等新一代信息技术革新生产方式，以工艺、装备为核心，以数据为基础，构建虚实融合、知识驱动、动态优化、安全高效和绿色低碳的生产制造系统，实现精益、柔性、绿色和智能的现代化工厂。

6.1.2　智能工厂的基础要素

智能工厂没有唯一结构，由于生产线布局、产品、自动化设备等方面的差异性，每家智能工厂看起来都可能不尽相同。然而，虽然各项设施本身可能存在差异，但组成智能工厂的基础要素却大致相同，下面分别从数据、技术、流程、人员和网络安全五个方面介绍智能工厂的基础要素。

1. 数据

数据是智能工厂的最基础元素。基于系统性分析，数据将有助于推动各流程顺利开展，检测运营失误，提供用户反馈。当规模和范围均达到一定水平时，数据便可用于预测企业运营绩效、分析资产利用效率、监控物料采购量和需求量的变动等情况。智能工厂的内部数据可以多种形式存在，且用途广泛，如与环境状况相关的离散信息，包括温度、湿度或洁净度。数据的收集和处理方式以及基于数据采取相应行动才是数据发挥价值的关键所在。要实现智能工厂的有效运作，制造企业应当采用适当的方式持续创建和收集数据，管理和存储产生的大量信息，并通过多种可能方式分析数据，且基于数据采取相应行动。

要建立更加成熟的智能工厂，所收集的数据集可能会随着时间的推移涉及越来越多的流程。例如，如果要对某一次实践结果加以利用，就需要收集和分析一组数据集。而如果要对更多的实践结果加以利用或从某一次实践操作上升至整个行业，就需要收集和分析更多不同的数据集和数据类型（结构化、相对非结构化），还需要数据的分析、存储以及数据管理能力。

数据也可以基于模型生成数字孪生，这是高度成熟的智能工厂结构应该具备的特征。数字孪生通过数字化形式，以较高的水平呈现某对象或流程过去及当前的行为。数字孪生需针对生产、环境和产品情况持续开展实际的数据测量。基于强大快速的处理能力，数字孪生可从产品或系统情况中获取重要信息，反映现实世界中设计与流程的变化。

2. 技术

智能工厂的有效运作依赖于各类资产的相互关联和中央控制系统的集中控制。其中，智能工厂的各类资产包括工厂设备，如原料处理系统、工具、泵和阀门等。智能工厂的中央控制系统则以制造执行系统或数字化供应网络堆栈为核心。数字化供应网络堆栈是一个多层次集成枢纽，也是全面获取智能工厂和广泛的数字化供应网络数据的唯一入口。该系统通过收集和综合信息，为制定决策提供支持。但在智能工厂设计过程中，企业也需考虑其他技术应用，包括企业资源计划系统、工业物联网及分析平台等，同时也应当考虑边缘计算和云存储等需求。

因此，技术作为智能工厂的基础要素，需要企业运用智能制造领域相关的各类数字化和物理技术，包括分析技术、增材制造、机器人技术、高性能计算、人工智能、认知技术、新材料以及增强现实等。

3. 流程

智能工厂生产环节的主要特征之一是其自优化、自适应以及生产过程柔性的能力。这就要求从根本上改变传统流程和管理模式。自主系统能够在没有人工参与的情况下制定并实施许多决策，并在诸多情况下将制定决策的责任从人工转移到了机器，或者说仅由少数人制定决策。此外，智能工厂的互联范围也将有可能扩展到工厂以外，工厂与供应商、客户以及其他工厂的关联度将进一步增强。该类型的协作也可能会引发新的流程和管理模式问题。随着对工厂更加深入和全面的了解，以及生产和供应网络的扩大，制造企业也可能面临各种不同的新问题，企业可能需要考虑和重新设计决策制定流程，以适应新的转变。

4. 人员

智能工厂并不一定都会成为"黑灯工厂"或"无人工厂"，人员仍将是工厂运营的关键。但智能工厂可能会在运营以及信息技术 / 运营技术的组织架构方面发生重大变化，导致人员职责出现变动，从而适应新的流程和功能。一些工位可能被（物理的和逻辑性的）机器人、流程自动化以及人工智能取代，由此造成智能工厂相应的职位也没有存在的必要，而其他一些职位的功能可能会因虚拟 / 增强现实以及数据可视化等新技术的加持而得以增强。

5. 网络安全

互联互通是实现智能工厂的必要手段。因此，相比传统的生产设施，智能工厂面临更大的网络安全风险。智能工厂应将网络风险纳入整体架构设计的考虑范围内。在一个全面互联的环境中，由于连接点众多，网络攻击的影响范围将会扩大，互联范围扩展到工厂以外，覆盖到供应商、客户以及其他工厂时，网络安全风险会随之增加。制造企业从一开始就应该将网络安全视为智能工厂战略的首要考虑因素之一。

6.1.3 智能工厂的基本特征

智能工厂设计是一个复杂的系统工程，不同类型的智能工厂其特征不尽相同，针对装备制造类的智能工厂，其基本特征主要包括生产组织精益化、物流供应自动化、制造过程智能化、工厂设施绿色化和运行管理智慧化。

1. 生产组织精益化

精益是智能工厂设计要着重考虑的重要因素，也是促进制造业转型升级的重要基础。就企业而言，首先需要通过精益管理积累起与智能制造匹配的管理基础，以标准化构建互联互通的桥梁，支持数字化、网络化和智能化目标的实现。生产组织精益化是实施智能工厂的基础，为智能工厂提供成熟的管理思想、体系与方法工具，强调全过程持续改善，通过采用自动化和准时化等方法，消除各种形式的浪费，不断提升价值流动效率。图 6-4 所示为以精益为特征构建的智能精益生产系统。同时，新的数字化、智能化技术为精益生产提供数字化手段，促进生产组织精益化不断创新。两者互相促进，推动企业不断打破物理因素限制，实现对变化的及时响应和实时优化，加速企业智能工厂目标的实现。

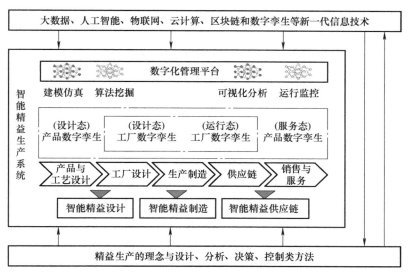

图 6-4　以精益为特征构建的智能精益生产系统

2. 物流供应自动化

物流供应自动化对于实现智能工厂至关重要，在车间物流执行层面，通过自动化仓储系统，实现货物的智能存储和快速检索，提高物流效率；利用智能配送系统（比如 AGV、RGV、悬挂式输送链等），实现货物的实时追踪和优化配送路径，降低物流成本；通过智能物流平台，实现物流信息的实时共享和协同管理，提高物流供应质量。在工厂物流运行方面，通过互联网技术，实现物流信息的实时共享，降低物流成本；通过物联网技术，实时监控物流运输过程中的货物状态，确保货物安全、准时到达；通过大数据和人工智能技术，实现物流调度的智能化，提高物流效率。图 6-5 所示为智能工厂实现物流供应自动化

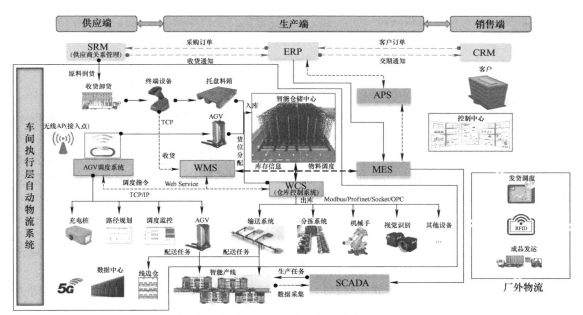

图 6-5　智能工厂实现物流供应自动化示意图

示意图。在工厂供应链管理方面，通过数字化平台实现供应链上下游企业之间的信息共享，提高供应链的协同效率；利用大数据和人工智能技术，建立风险预警机制，实时监控供应链运行情况，及时发现并解决潜在问题，保障供应链的稳定运行。

3. 制造过程智能化

制造过程智能化是智能工厂的核心环节，尤其是针对离散型装备制造，产品往往由多个零部件经过一系列不连续的工序加工装配而成，其过程包含很多变化和不确定因素，在一定程度上增加了离散型制造生产组织的难度和配套复杂性。智能工厂实现制造过程智能化示意图如图 6-6 所示，通过数据采集实现工厂内部的设备、材料、环节、方法以及人等参与产品制造过程的全要素有机互联与泛在感知，通过数控机床与机器人集成应用、在线配置与检测、数字孪生及虚拟调试等技术，形成模块化、可重构的智能柔性生产线，基于各种智能算法对工艺数据进行分析处理，监测制造过程的加工状态，从工艺流程自动生成和工艺参数优化等多个角度来体现加工过程中的自主决策，以替代人实现加工过程的最优解决方案，实现制造过程的效率、质量和能耗等的最优化。

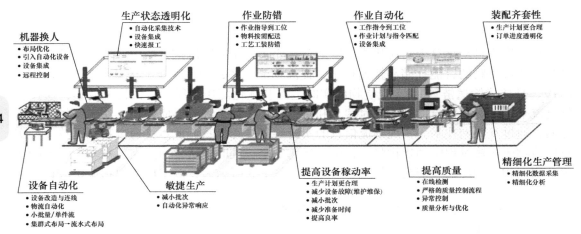

图 6-6　智能工厂实现制造过程智能化示意图

4. 工厂设施绿色化

工厂设施绿色化是智能工厂实现低碳运行和可持续发展的保障，要求在全寿命期内，最大限度节约资源（节地、节能、节水、节材）、减少污染和排放、保护室内外环境，提供适用、健康、安全和高效使用空间的工厂设施系统。同时，通过建立回收利用环节溯源系统和数字化能碳管理系统，推进污染排放、能源数据与碳排放数据的采集监控、智能分析和精细管理。

5. 运行管理智慧化

智能工厂以打通企业生产经营全部流程为着眼点，实现从产品设计到销售，从设备控制到企业资源管理所有环节的信息快速交换、传递、存储、处理和无缝智能化集成。一方面，能够实现设备与设备互联（M2M），通过与设备控制系统集成以及外接传感器等方式，由 SCADA（监控与数据采集）系统实时采集设备的状态，生产完工的信息、质量信息，并通过应用 RFID（射频识别）、条码（一维和二维）等技术，实现生产过程的可追溯。另一方面，广泛应用 MES（制造执行系统）、APS（高级计划与排程）、能源管理和质量管理等工业软件，实现生产现场的可视化和透明化，同时通过建立工厂的数字孪生系统实时洞察工厂的生产、质量、能耗和设备状态信息，从而有利于帮助工厂制定更明智的决策，快速提高生产效率、降低成本和实现质量目标。

6.2 智能工厂设计

6.2.1 智能工厂设计面临的挑战

作为制造强国建设的主攻方向，智能制造是我国制造业转型升级的内在需求，同时也是中国制造业创新发展的重大历史机遇。智能工厂作为实现智能制造的重要载体，在推进制造业数字化、网络化、智能化，实现企业转型升级过程中发挥着不可替代的作用。装备制造业是典型的离散型行业，具有自动化程度较低、订单定制化、技术工艺要求高、生产高度离散等特点，目前在智能工厂建设过程中存在诸多问题。

1. 打破传统工厂分段式建设模式

传统工厂建设为分段式，从设计、采购、施工各个阶段独立进行，这种模式导致设计思想不能很好地贯彻执行。智能工厂涵盖更多领域，系统复杂，除了传统的物理工厂，还包括工厂物联网、信息化系统、虚拟工厂建设和系统集成等。当前，对智能工厂设计的内容和模式提出了新的要求，因此需要设计实施一体化集成技术，在设计之初为后续的各个系统之间实施集成预设必要的条件、必要的硬件基础和接口，为后续的实施集成打下坚实的基础。

2. 适应小批量定制化生产需求的"柔性"重构

随着个性化定制的兴起，制造企业的生产将由大规模批量化生产转向小批量定制化生产，在这种情况下，制造工厂必须重构"柔性"，以实现生产的小批量、定制化。智能装备、智能物流和工业机器人等的广泛应用以及高效柔性智能生产单元的出现，对车间布局规划产生了一定影响，传统的车间布局方式已不再适应智能工厂的要求。

在生产规划环节通过利用虚拟仿真技术，可以对工厂的生产线布局、设备配置、生产制造工艺路径和物流等进行预规划，并在仿真模型"预演"的基础之上，进行分析、评估和验证，迅速发现系统运行中存在的问题和有待改进之处，并及时进行调整与优化，从而有效降低成本、缩短工期、提高效率。

3. 改变传统"经验设计"模式，走向智能化

随着互联网、大数据和人工智能等技术的迅猛发展，智能制造正加速向新一代智能制造迈进。新一代智能制造的信息系统通过人工智能技术赋予信息系统强大的"智能"，在新一代智能制造技术驱动下，制造知识的产生、利用、传承和积累效率均会发生革命性变化。实施智能制造需以智能工厂为载体，以关键制造环节智能化为核心，以端到端数据流为基础，以网通互联为支撑。在新一代信息技术环境下，智能工厂的建模理论与方法、基

于工业大数据分析的智能工厂设计与仿真、工厂制造系统的适应性调度和闭环优化、智能工厂运行模式和管理方法等都面临新的挑战。

工厂设计是制造工厂的灵魂，它直接连接着生产产品与工厂运行，智能制造模式对工厂提出了新的要求，"传统的以经验为主的设计模式"正在向"基于建模和仿真的设计模式"转变。

6.2.2 智能工厂整体架构

智能工厂建设是一个复杂的系统工程，智能工厂设计和复杂产品设计的过程是类似的，分为若干阶段，每个阶段有不同侧重点和颗粒度要求，需要不断论证和验证，其设计过程需要系统工程理论来指导。基于模型的系统工程（Model–Based Systems Engineering，MBSE）是系统工程理论发展的最新成果，国际系统工程学会（INCOSE）编写的《系统工程手册》给出的"基于模型的系统工程"的定义为：支持以概念设计阶段开始，并持续贯穿于开发和后期的生命周期阶段的系统需求、设计、分析、验证和确认活动的正规化建模应用。

目前，国内比较公认的基于 CPS 理念提出的智能工厂整体架构，如图 6-7 所示。智能工厂主要包含物理工厂和虚拟工厂两部分。物理工厂是实体工厂与各级信息化应用系统的总称，实体工厂包括智能装备、基础设施、物联网与控制系统的相关内容，信息化应用系统主要涵盖车间级信息化应用系统和企业级信息化应用系统。虚拟工厂是通过数字化的手段在虚拟的数字世界中构建一个与物理工厂相对应的数字镜像，即物理工厂的"数字孪生体"，包括各类几何实体模型、仿真模型及相关数据资源。物理工厂和虚拟工厂通过数字孪生技术实现双向映射，实现数据的双向传递和迭代进化的目标。

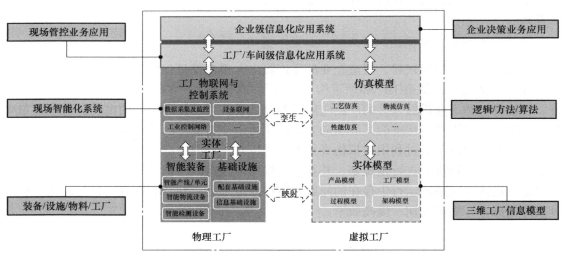

图 6-7　智能工厂整体架构

美国国家标准与技术研究院（National Institute of Standards and Technology，NIST）结合基于模型的系统工程并采用 IDEF（Integrated Definition，集成定义）方法，给出了智能工厂建设的迭代 IDEF0 模型，如图 6-8 所示。智能工厂建设从阶段上划分为规划、设计、建造和运营 4 个阶段。规划阶段主要完成现状诊断及需求调研、智能工厂整体规划；设计阶段主要完成实体工厂及虚拟工厂设计、物联网与控制系统设计以及信息化应用系统设计，设计内容之间存在资料互提过程，最终完成设计交付；建造 / 实施阶段主要进行实体工厂及虚拟工厂实施、信息化应用系统实施，并完成软硬件系统间的集成调试，最终完成项目的验收与竣工交付；运营阶段主要是各级生产运营管理者在生产设施虚实融合基础上，优化各业务活动，在绩效指标导引下持续改进。

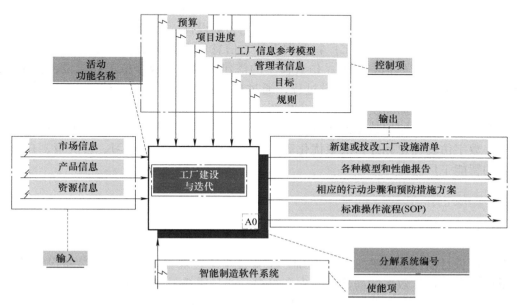

图 6-8　智能工厂建设的迭代 IDEF0 模型

　　智能工厂建设在实施层面，应坚持"融合发展、虚实集成、并行推进、分步实施"的原则，图 6-9 所示为智能工厂整体建设的实施路径。

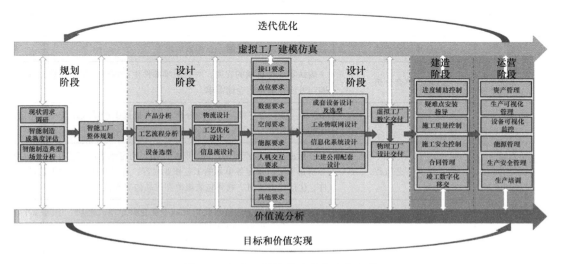

图 6-9　智能工厂整体建设的实施路径

基于虚拟工厂与物理工厂相融合的建设理念，依据企业特点与配套条件，编制智能工厂建设总体规划，综合考虑先进工艺、先进装备、新一代信息技术以及先进制造技术，明确阶段任务目标、预期效果，并制定详细实施计划。在设计阶段，从产品分析、工艺流程分析，到功能区划，通过工艺流和物流分析，提出空间和能源要求，进行工艺布局、成套设备选型和基础设施设计。

在智能工厂场景下，除了常规工厂设计要考虑的因素，重点是运用价值流分析和建模仿真技术，通过信息流和业务流的分析，提出空间布局、能源管控、信息接口、接入点位、数据采集和集成等要求，进而进行精益工艺布局设计、智能物流与仓储设计、智能装备选型及非标智能产线设计、工厂物联网设计、信息化系统设计和绿色土建公用设计。建设阶段同步完成对工厂信息模型、仿真模型的搭建，组合完成虚拟工厂建设，真实记录、仿真、验证和指导物理工厂的建设过程，通过模型不断迭代优化，建立工厂的数字孪生体。运营阶段实现数据高度集成与同步更新，虚拟工厂的业务逻辑更加完善，工厂大数据体系逐渐形成，深度挖掘数据潜在价值，实现设备故障智能诊断、过程参数优化、生产流程优化、数字仿真优化和经营决策优化等，打造具有自感知、自学习、自决策、自执行和自适应的智能工厂。

6.2.3 实体工厂工艺设计

1. 工艺设计内容

在工厂设计阶段，工艺设计是基础，主要是指工艺规程设计和工艺装备设计的总称。其质量的优劣及设计效率的高低，对生产组织、产品质量、产品成本、生产效率和生产周期等有着极大的影响。工艺设计主要是根据工业生产的特点、生产性质、产品对象和生产纲领来确定的。不同的产品、不同的工厂，其生产工艺不尽相同。总体而言，实体工厂建设项目的工艺设计主要包括以下内容，具体见表 6-1。

表 6-1　工艺设计的主要内容

设计阶段	组成项	分析内容
需求分析	总体设计产能	生产大纲、生产班制、总人数需求等
	垂直整合分析	确认零部件自制的程度，对自制零部件生产需进行车间规划，对于外购与外协件需确定仓储需求
	P–Q 配比分析	"品–量"与"批–量"的分析，是大批量生产模式还是小批量定制化的生产模式
	生产工艺流程	分析占比 80% 产量的产品（明星产品）的定型生产工艺，采用 ECRS 等精益手法，制定各单元的工艺作业内容，规划作业单元的工艺环境条件、生产作业工时、物料包装规范和成品包装规范
	规划功能模块	原料存储库、工序流水化单元或专业化共享单元模块、中间缓冲库、组装测试包装模块、成品库
	生产辅助设施	设备供电设施、给排水设施、车间通风采暖设施、气体液压动力设施、卫生淋浴和更衣办公等配套设施要求

续表

设计阶段	组成项	分析内容
初步设计	厂区建筑需求	需求面积测算、厂房空间尺寸、楼层功能定位、功能模块划分、生产单元设置、建筑参数设置
	人车物流动线	厂区原料进出物流、自制件流转物流、外协外购件物流、成品出库物流、参观路径规划
	工艺技术方案	基于精益的工艺设备布局、关键智能装备选型、精益的物流系统规划
	方案评审选择	技术先进性与经济性分析，选择最优的工艺技术方案
施工图设计	智能产线线体设备选型	主体设备配置、检测试验工具、配套器具工装、产线节拍制定
	智能生产单元设置	含人员配置、作业工位、物料区需求
	智能设备需求清单	含预算，并标明已有资产设备部分
	厂内物流规划	与厂区、园区物流衔接
	详细规划布局	起重机、地平车、地轨、电梯、货台和设备入口等的设置
	生活设施规划	洗手间、饮水间、配电所、空压站和空调动力站房等
	非标准设备方案设计	非标准设备技术规格书
	公用配套设施动力耗量需求	电力、气站、给排水和信息化终端等配套设施要求

1）确定车间的生产纲领，说明产品的规格与产量，确定原材料、燃料、水、电和劳动力等供应条件。

2）拟定车间的生产工艺过程，说明生产工艺流程、主要生产设备和辅助设备的规格及数量，确定车间的面积、设备的平面布置和剖面高度，明确动力、蒸气、压缩空气、电力等需要量和采取的供应方法，拟定安全技术与劳动保护措施。

3）计算工厂原材料和半成品的需求量，以及运输、通信、照明、取暖和给排水等需求量，确定必要的工时与劳动力消耗量，计算固定资产、流动资金、产品成本和投资效益。

4）确定全厂生产经营管理体系，明确各车间的生产任务和相互之间的协作关系，编制生产经营计划、产品质量检验和产品供销订货等相关制度，拟定劳动和生产组织及工作制度等。

2. 工艺设计流程

工厂工艺设计起始于工厂产能需求分析，包括对生产现状（现有设备、管理和工艺）、产品特性、生产纲领、场地要求、智能化要求和安全性要求等进行梳理，形成用于指导工艺规划的设计输入。图 6-10 所示为工厂工艺设计的主要流程。

在工艺规划的初步方案设计中，首先根据设计输入条件确定各功能区块的面积、位置要求和关联性要求，作为最重要的工作参数；生产模式确定后，根据生产专业化或产品专业化，依据各产品和工艺过程，计算所需的各工序设备数量和空间要求；其次进行标准设备的选型以及非标装备的初步功能性设计，结合工厂规划的价值流分析和模拟仿真优化整体布局设计；根据确定的工厂初步布局进行物流系统的初步方案设计、非标产线初步设计方案及设计任务书、土建公用系统需求等；最终形成工厂设计的总体投资预算、实施周期和经济效果预估等。

179

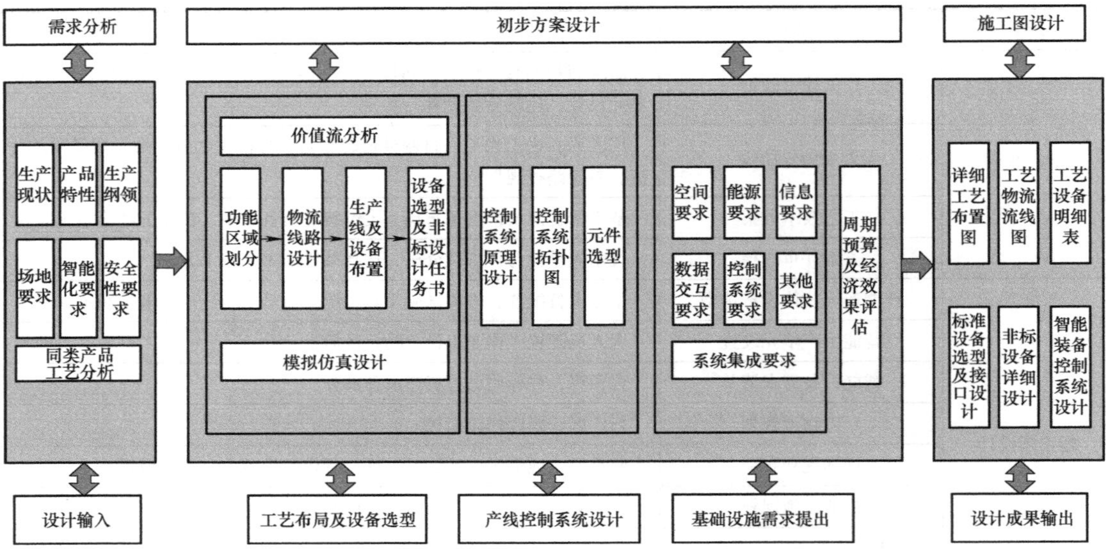

图 6-10　工厂工艺设计的主要流程

初步方案设计经供需双方达成一致后进入详细施工图设计，总体包括详细工艺布置、工艺物流流线图、工艺设备明细表、非标设备／产线、智能产线控制系统设计和系统集成详细设计等，最终形成设计输出成果指导后续项目实施。

3. 价值流分析

价值流分析是一种利用绘制企业生产全过程的价值流图（Value Stream Mapping，VSM），对企业生产全过程中的物料流动情况和信息流动情况进行全面分析，以识别判定物料流动和信息流动过程中存在哪些增值活动与非增值活动的方法。价值流分析具有全局化、可视化和数据化等特征，被广泛应用于精益生产改善中的浪费识别与浪费消除效果的验证。

通过绘制价值流图，能够直观分析和呈现价值流中的增值过程，该方法在智能工厂规划设计中得到广泛应用，并且在智能工厂运行中不断持续改进。图 6-11 所示为某智能工厂设计时的未来价值流图示例。

通过价值流分析把企业的生产理顺，需要知道产品的需求节拍和各个工序的生产周期，通过节拍和生产周期的比较分析，可以明确需要改进的环节，从而采取针对性的措施进行调整。当生产节拍大于生产周期时，生产能力相应过剩，如果按照实际生产能力安排生产就会造成生产过剩，导致大量中间产品积压，引起库存成本上升、场地使用紧张等问题。如果按照生产节拍安排生产，就会导致设备闲置、劳动力等工等现象，造成生产能力浪费。在生产节拍小于生产周期的情况下，生产能力不能满足生产需要，这时就会出现加班、提前安排生产和分段存储加大等问题。因此，生产周期大于或小于生产节拍都会对生产造成不良影响。

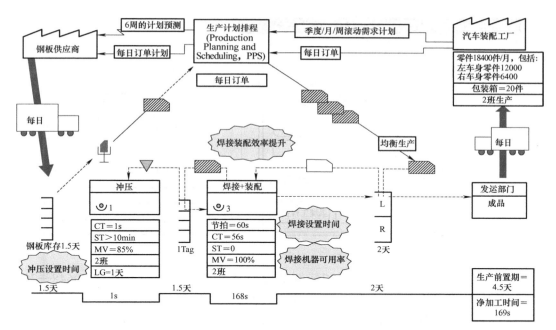

图 6-11　某智能工厂设计时的未来价值流图示例

6.2.4　虚拟工厂设计

根据应用领域和目的，有三种类型的虚拟工厂：以设计为中心、以生产为中心和以控制为中心。虚拟工厂的概念使人们有可能从研究一个单一的工艺/设备到一个生产单元/一条生产线，甚至整个车间/工厂。换言之，虚拟工厂的规模可从设备级别扩展到工厂级别。

虚拟工厂作为一种计算机集成模型，它结合现实生产系统，精确展现生产系统的整个结构，模拟其在运转过程中的物理行为和逻辑行为。虚拟工厂是对所有目前和将来生产系统中的产品、过程以及控制进行建模。在未采用现场信息和控制数据之前，现实生产系统的验证大都是在虚拟生产环境下进行的。另外，现实生产系统将实时状态和信息反馈到虚拟工厂系统。通过将物理工厂中的业务及实体转化为数字化的虚拟工厂，并建立虚拟工厂与物理工厂之间实时、紧密的映射链接，能够充分利用虚拟工厂强大的仿真计算能力，评估工厂的现状并仿真模拟未来的运营状态，最优化的仿真结果则可以用来组织工厂的制造资源，并开展相应的活动。

1. 虚拟工厂架构

构建虚拟工厂是一个多学科交叉与融合的过程。如图 6-12 所示，虚拟工厂划分为基础包和技术包，其中基础包包括知识库、数字工厂与基于模型的系统工程技术；技术包包括工厂建模（信息模型、仿真模型）、工艺设计、生产线设计、物流设计、边缘计算、机器智能、虚拟现实/增强现实与系统集成技术。通过系统集成，它们与企业其他不同的异构系统集成，如企业资源计划（ERP）、供应链管理（SCM）、高级计划与排程（APS）、产品生命周期管理（PLM）与制造执行系统（MES）等。

181

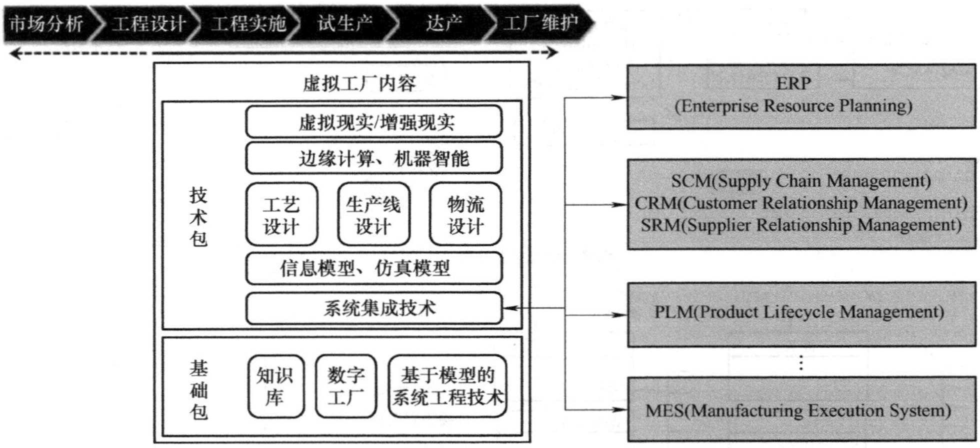

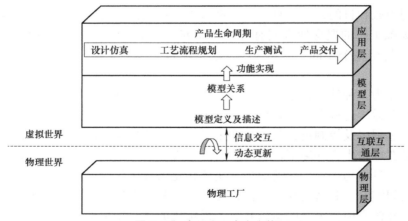

图 6-12　虚拟工厂的构建过程

　　我国智能制造系列标准中的《智能制造虚拟工厂参考架构》（GB/T 40648—2021）定义了虚拟工厂参考架构，如图 6-13 所示，包括互联互通层、模型层、应用层的三层架构，并与物理层实时交互更新。物理层与模型层间可通过互联互通层实现实时信息交互，并建立动态更新机制。应用层中的不同功能可通过对不同模型多层级的模型关系组合的方式实现。虚拟工厂应根据物理工厂的实际情况建设虚拟工厂信息模型，物理工厂的实际内容应为虚拟工厂参考架构的整体基础。

图 6-13　虚拟工厂参考架构

　　1）互联互通层：作为物理工厂和虚拟工厂的交互渠道，应包括通信协议、交互接口等内容。应实现物理世界与虚拟世界之间的实时信息交互，形成动态更新机制，以保证建立的虚拟工厂满足使用需求。

　　2）模型层：应为根据物理工厂实际情况建立的虚拟工厂信息模型，一般可分为模型定义及描述、模型关系两个部分。模型定义及描述中应对虚拟工厂的关键要素信息模型的分类及内容给出规定，包括虚拟工厂各组成要素的静态信息和动态信息的信息模型库。模型关系中应对不同信息模型间的关系给出通用性要求，并可通过建立多层级不同模型关系组合形成模型组合库的方式实现虚拟工厂功能。

3）应用层：可依次划分为设计仿真、工艺流程规划、生产测试、产品交付共 4 个阶段。模型层中的层级组合、关联组合、对等组合等多层级模型关系可以实现对信息模型的组合。通过信息模型的各种组合，应用层可提供不同的虚拟工厂业务功能。

2. 虚拟工厂设计内容

构建虚拟工厂是实现智能工厂目标的基础，虚拟工厂仿真技术可以基于离散事件建模、3D 几何建模、可视化仿真与优化等技术实现对工厂静态布局、动态物流过程等综合仿真和分析，从而能够先建立数字化的生产系统甚至全部工厂，依据既定工艺进行运行仿真，以便探索不同的设计方案，评估不同设计方案的性能。

随着三维数字化技术的发展，传统的以经验为主的模拟设计模式逐渐转变为基于三维建模和仿真的虚拟设计模式，智能工厂能够通过三维数字建模、工艺虚拟仿真和三维可视化工艺现场应用，避免传统的"三维设计模型→二维纸质图样→三维工艺模型"研制过程中信息传递链条的断裂，摒弃二维、三维之间转换，提高产品转换制造的效率。基于此，虚拟工厂设计内容主要包含工厂总平面布置模型、车间工艺布局模型、车间公用设施模型、信息基础设施模型、工厂/车间物流系统仿真模型、生产过程仿真模型、装配/加工过程仿真模型、人机工效仿真模型和机器人仿真模型等内容。通过虚拟工厂设计，实现基于模型的专业协同设计与优化、设备/生产/物流平衡分析与优化、装配/加工路径分析与优化、机器人协同节拍分析与优化、人体活动（包括提举分析、推/拉分析、搬运分析等）分析与优化等，具体见表 6-2。

表 6-2　虚拟工厂设计主要内容

设计阶段	组成项	设计分析内容
初步设计阶段	工厂总平面布置模型 工艺布局区划模型 主要生产厂房功能房间区划模型 工厂/车间布局仿真模型 物流系统仿真模型 生产过程仿真模型 装配/加工过程仿真模型 人机工效仿真模型 机器人仿真模型	a）设计方案成果 b）辅助设计方案比选 c）检验货架暂存、仓储及运转空间是否足够，布局是否合理 d）物流运输方案比选 e）生产平衡分析 f）装配/加工路径分析 g）产品的可达性和可视性分析 h）机器人协同工作节拍分析
施工图深化设计阶段	工厂/车间工艺布局模型 工厂/车间公用设施模型 场地设计模型 信息基础设施模型 工厂/车间布局仿真模型 工厂物流系统仿真模型 车间物流仿真模型 生产过程仿真模型 装配/加工过程仿真模型 人机工效仿真模型 机器人仿真模型	a）辅助设计方案比选 b）基于模型的各专业协同设计优化、施工图设计及出图 c）建筑性能仿真分析 d）基于模型的工程量计算与辅助预算编制 e）物流运输仿真分析（通行量分析、物流周转容器投入量、AGV 等运输工具效率等） f）设备利用率分析 g）生产平衡分析 h）物流平衡分析 i）装配/加工路径分析 j）产品的可达性和可视性分析 k）机器人协同工作节拍分析 l）人体活动（包括提举、推/拉、搬运分析等）分析与优化

值得注意的是，虚拟工厂设计是一个动态更新的过程，能够把"现实制造"和"虚拟呈现"融合在一起。在工厂运行阶段，通过遍布全厂的海量传感器采集现实生产制造过程中的所有实时数据，可实时、快速地反映生产中的任何细节。基于这些生产数据，在计算机虚拟环境中，应用数字化模型、大数据分析和 3D 虚拟仿真等方法，可对整个生产过程进行仿真、评估和优化，使虚拟世界中的生产仿真与现实世界中的生产无缝融合，利用虚拟工厂的灵活可变优势，来促进现实生产的持续改进。

3. 虚拟工厂设计流程

虚拟工厂的设计主要从信息模型的设计、信息模型之间的信息互联以及基于信息模型的运行仿真和优化等方面开展，图 6-14 所示为虚拟工厂设计流程。

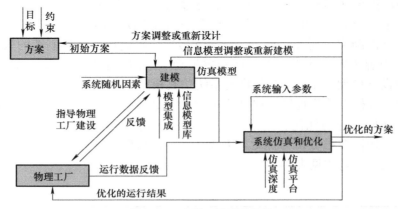

图 6-14　虚拟工厂设计流程

信息模型的设计主要是设计能保证虚拟工厂有效运行的信息模型并管理信息模型的有效信息；信息模型之间的信息互联主要是考虑模型之间的集成，便于信息共享；基于信息模型的运行仿真和优化主要是基于互联的信息模型进行系统仿真分析和评价优化，其中信息模型中的信息是随着物理工厂的运行而不断优化更新的。

6.3　智能工厂建模与仿真

6.3.1　智能工厂建模与仿真的步骤

在智能工厂设计过程中，需要围绕如何降低成本并提高生产效率，如何验证生产计划、工艺并消除生产瓶颈，如何针对复杂设备工艺进行虚拟调试、降低物理验证成本等问题，寻求最佳的生产系统设计、开发、建造与运营途径。智能工厂建模与仿真是基于初步的工厂设计方案基础上，通过计算机软件工具进行三维建模，搭建出数字化工厂模型，包含具体生产线、设备等，并通过仿真运行实现在生产线物理实体实际建造之前进行生产模拟的过程。智能工厂建模与仿真是一种将实际物理世界的生产系统模型化、数字化的一种手段，使项目团队在设计阶段就能将生产系统的各种构成要素、运行过程实现可视化，并快速识别产能瓶颈，同时也为后续的产品工艺验证提供支撑。

企业在规划新生产线或改造现有生产线时，必须明确以下问题：这条生产线用于生产什么产品，生产线运行的目标速度是多少，期望该生产线的生产率是多少，新建或改造的生产线需要的设备是否有空间，场地进行合理布局等诸多实际问题。为回答这些问题，采用生产线建模与仿真技术是最为经济和直观的手段。

智能工厂建模与仿真的主要目的，就是在生产线设计过程中可以预先评估生产系统的生产能力，验证工艺路线的合理性，确保设备布局和设备使用的合理性，通过仿真得出数据及相关结论，优化智能工厂设计中的资源配置问题和物流的管理问题，分析生产能力和设备的使用率，确定生产瓶颈并进行改善，为生产系统的正常运行做好准备。为了对生产系统进行优化，达到缩短产品生产周期、提高生产率以及资源利用率的目的，智能工厂建模与仿真技术的发展与应用成为必然。开展智能工厂建模与仿真主要包括三个关键步骤：

（1）生产工艺规划设计

生产工艺是指其在产品制造过程中，以文件形式对产品制造工艺过程、工艺参数、工艺配方和操作方法等内容的记录，也包括生产过程中用于生产控制的一个或一组文件。

生产工艺规划设计则是通过确定生产流程和生产系统构成，对整个生产系统进行合理规划，包括生产系统的布局、生产设备的选择和数量、辅助设备的选择等。

（2）借助计算机软件工具进行生产线建模

生产线建模与仿真分析的关键就是生产线的建模是否正确、合理。仿真模型从本质上反映了实际生产系统的生产能力及各个实体协同运行的合理性。生产线建模一般分为两部分，分别为几何建模和逻辑建模。几何建模是指通过三维建模软件，对进行仿真的生产线上的所有设备，包括加工设备、辅助设备和物流设备等，进行三维建模，要求与设备的实际尺寸相同，保证仿真的真实性。逻辑建模是指通过逻辑控制实现对生产系统的控制，包括生产资源的选择、资源对象的交互等。

（3）仿真优化

通过建立生产线模型，能够精确、真实地模拟生产线的空间布置和运行情况，验证生产线产能、节拍和存储等规划设计要素的合理性，发现系统运行的瓶颈并对方案进行优化，使生产线布局更合理有效。

因此，仿真优化是指对生产线进行建模并完成生产线的仿真，基于所得到的仿真结果进行分析，找出生产线的生产瓶颈，如设备的利用率、生产线在制品数量和某工位的工序能力。在此基础上，能够预测生产线的性能、制造成本和可制造性，从而更经济有效地、灵活地组织制造生产，使资源得到合理配置，从而提高整条生产线的生产效率。

6.3.2 智能工厂建模与仿真的主要内容

目前，智能工厂建模与仿真技术主要在布局仿真、工艺仿真和物流仿真三个方面应用较为广泛。布局仿真是指在三维空间中实现工厂车间布局的可视化，以便在生产系统建设之前，对布局方案进行评估、修改，提高布局规划效率。工艺仿真是针对产品的工艺进行验证，借助干涉检查和时间核算等功能，优化生产顺序与路径，既能保证生产质量，又能提高装配效率。物流仿真是针对物流系统进行系统建模，模拟实际物流系统的运行状况，并统计和分析模拟结果，用以指导实际物流系统的规划设计与运作管理。

1. 工厂布局与设备的建模与仿真

工厂布局与设备的建模与仿真是两个紧密相连且至关重要的环节，它们对于提高生产效率、优化资源配置和降低运营成本具有重要意义。工厂布局设计是一个综合性的过程，它涉及多个因素，如生产工艺流程、物料搬运、设备配置和人员流动等。一个合理的工厂布局应该能够使得生产流程更顺畅、物料搬运更高效、设备利用更充分以及人员工作更便利。

在工厂布局设计中，需要遵循一些基本原则，如整体综合原则、移动距离最小原则、流动性原则、空间利用原则、柔性原则和安全原则等。设备建模则是工厂布局设计中的一个重要环节。设备建模是通过建立数学模型或物理模型来描述设备的性能、功能和行为。设备建模为工厂布局设计提供有力支持，包括设备的尺寸、形状、性能参数和运行逻辑等要素。通过设备建模，可以对工厂中的设备进行精确的分析和评估，从而确定其在工厂布局中的位置和配置。

在工厂布局与设备的建模与仿真的结合中，可以利用先进的仿真软件和技术来进行模拟和优化。如图 6-15 所示，通过仿真软件，可以建立工厂布局的虚拟模型，并在其中进行设备建模和配置。

图 6-15　工厂布局与设备的建模与仿真

然后通过仿真运行来评估工厂布局和设备配置的效果，并根据仿真结果进行优化调整。这种方法可以在实际投产前预测和解决可能出现的问题，提高工厂布局的效率和可靠性。

2. 生产流程与工艺的建模与仿真

生产流程与工艺的建模与仿真是智能工厂仿真中至关重要的环节，它们共同构成了生产系统的基础框架。如图 6-16 所示，生产流程建模将生产过程中的各个活动、决策、依赖关系、控制流和信息流等要素以逻辑语言的方式进行表述，通过使用图形符号、图表、符号化语言或其他程序语言来完成。工艺建模则侧重于对生产过程中的具体工艺步骤进行描述，涉及加工、装配和热处理等过程，确保生产过程的准确性和连续性。工艺建模通常需要考虑工艺参数、设备性能和物料流动等因素，并据此建立相应的仿真模型。

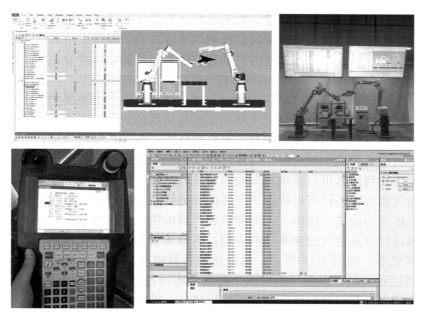

图 6-16　生产流程与工艺的建模与仿真

在生产流程与工艺的建模与仿真过程中，可以利用各种建模工具和仿真技术，如流程图、甘特图和 Petri 网等，以及专业的仿真软件，如 DELMIA、PDPS 和 VC 等。这些工具和技术可以精确地描述和分析生产流程及工艺，预测潜在问题，制定优化策略。

3. 仓储物流系统的建模与仿真

仓储物流的仿真模拟利用软件系统对建立的模型进行运行和测试。如图 6-17 所示，通过仿真，可以模拟实际仓储物流系统的运行状况，包括货物的入库、存储、拣选和出库等环节，以及设备的运行、人员的作业等过程。在仿真模拟过程中，可以收集和分析各种数据，如作业时间、设备利用率和库存周转率等，以评估系统的性能和效率。同时，还可以对不同的场景和策略进行模拟和比较，以找出最优的运作方案。

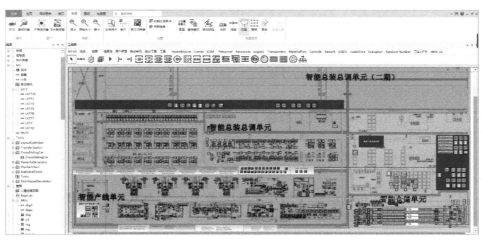

图 6-17　仓储物流系统的建模与仿真

　　根据仿真模拟的结果，可以对仓储物流系统进行优化和改进。例如，可以通过调整货物的存储布局、优化配送路径以及提高设备利用率等方式，降低系统的运行成本和提高作业效率。此外，还可以通过引入先进的技术和方法，如自动化、智能化等，进一步提升系统的性能和智能化水平。

　　近年来，随着国家实施"双碳"战略，全社会越来越重视环境保护。因此，在智能工厂建模与仿真技术应用方面，针对工厂环境建模与仿真的研究与应用也得到更多重视。工厂环境建模与仿真是工业制造领域中至关重要的环节，包括车间温湿度环境和内部空气流动的优化，以及虚拟环境中对实际车间运行状况的模拟与预测。

　　工厂环境建模与仿真可以实现对车间内温度、湿度、气流速度以及空气洁净度的精确控制。良好的气流组织不仅可以确保工作区的舒适性和生产效率，还能有效排除车间内的粉尘和有害气体等污染物，保障工人的健康和产品的质量。在智能工厂环境下，通过合理的送风、排风设计以及空气过滤系统的应用，可以实现车间内空气的循环使用和净化，降低能耗和运营成本。如图6-18所示，通过使用计算机模型和数学算法，可以实现对车间环境的精确描述和预测，包括气流组织、温度分布以及湿度变化等方面。通过环境仿真，可以在虚拟环境中对车间运行状况进行可行性研究、性能评估以及优化方案设计。通过模拟不同送风和排风方案下的气流分布和污染物扩散情况，可以找到最佳的气流组织形式和设备配置方式，及时发现潜在的问题和隐患，为实际运行提供科学依据。这不仅可以减少实际试验的成本和风险，还可以提高设计方案的可靠性和有效性，在工业制造领域中具有广泛的应用前景。

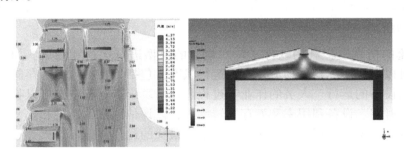

图6-18　工厂环境建模与仿真示意图

6.3.3　仿真实验设计的一般流程

1. 仿真实验目标的设定

　　开展工厂建模与仿真实验设计对智能工厂设计评估具有重要作用，仿真实验设计过程起始于仿真实验目标的设定。

　　1）定义研究问题：需要明确通过仿真实验解决的问题，确保问题具有实际意义和可操作性。

　　2）设定具体目标：根据研究问题，设定具体的仿真实验目标。这些目标应该是可量化、可衡量的。例如，"如何优化生产线的布局以满足生产目标"，那么仿真实验目标可以设定为"通过仿真实验，找到最优的生产线布局，以满足生产目标"。

3）考虑约束条件：在设定目标时，需要考虑各项约束条件，如资源限制、时间限制和工艺限制等。这些约束条件是仿真实验设计和结果的重要条件。

4）明确优先级：如果存在多个仿真实验目标，需要明确它们的优先级，在实验过程中合理分配资源和时间。

5）评估和调整：在仿真实验过程中，定期评估实验进展和目标实现情况。若发现目标无法实现或存在更好的解决方案，则需要及时调整目标或实验方案。

2. 实验场景与参数设置

在仿真实验中，实验场景与参数的设置对于实验结果的准确性和可靠性至关重要，首先，需要明确实验所处的具体环境或背景，如生产线的具体布局、设备的种类和数量、物料的流动方式等。构建一个真实且符合实际需求的实验场景，并完成以下参数设置及分析工作。

1）参数设置：在仿真实验中，需要设置的参数通常包括设备的性能参数（如运行速度、精度等）、物料的属性参数（如重量、体积、流动性等）和环境参数（如温度、湿度、光照等）等，同时需要明确哪些参数对实验结果有重要影响，并确定取值范围或分布规律。

2）参数初始化：在仿真实验开始前，需要对参数进行初始化设置，包括为各个参数赋予初始值或选择适当的分布函数。确保参数的初始设置符合实际场景中的实际情况。

3）参数调整：在仿真实验过程中，可能需要根据实验进展和结果对参数进行调整，包括改变参数的取值范围或调整参数的分布函数等。通过调整参数，可以观察不同参数设置对实验结果的影响，并找到最优的参数配置。

4）参数敏感性分析：为了了解不同参数对实验结果的影响程度，可以进行参数敏感性分析。通过改变某个参数的取值并观察实验结果的变化情况，可以评估该参数对实验结果的影响程度。这有助于确定哪些参数对实验结果具有重要影响，并优化参数设置以提高实验结果的准确性和可靠性。

3. 仿真运行与数据采集

完成参数设置后，一般通过仿真软件进行实验过程，并完成数据采集，具体包括：

1）加载模型与参数：在开始仿真运行之前，首先需要加载已经构建好的仿真模型和设置好的参数，包括实验场景、设备、物料以及环境等各个方面的设置。

2）设置运行条件：根据实验需求，设置仿真运行的条件，如运行时间、迭代次数和初始状态等。这些条件将决定仿真运行的进程和结果。

3）启动仿真：在确认所有设置无误后，启动仿真运行。在仿真运行过程中，可以实时观察系统的动态变化，并根据需要进行调整。

4）监控与记录：在仿真运行过程中，需要实时监控系统的状态和数据变化，并记录关键数据。这些数据将用于后续的结果分析和优化。

5）确定采集数据：在仿真运行之前，需要明确需要采集哪些数据。这些数据应该能够反映系统的关键性能指标和实验目标。

6）配置数据采集系统：根据需要采集的数据，配置数据采集系统，包括选择适当的数据采集工具、设置数据采集参数（如采样频率、精度等）以及确定数据存储方式等。

7）实时采集数据：在仿真运行过程中，实时采集数据。确保数据采集系统能够准确地记录系统的状态和数据变化。

8）数据处理与保存：对采集到的数据进行必要的处理，如清洗、转换和分析等，并保存到适当的位置，以便后续使用。

4. 实验结果的分析与优化

实验结果的分析与优化是仿真实验的核心环节，它涉及对实验数据的深入挖掘、解释以及基于这些分析结果的优化策略制定。具体包括：

1）数据整理与清洗：首先对实验过程中采集到的数据进行整理，包括去除重复数据、处理缺失值和异常值等，确保数据的准确性和可靠性。

2）数据可视化：通过图表、图像等方式将实验数据可视化，以便更直观地观察和分析数据的分布、趋势和模式。

3）性能评估：根据实验目标，对仿真模型的性能进行评估。例如，如果实验目标是提高生产效率，可以计算仿真模型在不同条件下的生产效率，并比较其优劣。

4）因素分析：分析影响实验结果的关键因素。可以通过回归分析、方差分析以及相关性分析等方法来实现。通过了解这些因素是如何影响实验结果的，可以为后续的优化提供方向。

5）参数调整：根据实验结果分析，调整仿真模型中的参数。例如，如果发现某个设备的运行速度对生产效率有显著影响，可以尝试调整该设备的运行速度以优化生产效率。

6）方案优化：基于实验结果分析，优化实验方案。例如，如果发现某种生产策略在某些条件下表现不佳，可以尝试调整生产策略以适应不同的生产环境。

7）模型改进：如果实验结果与预期目标存在较大差距，可能需要改进仿真模型。这可以通过增加模型的复杂度、引入新的变量或改进模型的算法来实现。

8）多方案对比：制定多个优化方案，并进行对比实验。通过比较不同方案下的实验结果，选择最优的方案。

9）实施优化方案：将优化方案应用于实际系统或仿真模型，并观察其效果。

10）效果验证：收集实施优化方案后的数据，并进行效果验证。如果优化方案能够显著提高系统性能或实现实验目标，则将其视为有效方案。

11）迭代优化：如果优化方案的效果不理想，可以进行迭代优化，包括重新分析实验结果、调整参数或改进模型等步骤，直到找到满意的优化方案为止。

6.3.4 常用的工厂建模与仿真软件

工厂建模与仿真软件经历了3个主要发展阶段：语言建模、参数建模和对象建模，表6-3列举了制造系统和物流系统中常用的仿真软件，下面将重点介绍前三款软件。

表6-3　制造系统和物流系统中常用的仿真软件

软件名称	开发商	特点	主要应用领域
Tecnomatix（Plant Simulation）	德国西门子公司	具有层次结构化、继承性、模型的可变性和可维护性、对象性的概念；可对高度复杂的生产系统和控制策略进行仿真分析；有专用的应用目标库，可迅速而高效地建模；优化性能好	用于规划、仿真和优化工厂、生产系统和工艺过程

续表

软件名称	开发商	特点	主要应用领域
Arena	美国 Rockwell Software 公司	输入、输出数据准确；可实现可视化柔性建模；与 MS Windows 完全兼容且可以定制用户化的模板和面板	制造、物流及服务系统建模与仿真
Witness	英国 Lanner 公司	具有很好的灵活性和适应性；采用交互式建模方法使得建模方便快捷；系统仿真调度具有柔性；仿真显示和仿真结果输出直观、可视；具有良好的开放性	汽车、物流和电子等制造系统仿真
ProModel	美国 PROMODEL 公司	提供丰富的参数化建模元素；提供多种手段定义系统的输入 / 输出、作业流程和运行逻辑；兼容性好；优化功能强	制造系统和物流系统仿真
Flexsim	美国 Flexsim Software Products 公司	面向对象的建模，由对象、连接和方法三部分组成；提供众多的对象类型；仿真引擎可自动运行仿真模型；可利用开放式数据库互连（ODBC）直接输入仿真数据，也可将仿真结果导入其他应用软件（如 Word、Excel）；可直接导入 3D Studio、VRML、DXF 和 STL 图形文件	物流系统和制造系统仿真
Automod	美国 Brooks Automation 公司	采用内置的模板技术；可快速构建仿真模型；模板中的元素具有参数化属性；具有强大的统计分析能力；动态场景的显示方式灵活	生产及物流系统规划、设计与优化
Quest	法国达索公司	面向对象的离散事件仿真工具；实时交互能力强；具有强大的图形建模、可视化功能和健壮的导入、导出功能	工艺过程流的设计、仿真和分析

191

1. Tecnomatix 软件

Tecnomatix 是德国西门子公司开发的一个综合性的数字化制造解决方案系统，通过同步产品工程、制造工程和生产实现创新，它建立在 Teamcenter 最佳的制造业生命周期管理平台基础之上，是目前市场上功能最多的一套综合性的制造解决方案。为了应对不断变化的市场需求，企业需要借助 Tecnomatix 的诸多功能来提升制造效率、降低生产成本和优化制造过程。

Tecnomatix 通过将所有制造专业领域与产品工程设计联系起来实现创新，其中包括流程布局和设计、流程模拟 / 工程以及生产管理。本书的生产线建模仿真实验主要使用 Tecnomatix 平台的 Process Designer 和 Process Simulate 两种软件。

Process Designer（简称 PD）主要用于工件、工装的导入以及工作环境布局。通过对整条生产线进行二维及三维的布局，完成生产布局，建立三维可视化工厂。三维工厂的设计与二维的设计方法相比，其可视化更好，工厂布局一目了然，更加形象具体，同时更容易优化资源配置及布局安排，减少不必要的劳动成本浪费，节约劳动时间。

Process Simulate（简称 PS）主要用于生产及装配过程的模拟，在 PD 已经搭建好的三维工厂生产线上，完成包括装配人员的动作模拟、运输设备的运动路径以及相关机床的运动状态模拟等工作，最终以动态仿真的形式输出装配过程视频。在 PS 进行仿真的这个过程中，可以发现生产线所存在的问题，如设备的闲置与生产瓶颈等，可以再次对生产线的布置与相关工艺进行优化。

（1）零件规划与验证

通过使用 Tecnomatix 的零件规划与验证（Part Planning and Validation）功能，对零件和用来制造这些零件的工具制定生产工艺并确定生产流程，如流程排序和资源分配等，并验证工艺流程。软件的具体应用包括模拟制造流程，管理制造流程，管理生产中的资源、产品和工厂数据，为规划和验证零件制造过程提供虚拟环境。为了准确制定零件的制造计划，Tecnomatix 将制造机会与生产直接关联起来，使得生产效率最大化。

（2）装配规划与验证

通过 Tecnomatix 的装配规划与验证（Assembly Planning and Validation）功能，提供一个虚拟制造环境来规划产品的装配制造过程，并对装配制造方法进行验证和评估，检验装配过程是否存在错误、零件装配过程中是否存在碰撞。使用工具可以更清楚地了解装配顺序、资源和活动持续时间，从而做出更明智的制造决策。该解决方案通过提供经过验证的解决方案和实践的最佳工具使得在虚拟环境中验证和优化新流程和技术时，可以灵活地检查制造流程，而不会影响当前的制造流程。

（3）工厂设计与优化

Tecnomatix 的工厂设计与优化功能是通过建立基于参数的三维智能对象，能够更迅速地对工厂布局进行设计。Tecnomatix 在虚拟环境下利用可视化技术对生产线的布局进行设计，对生产系统中的物流状态进行分析并得出优化结果。在这个仿真过程中发现所设计生产线的生产瓶颈与设计缺陷。在这个离散事件的仿真过程中，工厂内的物料流、生产过程和设备利用率都能得到监控和改进。

（4）机器人与自动化规划

Tecnomatix 的机器人与自动化规划解决方案为开发机器人和自动化制造系统提供了共享环境。该解决方案满足多层次的机器人仿真和工作单元开发需求，在能够处理单个机器人和工作台的同时，也满足了完整的生产线和生产区域的处理需求。借助 Tecnomatix 的机器人与自动化规划，制造商可以通过产品生命周期管理平台进行虚拟开发，模拟、调试机器人和其他自动化制造系统。这些系统可以从生产特种产品的工厂应用到使用各种生产方法的混合模式工厂。

2. Arena 软件

Arena 是由美国 Systems Modeling 公司于 1993 年开始基于仿真语言 SIMAN 及可视化环境 CINEMA 研制开发并推出的一款可视化及交互集成式的商业化仿真软件，目前属于美国 Rockwell Software 公司的产品。Arena 在仿真领域具有较高的声誉。其应用范围十分广泛，覆盖了包括生产制造过程、物流系统及服务系统等在内的几乎所有领域。

（1）可视化柔性建模

Arena 将仿真编程语言和仿真器的优点有机地整合起来，采用面向对象技术，并具有完整的层次化体系结构，保证了其易于使用和建模灵活的特点。在 Arena 中，对象是构成仿真模型的最基本元素。对象的封装和继承特性使得仿真模型呈现出模块化特征和层次化结构。

（2）输入 / 输出分析器技术

Arena 提供了专门的输入 / 输出分析器来辅助用户进行数据输入处理和输出数据的预加工，有助于保证仿真研究的质量和效果。输入分析器能够根据输入数据来拟合概率分布函数，进行参数估计，并评估拟合的优度，以便从中选择最为合适的分布函数。输出分析器提供了方便易用的用户界面，以帮助用户简便、快捷地查看和分析输出数据。

（3）定制与集成

Arena 与 Windows 系统完全兼容。通过采用对象链接与嵌入（OLE）技术，Arena 可以使用 Windows 系统下的相关应用程序的文件和函数。例如，将 Word 文档或 AutoCAD 图形文件加载到 Arena 模型中，对 Arena 对象进行标记以便作为 VBA 中的标志等。此外，Arena 还提供了与通用编程语言的接口，用户可以使用 C++、Visual Basic 或 Java 等编程语言，或者通过 Arena 内嵌的 Visual Basic for Application（VBA）编写代码，灵活地定制个性化的仿真环境。针对不同需求的用户，Arena 开发了 Arena Basic Edition、Arena Standard Edition 和 Arena Professional Edition 三个不同类型的版本。

3. Witness 软件

Witness 是由英国 Lanner 公司开发的一款功能强大的仿真软件系统，它既可以应用于离散事件系统仿真，同时又可以应用于连续流体（如液压、化工和水力等）系统的仿真，应用领域包括汽车工业、食品、化学工业、造纸、电子、航空和运输业等。

（1）采用面向对象的交互式建模机制

Witness 提供了大量的模型元素和逻辑控制元素。前者如加工中心、传送设备和缓冲存储装置等；后者如流程的倒班机制以及事件发生的时间序列等。用户可以很方便地通过使用这些模型元素和逻辑控制元素建立起工业系统运行的逻辑描述。在整个建模与仿真过程中，用户可以根据不同阶段的仿真结果随时对仿真模型进行修改，如添加和删除必要的模型元素。并且，在修改完毕后，仿真模型将继续运行，而不需要重新返回到仿真的初始时刻。

（2）直观、可视化的仿真显示和仿真结果输出

Witness 提供了非常直观的动画展示。在仿真模型运行的过程中，可以实时地用动画显示出仿真系统的运行过程，并以报表、曲线图和直方图等形式将仿真结果实时输出，以辅助建模和系统分析。

（3）灵活的输入 / 输出方式

Witness 提供了与其他系统相集成的功能，如直接读写 Excel 表、与 ODBC 数据库驱动相连接以及输入描述建模元素外观特征的 CAD 图形文件等，以实现与其他软件系统的数据共享。

（4）建模功能强大，执行策略灵活

Witness 提供了 30 多种系统建模元素以及丰富的模型运行规则和属性描述函数库，允许用户定制自己领域中的一些独特的建模元素，并能够通过交互界面定义各种系统执行的策略，如排队优先级和物料发送规则等。

6.4 智能工厂建设实例

6.4.1 项目概况

某公司飞轮储能装置智能工厂建设项目，总投资约 1.1 亿元，总建筑面积约 16000m²，主要用于 1000 套 / 年飞轮储能装置的生产。表 6-4 所示为项目的生产纲领，项目产品"100kW 飞轮储能装置"填补了国内空白，综合性能指标达到同类产品的国际先进水平。为更快地促进该产品投入市场，从小批量试制车间生产到专业化批量生产，公司决定实施飞轮储能装置智能工厂项目，建设一个满足产品制造工艺、生产产能需求、质量目标和数字化管理等要求的且可直接投产的智能工厂。针对国内首套飞轮储能装置产品，该项目运用基于精益的工艺物流规划设计、工厂信息模型建模、工艺物流仿真、智能产线和智能物流系统研发制造、工厂物联网、信息化系统规划设计与系统集成等技术，实现生产制造过程的自动化、标准化、规模化、高效化、质量的一致性和成本的可控性，实现物流、工艺流和信息流的全面集成，打造一个生产设备网络化、生产数据可视化、生产现场少人化、生产过程透明化和生产决策智能化的智能工厂。

项目最终拟实现年产 2000 套飞轮储能装置（产品规格以 200kW 为基准，向下覆盖 50kW、100kW 飞轮装置）的部装、总装和试验任务，其中一期纲领 1000 台；同时该车间还负责外购标准件、外协加工件的检验、存储和配送任务，以及开关、断路器及电控柜体等外协电气元件的测试、存储和配送任务。

表 6-4　项目的生产纲领

序号	产品名称	型号规格	产品重量 /t	年产纲领 / 台	
				一期	总体
1	飞轮储能装置	50kW	1	200	400
2		100kW	1.5	400	800
3		200kW	2.5	400	800
合计				1000	2000

6.4.2 工艺流程

该智能工厂建设项目需要建设的飞轮储能装置的整体工艺流程图，如图 6-19 所示。

1）智能仓库入库流程：接运作业→卸货→检验作业→货物打码标示→扫描条码输入计算机→计算机确定存储货位→将其送至指定货位→文件处理。

2）智能仓库出库流程：接到出库指令→输入物料信息→查询检索货物→取出物品至拣选台→人工拣选货物→货物移动至发货区→ AGV 配套发货→文件处理。

3）电控柜装配线：电控柜侧、后板拆卸→柜体支撑条架安装→顶部风机安装→驱动器安装→飞轮本体安装润滑装置、真空泵安装→二次电气元件装配→整流装置触发器安装→柜体侧、后板安装→测试接线→转运至成品测试区。

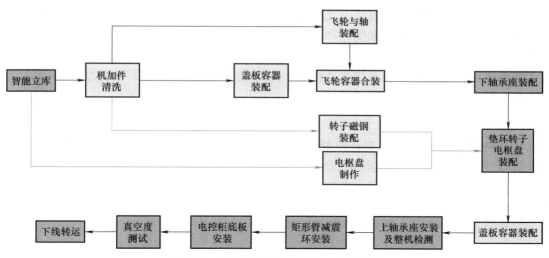

图 6-19　飞轮储能装置的整体工艺流程图

6.4.3　设计方案

1. 基于精益的工艺设计

首先，以价值流分析为工具，对企业当前状态下生产全过程中存在的问题进行诊断与要因分析，如图 6-20 所示，通过智能工厂未来状态价值流分析推演，验证智能工厂规划设计方案中可能存在的漏洞或缺陷，最终形成科学、适用和实用的智能工厂规划设计方案。

195

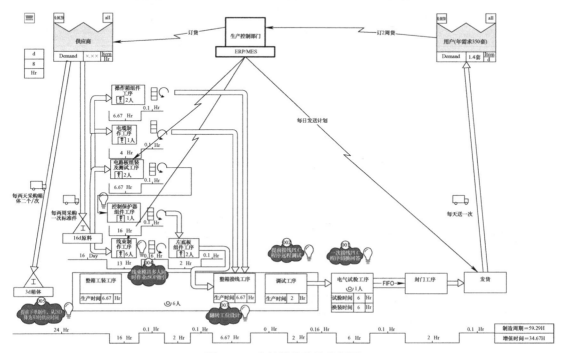

图 6-20　电控箱价值流分析图

在工艺及产线等设计阶段采用二维设计和三维设计相结合的方案，通过生产工序、大物流与单元内小物流相衔接来优化产品设计，按照拉式生产的模式进行工艺平面布局（见图 6-21），智能产线采用三维正向设计，解决目前生产中的难点，实现自动化生产，减少工人劳动强度，提高工作效率和产品质量。同时也为后续的智能工厂整体仿真、单工位仿真等奠定基础。

2. 智能物流仓储设计

智能物流仓储的工艺流程从原材料库区开始，信息化系统下发采购订单，在来料待检区进行物料到货、人工检验和打码、物料扫码入库，如图 6-22 所示。在上料区，人工进行分拣码放，物料扫码出库，在装配线区物料扫码确认，信息绑定并上传系统。在飞轮本体完成测试后与电控柜合装，然后到整机测试线进行扫码测试，测试合格后进入成品库区，发货时扫码确认并上传系统。物流配送方案如图 6-23 所示。

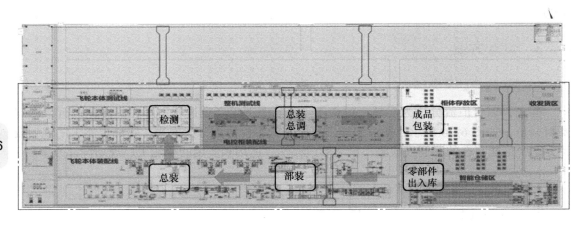

图 6-21　工艺平面布局

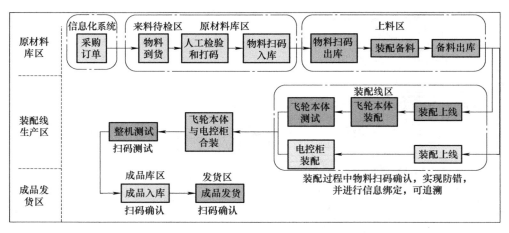

图 6-22　智能物流仓储的工艺流程图

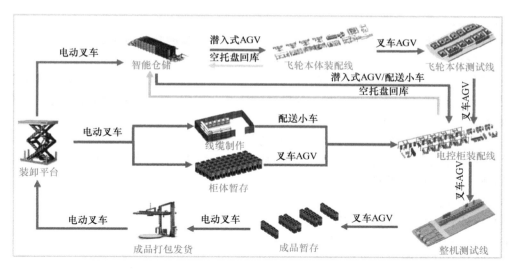

图 6-23　物流配送方案

3. 智能生产单元设计

根据工艺规划方案，项目产线的生产单元包括智能仓储、飞轮本体装配线、飞轮本体测试线、电控柜装配线和整机测试线。以飞轮本体装配线为例，飞轮本体智能产线包括机加件清洗单元、电枢盘制作单元、转子磁钢装配单元、盖板容器装配单元、飞轮与轴装配单元、轴承座矩形管减振环及底板装配单元、垫环电枢盘转子装配单元和真空度测试单元，如图 6-24 所示，每个单元实现自动上下料、单元之间的物流运转通过 AGV 调度系统和 MES 进行衔接。

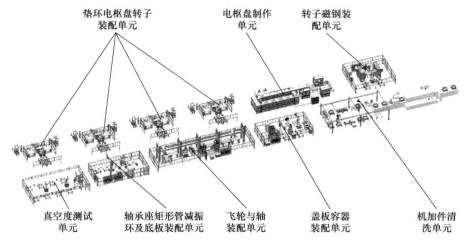

图 6-24　飞轮本体装配线整体三维布局

4. 工艺物流仿真分析

项目采用西门子公司的 Tecnomatix 软件中的 Plant Simulation 模块进行工艺物流仿真，运用 Process Designer 和 Process Simulate 软件进行单工位仿真分析。

197

（1）仿真分析的主要内容

项目针对飞轮储能装置智能工厂的智能产线方案、智能物流方案和生产系统运行方案进行仿真分析，从产能、物流、布局、人工和单工位五个角度，对物料装运、部件装配、产品装配和本体测试等过程进行分析并优化设计，将仿真测试结果及时反馈至建设方，沟通改进措施，迭代式优化规划方案，分析瓶颈所在并优化设计，以达到飞轮储能装置智能车间规划设计的最优目标。具体内容包括：

1）初步确定智能车间方案，绘制车间物料流线图。

2）创建智能车间工艺物流仿真模型，数据驱动模型运转，测试不同的规划方案。

3）验证和优化产能方案。

4）验证和优化物流方案。

5）验证和优化工艺布局方案。

6）验证和优化人员布置方案。

7）验证和优化单工位设计方案。

（2）仿真模型构建

仿真模型包括二维逻辑模型、三维联动模型和仿真分析图表等。针对方案设计每一个单元的动作流程、节拍时间等进行详细的逻辑建模，主要模型包括智能仓储单元仿真模型、机加件清洗单元仿真模型、盖板容器装配单元仿真模型、转子磁钢装配单元仿真模型、飞轮与轴装配单元仿真模型、垫环电枢盘转子装配单元仿真模型、轴承座矩形管减振环及底板装配单元仿真模型、真空度测试单元仿真模型、本体测试单元仿真模型、电控柜装配单元仿真模型和成品测试单元仿真模型。图 6-25 和图 6-26 所示分别为车间整体仿真逻辑模型和车间整体仿真三维模型，图 6-27 所示为车间仿真二维和三维模型联动。

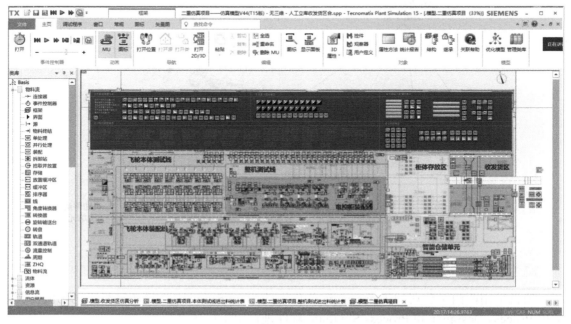

图 6-25　车间整体仿真逻辑模型

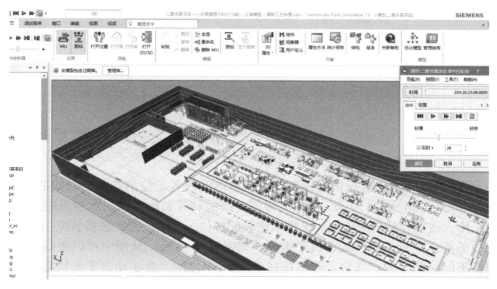

图 6-26　车间整体仿真三维模型

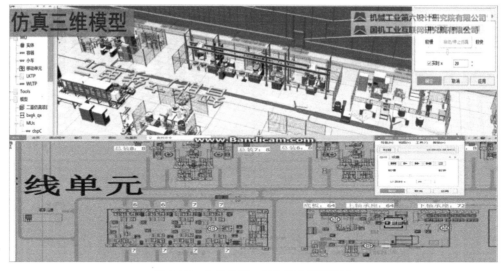

图 6-27　车间仿真二维和三维模型联动

（3）部分仿真结果

1）飞轮本体智能装配线的总产能匹配分析：运行仿真模型，分别取第 25 天、100 天、254 天时的飞轮本体装配线的产量情况，如图 6-28 所示。从仿真模型运行的步进曲线（25 天）可以看出，从第 3 天开始每天生产节拍为 8 套 / 天，验证了工艺规划方案的产能满足生产节拍（8 套 / 天）的要求。飞轮本体装配线产品总数量在第 254 天达到 2000 套，验证了工艺规划方案的产能满足生产纲领（2000 套 / 天）的要求。

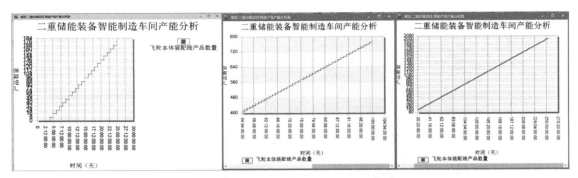

图 6-28　飞轮本体智能装配线的产量步进曲线（25 天、100 天、254 天）

2）产线平衡分析：运行仿真模型，分析智能产线各工位的产能随时间的变化趋势，分别统计 30 天、60 天、150 天、254 天智能产线的转子装配工位、电枢盘装配工位、飞轮装配工位、盖板容器装配工位、下轴承座装配工位、总装工位、底板装配工位和飞轮本体装配线的产品数量，绘制成产线平衡图，如图 6-29 所示。从图中可以观察到，各工位的产能在不同时间点的产品数量差维持在 8 ～ 16 个之间，处于动态平衡状态，保证了产线的顺利运行，验证了智能产线及智能物流规划的合理性。

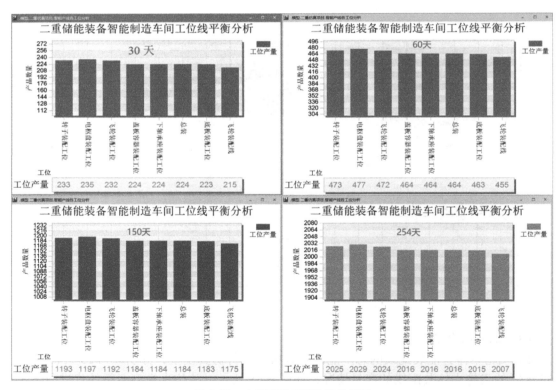

图 6-29　主要产线平衡仿真分析图

3）人机工程优化：原压固工装设计方案如图 6-30 所示，经人机工程仿真分析，发现采用该方案时，最上层的电枢盘取放较为困难，人工操作压制扳手姿态不方便，且每层分别压制增加了人工工作量，造成工时浪费；优化后的压固工装设计方案如图 6-31 所示。

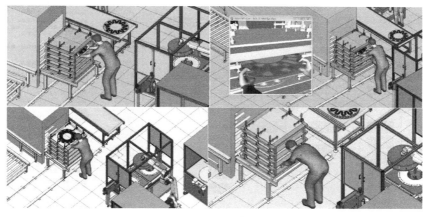

图 6-30 原压固工装设计方案

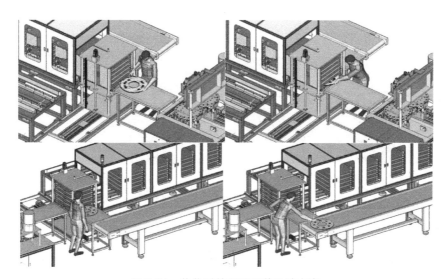

图 6-31 优化后的压固工装设计方案

5. 车间物联网系统

项目依托底层的工业数据分析及治理，集成 DNC（分布式数字控制）系统、SCADA 系统、敏捷安灯系统和精益看板系统等车间物联网系统，如图 6-32 所示。采用总线的形式，明确各单元之间的通信协议，明确各组成部分的通信内容，根据生产任务指令，通过车间物联网系统实现各单元之间的互联互通。

6. 虚拟工厂设计

项目通过 BIM 软件和 SolidWorks 三维设计软件建立工厂、车间以及车间内所有设备的三维模型的虚拟工厂，如图 6-33 和图 6-34 所示，为工厂智能化生产、监控和运行等提供支撑，物理工厂与虚拟工厂一一对应。

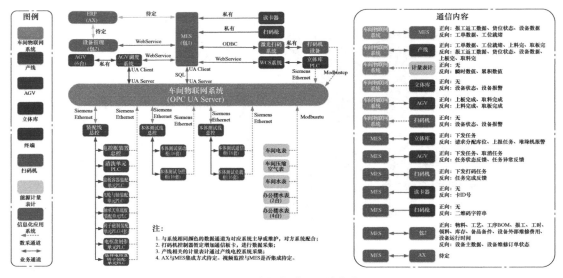

图 6-32　车间物联网系统集成

图 6-33　飞轮储能装置智能工厂 BIM 模型

图 6-34　飞轮储能装置智能工厂
内部智能产线单元三维模型（局部）

6.4.4　建设成效

飞轮本体智能化装配线的自动化率达到 70% 以上，跟人工生产模式相比，工人人数从 80 人减至 16 人，生产率大大提高，装配质量得到保证并做到了全过程可追溯。

飞轮储能智能装置电控柜智能化装配线的应用，跟人工生产模式相比，人数从 39 人减至 17 人，降低了工人劳动强度和提高了生产率。

在飞轮本体测试和飞轮储能装置测试中，通过运用一键测试、智能诊断、智能提醒、多工位分时控制与协作控制等技术，降低了工人操作难度，并减少了变压器的用电负荷。

6.1　飞轮储能装置智能工厂建模与仿真

项目成功应用机器人、机器视觉、高精度激光测距、高精度伺服控制、物料追踪、自动打标、高精度浮动装配、智能测试、数据采集和集中控制等多种先进技术，在装备制造、电子信息和新能源等行业得到了应用，具有很强的示范效应。

习题

6-1　简述《基于云制造的智能工厂架构要求》（GB/T 39474—2020）和《智能工厂

安全控制要求》（GB/T 38129—2019）中对智能工厂的定义。

6-2　简要概括智能工厂的基础要素，并分别举例说明。

6-3　简要概括智能工厂的基本特征。

6-4　举例说明智能工程制造过程智能化的主要表现有哪些。

6-5　结合 CPS 理念简要概括智能工厂的整体架构。

6-6　详细描述智能工厂工艺设计的主要流程及各阶段的主要设计工作。

6-7　简述运用仿真软件进行工厂建模仿真的一般流程。

📠 项目制学习要求

结合本章对智能工厂建模与仿真知识的学习，进一步完善项目制课程作品的功能实现。

1）结合仿真实验设计的一般流程，分析总结复合作业机器人（AGV+ 机械臂）运行过程仿真监控的具体功能。

2）围绕复合作业机器人在项目给定场景下的作业任务，提出整个系统的数据采集方案，并结合控制系统开发及作业监控系统开发，完成作品数据采集功能。

3）在熟悉 Tecnomatix 软件功能基础上，与项目制学习小组同伴讨论仿真分析的基本原理，思考如何在复合作业机器人作业监控系统中实现仿真运行与结果分析等功能。

作业要求 1：

> 请各组提交复合作业机器人作业监控系统数据采集方案，包括以下内容（不限于）：
> 1. 整个系统数据采集的数据项定义
> 2. 针对各个数据项给出具体的数据采集实现方式
> 3. 结合数据采集能够进行哪些数据分析与仿真实验的设想
> 4. 数据采集功能实现的具体方案
> 5. 参考文献（可选）

作业要求 2：

> 请各组在分析 Tecnomatix 软件建模仿真功能基础上，提交复合作业机器人作业监控系统优化方案，包括以下内容（不限于）：
> 1. 针对复合作业机器人的仿真运行与结果分析的功能设计
> 2. 结合数据采集方案确定复合作业机器人的仿真监控可视化界面
> 3. 参考文献（可选）

6.2　AGV 与机械臂集成开发——源代码

第7章 智能制造运行管理与控制

204

 学习目标

通过本章学习，在基础知识方面应达到以下目标：
1. 能简要概括工厂数字化管控模型及 MES 功能模型。
2. 能准确描述制造系统运行控制架构及运行逻辑。
3. 能清晰描述生产计划体系及生产调度问题并求解。
4. 能简要概括 ERP 系统与 MOM 系统的主要功能。

本章知识点导读

请扫码观看视频

案例导入

东方汽轮机：解码"国之重器"背后的新动能○

9 个数字化车间、21 条数字化产线、1500 余台设备通过具备毫秒级数据实时采集和每秒百万亿次运算能力的工业互联网平台，实现了全域数据互联互通……东方电气集团东方汽轮机有限公司（以下简称为东方汽轮机）的 5G 全连接数字化工厂，让人不禁感叹"未来已来"。

作为我国高端能源装备制造业的领军企业，东方汽轮机是如何在深入推进新型工业化的浪潮中始终保持"标杆之姿"？如何运用新质生产力锻造新时代的"国之重器"？

○ 感兴趣的读者可阅读《从工业"排头兵"看四川"向新力"| 东方汽轮机：解码"国之重器"背后的新动能》，网址为 https://www.scjjrb.com/2024/02/26/wap_99392518.html。

国内首个叶片加工无人车间及首条黑灯产线（2022 年）⊖

24h 无人连续生产，40s 内实现从任意货位出库，99% 以上产品质量稳定，加工精度达到 0.04mm，人均效率攀升 6 倍……一个个惊人的数据来自东方汽轮机建设的国内首个叶片加工"无人"车间及首条黑灯产线。

目前，东方汽轮机利用 5G+ 工业物联网、数字孪生、人工智能、机器人等"黑科技"，建设的国内首个叶片加工无人车间及首条黑灯产线已成为 2022 年世界清洁能源装备大会展示的 8 大示范应用场景之一。

车间内新建成的智能物料中转中心占地 2700m²，拥有 2240 个货位，可存储叶片 6 万余支，在全域 5G 网络的支持下，通过智能仓储系统的应用，任意叶片都能在毫秒级时间内定位，仅需 40s 就可以实现从任意货位出库。堆垛机自动寻料，AGV 向全车间所有工位进行精确供料。生产效率大幅提升，库位周转效率提升 8 倍。

跟随 AGV 来到国内首条叶片加工黑灯产线，它包含 19 台由五轴加工中心组成的 F 级压气机叶片黑灯产线和 8 台由高精度双驱五轴数控加工中心组成的 J 型压气机叶片黑灯产线。在柔性管理系统的指令下，机械手自动抓取物料，机床柔性装夹全自动加工，加工过程使用了机器视觉、人工智能等多项技术，做到了全流程 24h 无人干预、智慧运行。

黑灯产线投用后，F 级燃机叶片的产品质量合格率大幅跃升并持续稳定在 99% 以上；J 级燃机叶片的加工精度更升至顶级水准，达到 0.04mm；1 个机器人可以服务 8 台加工中心，设备利用率再次刷新，人均效率大幅攀升。

自动拿料、投料、生产——车间实现无人干预连续作业

在东方汽轮机，燃气轮机生产过程中离不开叶片配套，这里布局了专门生产不同型号叶片产品的车间。经过 50 余年的发展，东方汽轮机的叶片制造，从仿形加工、简易数控、多轴数控的更迭，逐渐形成了以燃气轮机压气机叶片加工为代表的"高精度弱刚性"中小叶片加工工艺体系。

然而，对制造业企业而言，"大块头"装备制造产品生产过程中，如何实现"轻装上阵"，尤其是如何在生产环节提升效能，实现降本增效？这成为像东方汽轮机这样的制造业企业转型发展的考量。

东方汽轮机的叶片生产车间占地面积达 2000 余 m²，车间内有 AGV 穿行其中，它们自动行驶在地面蓝色区域。地面上还分布了很多二维码，这些 AGV 会自动识别，然后按照二维码的提示在既定的轨迹上行驶。这些自动行驶的 AGV 并非"漫无目的"地穿行在车间，它们的主要任务是传递产线生产所需的零部件。

在生产现场，一些笨重的零部件被 AGV 托起，缓缓驶向"目的地"——作业工位，然后，通体橙色的机器人"挥舞"手臂，自动抓取这些物料，投入产线进行自动加工和在线检测，实现无人干预的连续作业。

对 AGV 而言，整个车间的行驶路线并非都是一条直线，期间还会有拐弯的情形，不过，它们仍旧能够自动识别路线，有序"拐弯"。当中途遇到障碍物或工作人员时，还会自动停止。车间内的智能小车从拿料、取料到投料，全程可实现无人干预。

⊖　案例资料来源：https://www.dfstw.com/show.aspx?articleid=3801。

"数字孪生"让操作可视化，大数据平台帮助企业智能排产

在生产环节借助一些智能设备来减少人工作业，使得车间几乎看不到工人身影，这只是东方汽轮机迈向智能制造的第一步。如何提升整个车间的生产效能？据东方汽轮机的工作人员介绍，数字孪生技术成为企业提升运行效能和安全性的保障。

在叶片车间，这里有"孪生长廊"，是东方汽轮机打造的数字孪生工厂。只见一块大屏幕上实时显示数字化建模之后的数字孪生场景。它的运行原理是，东方汽轮机通过数字化技术去构建一个"虚拟世界"，而这些看似虚拟的场景对应车间的实时运行状态，可实现对产品的调试。

"由于要实现'虚实世界'的实时对应，利用5G技术低延迟、高速连接的特点，我们自主研发了一套操作系统，并建立了后台大数据中心。"东方汽轮机的工作人员举例说，"车间产线中某个正在运行的生产环节，大屏幕会同步显示出这一'动作'的三维可视化画面。"如图7-1所示。

图7-1 基于数字孪生的车间实时运行状态可视化

数字化技术赋能制造业发展，还有一大功能是智能排产。"市场订单拿回来后，公司的数字化平台可对零部件进行自动分配，然后下达指令，启动生产。这个环节基本上没有工人参与。"东方汽轮机的工作人员说。

据介绍，通过一系列数字化、智能化改造，东方汽轮机黑灯工厂建成后，可实现自动物流配送、自适应加工和在线检测，24h无人干预连续加工、毫秒级精准定位，加工精度达0.03mm，质量合格率达99%，人均效率提升650%等。

这只是"重装之都"德阳抢抓数实融合的一个侧面。近年来，德阳启动"互联网＋先进制造业"改革，推动工业互联网、大数据、人工智能等新一代信息技术和清洁能源装备制造业的深度融合，已建成东方汽轮机"叶片加工无人车间及黑灯产线"、东方电机"大型清洁能源装备重型制造数字化车间""定子冲片无人车间"等智能工厂、数字化车间78个，全市200余家企业完成数字化改造，累计完成5G基站建设3276个，5G+工业互联网应用场景16个。

讨论：

1）该案例从"无人"车间与黑灯产线，再到数字孪生技术应用等多个角度详细介绍了东方汽轮机解码"国之重器"背后的新动能，你认为何为企业的新动能？

2）东方汽轮机建设5G+全连接工厂，对我国大型装备制造乃至制造业发展有何启示？

3）结合该案例，总结制造企业在推进智能制造过程中，企业运行管理与控制涉及哪些智能化的相关技术，还面临哪些技术难点和应用障碍。

本书第 1 章给出了制造系统的基本构成：设施 / 设备和制造支持系统，其中制造支持系统的作用在于确保制造系统的物理设备能够在产品设计、工艺设计和计划控制等功能的支持下，实现对人、设备以及物料等的合理安排，按照确定的标准工艺流程生产符合用户质量要求的产品。制造系统运行本质上就是对构成制造支持系统的营销管理、产品设计、生产计划和生产控制及其信息与数据的处理流程进行管理、优化和控制。本章重点从生产计划和生产控制的角度详细介绍制造企业推进智能制造过程中的运行管控系统与平台。

7.1　智能制造运行管控概述

7.1.1　工厂数字化管控模型

为了理解制造系统运行的基本逻辑，首先要建立起对制造系统运行基础环境的总体认知。可以通过工厂模型及其对应的数字化、智能化背景下的运营控制模型对制造系统运行基础环境进行概括描述。

1. 工厂模型与 MES 功能模型

工厂模型是对制造系统运行基础环境的模型化描述，可以归结为企业建模的一种结果输出。企业建模是一个通用术语，涉及一组活动、方法和工具，可用来建立描述企业不同侧面的模型，是推动计算机集成制造的基础。在当前数字化和智能化发展的背景下，基于企业建模方法学构建工厂模型，并建立工厂运营数字化管理和控制模型，有助于更好地理解智能制造系统的运行逻辑。

从传统工厂数字化的角度，结合美国先进制造研究机构（Advanced Manufacturing Research，AMR）于 1992 年提出的企业集成 3 层模型，可以将传统工厂运营管理与控制活动划分为①企业管理层，负责企业发展战略与经营管理；②制造执行层，负责工厂 /车间层面的作业调度与执行；③过程控制层，负责生产线具体设备 / 机台或工位的任务操作与设备控制等活动。对应于传统工厂运营管理与控制的 3 个层级，工厂数字化管控模型也分为 3 层，分别是 ERP（Enterprise Resource Planning，企业资源计划）层、MES（Manufacturing Execution System，制造执行系统）层和 PCS（Process Control System，过程控制系统）层，如图 7-2 所示。

在工厂数字化管控模型中，MES 层位于 ERP 层与 PCS 层之间，面向制造工厂管理的生产调度、设备管理、质量管理和物料跟踪等活动，其核心任务是将 ERP 系统生成的生产计划传递给生产现场，并将生产现场的信息及时收集、上传和处理。位于底层的 PCS 层的作用是对生产过程和设备进行监督与控制，以嵌入或集成方式与设备实现直联，通过集散式控制系统（Distributed Control System，DCS）、监控与数据采集（Supervisory Control and Data Acquisition，SCADA）系统、分布式数字控制（Distributed Numerical Control，DNC）系统、可编程控制器（Programmable Logical Controller，PLC）等系统或装置实现设备、制造单元和生产线的自动控制，以分、秒甚至毫秒级的时间颗粒度感知、操控、监测实际物理生产过程。位于顶层的 ERP 层的作用是管理企业中的各种资源和财务、管理销售和服务以及制定生产计划等，通常使用 MRPII（制造资源计划）或 ERP 等系统来实现其功能。

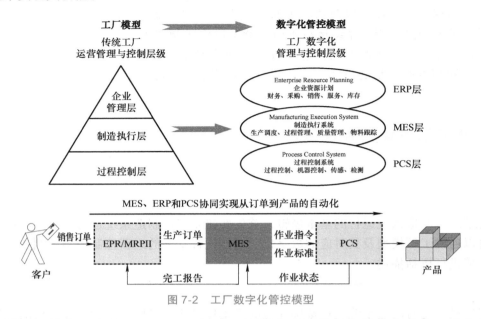

图 7-2　工厂数字化管控模型

如图 7-2 所示，通过 MES、ERP 和 PCS 协同实现订单到产品的自动化，其信息处理的主要过程如下：

1）通过 ERP/MRPII 系统接收客户的销售订单，经生产计划系统汇总 / 分解为生产订单，并作为 MES 的输入。

2）MES 根据生产订单要求，进行计划排产与作业调度，并生成具体车间 / 设备 / 机台的作业指令，并与作业标准同步下发到 PCS。

3）PCS 接收 MES 生成的作业指令和作业标准，并按照相应指令执行产品的生产活动；同时将生产现场设备的运行情况、作业状态等数据上传给 MES。

4）MES 获取 PCS 上传的作业状态等数据后，经汇总分析后形成具体生产订单的完工报告，并上传给上层的 ERP/MRPII 系统。

在上述从客户销售订单到产品产出过程中，MES 是实现该制造系统运行过程的核心系统。早在 1990 年，AMR 首次提出 MES 的概念以来，MES 已经逐渐成为国内外学术界和产业界研究与应用的热点，并在实践中取得了长足发展和广泛应用。在 1993 年，AMR 进一步提出了 MES 的集成系统模型，该模型向上与 ERP 系统相连，向下与 ERP 相连，由围绕关系数据库和实时数据库的 4 组功能构成，各个功能通过关系数据库实现生产数据的共享，并通过实时数据保证与 ERP 的同步，如图 7-3 所示，其中的 4 组功能分别是：

1）工厂管理（Plant Management）：是生产管理的核心部分，主要包括生产资源管理、计划管理和维护管理等功能。

2）工艺管理（Plant Engineering）：主要是指工厂级的生产工艺管理，包括各种文档管理和过程优化等功能。

3）质量管理（Quality Management）：以工厂制造执行过程中的质量管理为核心，主要包括统计质量控制和实验室信息管理系统等。

4）过程管理（Process Management）：主要包括设备的监测与控制、数据采集等功能。

随后，在 1997 年，制造执行系统协会（Manufacturing Execution System Association，MESA）发表了 MES 白皮书，分析了应用 MES 的作用与效益，论述了 MES 与计划系统和控制系统集成的可行性，给出了 MES 的描述性定义，即，MES 能通过信息传递，对从订单下达到产品完成的整个生产过程进行优化管理。当工厂里有实时事件发生时，MES 能对此及时做出反应并报告，还能使用当前的准确数据对它们进行指导和处理。这种对状态变化的迅速响应使得 MES 能够减少企业内部没有附加值的活动，有效地指导工厂的生产运作过程，使其既能提高工厂及时交货的能力，改善物料的流通性能，又能提高生产回报率。MES 还通过双向的直接通信在企业内部和整个产品供应链中提供有关产品行为的关键任务信息。MESA 提出了含有 11 个功能模块的 MES 功能模型，从而明确指出了 MES 所涵盖的通用功能。该功能模型的 11 个功能包括：资源配置和状态、运作/详细调度、分派生产单元、文档控制、数据采集/获取、劳动力管理、质量管理、过程管理、维护管理、产品跟踪和谱系以及绩效分析，如图 7-4 所示，具体功能见表 7-1。

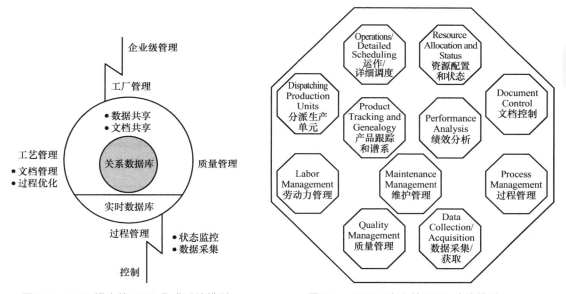

图 7-3　AMR 提出的 MES 集成系统模型　　　图 7-4　MESA 定义的 MES 功能模型

表 7-1　MESA 定义的 11 个功能模块的 MES 功能模型

功能模块	主要功能
资源配置和状态（Resource Allocation and Status）	管理各种资源，包括机器、工具操作技术、物料和其他设备，以及如文件等确保运行正常开始所必需的实体。资源配置和状态的功能是提供资源的详细历史，确保设备的恰当设置，以及提供设备的实时状态。资源管理也包括预约和分派这些资源的功能，以满足运行调度的目标

功能模块	主要功能
运作 / 详细调度（Operations/Detailed Scheduling）	基于优先级、属性、特性以及与运行过程中特定的生产单元相关的生产规则等进行调度，如颜色类型的调度，或者其他使得调度恰当、调整时间最少的调度特性的调度。运作 / 详细调度需要考虑资源的有限产能，并考虑替代方案和重叠 / 并行运行，以便详细计算出设备负荷和轮班模式调整的精确时间
分派生产单元（Dispatching Production Units）	管理以作业、订单、批次和工作指令为形式的生产单元的流程，以适当的顺序分派信息，使其在正确的时间到达正确的地点。当工厂现场发生突发事件时，按顺序分派信息，及时执行和修改作业。它具有变更现场预定调度的能力，重新安排生产，改变已下达的处理计划，并具有通过缓冲管理来控制在制品数量的能力
文档控制（Document Control）	管理那些与生产单元相关联的记录和报表，包括工作说明、配方、图纸、标准操作程序、零件加工程序、批次记录、工程更改说明和交接班信息，以及编辑"计划中"信息和"建设中"信息的能力。它向下给操作级发送指令，包括向操作员提供数据，或向装置控制提供配方。它还包括对环境、健康和安全等方面的规定以及 ISO 标准信息的控制和整合，如校正行为程序、储存历史数据
数据采集 / 获取（Data Collection/Acquisition）	本功能提供了一个接口来获取运行内部的生产和参数数据，这些数据都是与大众化的生产单元相关联的。这些数据以"分钟"为时间级从生产现场手工采集或者由设备自动采集
劳动力管理（Labor Management）	提供以"分钟"为时间级的人员状态信息，包括时间和出勤报告、资质跟踪，以及追溯间接活动（如以活动的成本计算为依据的物料准备或工具室工作）的能力。它可以与资源配置相交互，以确定最优的工作分派
质量管理（Quality Management）	提供对制造过程采集的测量数据的实时分析，以保证正确的产品质量控制，并识别需要注意的问题。它可以提供纠正问题的推荐措施，包括关联征兆、动作和结果，以确定问题的原因。它还包括了 SPC/SQC（统计过程控制 / 统计质量控制）跟踪、离线检测操作管理以及在实验室信息管理系统（LIMS）中的分析
过程管理（Process Management）	监视生产过程，并进行自动校正或者为操作者提供决策支持，从而校正和改善正在进行的生产活动。这些活动既可以是操作内部的，并专门针对被监测和控制的机器与设备；也可以是操作之间的，跟踪从一个操作到下一个操作的过程。它可以包括报警管理，以保证工厂的工作人员能够知道已超出可接受范围的过程改变。它通过"数据采集 / 获取"功能提供了智能设备和 MES 之间的接口
维护管理（Maintenance Management）	跟踪并指导设备及工具的维护活动，从而保证这些资源在制造过程中的可用性，并保证周期性维护调度或预防性维护调度，以及对紧急问题的响应（报警）。维护事件或问题的历史信息，以支持故障诊断
产品跟踪和谱系（Product Tracking and Genealogy）	提供所有时期工作状况和工作安排的可视性。其状态信息可以包括：谁在进行该工作；供应者提供的物料成分、批量、序列号、当前生产条件，以及与产品有关的任何报警、返工，或者其他例外信息。在线跟踪功能也创建了一个历史记录，该记录保证了对每个最终产品的成分和使用的可追溯性
绩效分析（Performance Analysis）	以"分钟"为时间级，提供实际制造运行结果的最新报告，同时提供与过去历史记录和预期业务结果的比较功能。绩效结果包括对如资源利用率、资源可用性、产品单位生命周期、与调度的一致性，以及与标准绩效的一致性等指标的度量。绩效分析还可能包括 SPC/SQC，它可以从测量运行参数的不同功能的汇集信息中提取，其结果应以报告的形式呈现或者作为当前的绩效评价在线提供

2. 制造企业功能层次模型

前述工厂模型与 MES 功能模型对制造系统运行起到了关键支撑作用。为进一步规范化描述制造系统在 MES 等系统支持下的各项运行活动，国际电工委员会（IEC）于 2003—2015 年陆续发布了企业控制系统集成相关标准（IEC 62264），对企业的制造运行管理的模型和术语、制造运行管理的活动模型等方面给出了极具价值的标准表达。

IEC 62264 标准定义了制造企业功能层次模型，划分为 5 层，如图 7-5 所示。

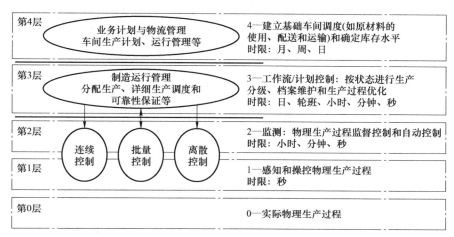

图 7-5　制造企业功能层次模型

第 0 层定义了实际的物理生产过程。

第 1 层定义了感知和操控物理生产过程的活动，如传感器、执行机构及人工测量等，这一层的运行时限通常是秒，甚至更快。

第 2 层定义了对物理生产过程的监督控制和自动控制，如各种自动控制系统、控制策略及手动控制活动等，这一层的运行时限通常是小时、分钟和秒，甚至是几分之几秒。

第 3 层定义了生产期望产品的工作流活动，包括生产记录的维护和生产过程的协调与优化等，这一层的运行时限通常是日、轮班、小时、分钟和秒。

第 4 层定义了制造组织管理所需的各种业务相关活动，包括建立基础车间调度（如原材料的使用、配送和运输）、确定库存水平，以及确保物料按时传送到合适的地点进行生产，这一层的运行时限通常是月、周和日。

7.1.2　制造系统运行控制架构

针对制造系统的运行控制，在图 7-2 所示的工厂模型基础上，对其过程控制层进一步细分，形成制造系统运行控制架构，如图 7-6 所示，主要包括运作管理层、生产控制层、网络通信层、系统控制层以及生产执行层。

（1）运作管理层

运作管理层的核心是依托 ERP 系统实现对工厂 / 车间的运作管理，包括主生产计划的制定、BOM（Bill of Materials，物料清单）以及物料需求计划的分解、生产物料的库存管理等。

（2）生产控制层

生产控制层主要是借助以 MES 为核心的制造系统软件实现对生产全过程的管理控制，包括生产任务的安排、工单的下发、现场作业监控、生产过程数据采集以及对数字化车间的系统仿真等。

图 7-6　制造系统运行控制架构

（3）网络通信层

网络通信层主要是为数字化车间的信息、数据以及知识传递提供可靠的网络通信环境，一般以工业以太网为基础实现底层（生产执行层）之间的设备互联，以工业互联网实现运作管理层、生产控制层以及系统控制层、生产执行层之间的互联互通。

（4）系统控制层

系统控制层主要包括 PLC、单片机和嵌入式系统等，实现对生产执行层的加工单元、机器人及自动化生产线的控制，是构成数字化车间自动化控制系统的重要组成部分。

（5）生产执行层

生产执行层是构成数字化车间制造系统的核心，主要包括智能加工单元、工业机器人及智能制造装备等生产执行机构，如工业机器人、自动化物流小车、自动化装配线、自动化物流系统等。

智能制造系统集成了机器人和智能设备，并在人工智能等新技术的驱动下，改变了传统工厂制造系统的运行逻辑，在管理层由 ERP 系统实现企业层针对生产计划、库存控制、质量管理和生产绩效等提供业务分析报告；在控制层通过 MES 实现对生产状态的实时掌控，快速处理制造过程中物料短缺、设备故障和人员缺勤等各种生产现场管控问题；在执行层由工业机器人、移动机器人和其他智能制造装备系统完成自动化生产流程。智能制造系统运行管理包含了制造过程和运行管理的定义和范畴，其中的制造过程是一套结构化的行为或操作，它完成了将原材料或半成品向成品的转换；而运行管理是对制造过程的规划、调度和控制，以及围绕制造过程提供保障性服务。图 7-7 所示为制造过程和运行管理之间的逻辑关系。针对 3 个制造单元分别示例了 3 组分立的运行管理的规划、调度、控制和跟踪。实际上，运行管理的规划、调度、控制和跟踪是按照一定原则划分的，自有其整体性、系统性和战略性。

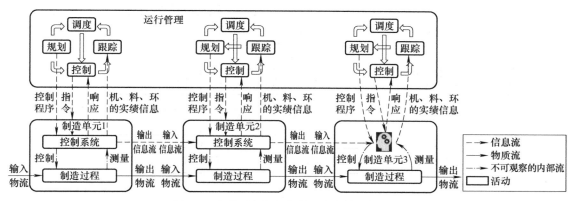

图 7-7　制造过程和运行管理之间的逻辑关系

7.2　生产计划与调度问题

生产计划是指导企业计划期内生产活动的纲领性方案，是对生产系统总体任务的具体规划与安排。根据生产计划在企业生产活动中的指导性作用，生产计划既有对总体生产任务和生产目标的宏观规划，也有在生产作业计划中对具体生产线、生产车间和班组生产活动的详细安排，同时还涉及对生产任务要使用的具体机器设备、人力和其他生产资源的合理配置。但从制造系统运行管理的角度看，生产计划重点关注的是企业在计划期内应达到的产品品种、质量、产量、产值和出产期等关键生产指标、生产进度及相应的任务布置。

7.2.1　生产计划体系框架

从生产计划的周期长短角度考虑，可以将企业生产计划分为 3 层：长期计划层、中期计划层和短期计划层，如图 7-8 所示。中期和短期计划是整个计划体系的核心，其中的综合生产计划、主生产计划和粗能力需求计划构成了中期计划层面的主要内容；而物料需求计划、生产作业计划、采购计划及细能力需求计划则是短期计划层面的主要内容。

1）长期计划层，即企业战略层计划，主要涉及产品发展方向、生产发展规模、技术发展水平和新生产设备的建造等有关企业经营预测的内容，包括其战略规划、产品和市场计划、资源计划和财务计划等。

2）中期计划层，即企业战术层计划，是确定在现有资源条件下所从事的生产经营活动应该达到的目标，如产量、品种和利润等。重点进行产品需求预测，以综合生产计划、主生产计划和粗能力需求计划为主。

3）短期计划层，即企业作业层计划，是确定日常的生产经营活动的安排，主要包括物料需求计划、细能力需求计划、生产作业计划以及采购计划等。对于装配型产品的生产，短期计划层包含了产品的总装配计划。

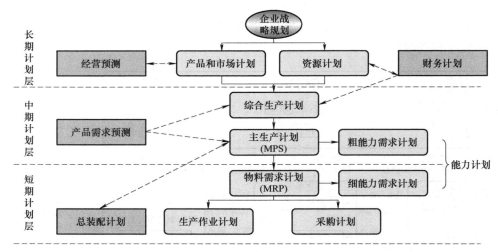

图 7-8　生产计划体系框架

生产计划的制定在时间范围内可以从月到年，称为"计划周期"。在每一个计划周期内，可以将该周期细分为以周或月为单位的时间块，所有的计划决策都基于该时间块而确定，并能够在有限的制造能力基础上加以执行。同时，在计划制定时就要获得预期的生产结果，即计划是对生产执行过程结果的准确预期，这样才能对订单的执行情况给出恰当的响应。

如图 7-8 所示，长期计划层的产品和市场计划 / 资源计划等属于战略层面，而中期计划层的主生产计划则属于战术层面，确定了一段时间内生产的产品及所需的资源，具有更好的操作性；而能力计划通常决定未来能够生产的产品品种、数量的合理搭配（称为产品矩阵）。

综合生产计划（Aggregate Production Planning，APP）又称为生产计划大纲，是根据产品需求预测和企业所拥有的生产资源，对企业计划期内生产的内容、生产的数量以及为保证产品生产所需的劳动力水平、库存等所做出的决策性描述。综合生产计划是企业的整体计划（年度生产计划或年度生产大纲），是各项生产计划的主体。

主生产计划（Master Production Schedule，MPS）是对企业生产计划大纲的细化，是详细陈述在可用资源的条件下何时要生产出多少物品的计划，用以协调生产需求与可用资源之间的差距。主生产计划确定每一个最终产品在每一具体时间内的生产数量。主生产计划是整个生产计划体系的核心，在运行主生产计划时要同时运行粗能力需求计划。在完成供需平衡后，主生产计划作为物料需求计划的输入，推动企业生产计划体系的滚动运转。主生产计划必须是现实可行的，以确保生产需求量和需求时间的一致性。主生产计划的编制和控制是否得当，很大程度上将影响企业的生产运作。因此，主生产计划在生产计划体系中起着"主控"的作用。如图 7-9 所示，主生产计划以生产计划大纲、需求预测和确定的客户订单为输入，在企业生产能力和产品提前期限制下，对生产需求与可用资源进行平衡，最终输出产品品种、生产时间及生产数量。因此，企业主生产计划的核心目的是识别生产品种、安排生产时间和确定生产数量。

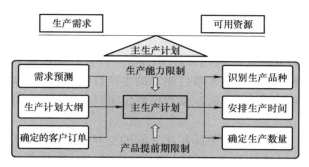

图 7-9　主生产计划的输入 / 输出

物料需求计划（Material Requirements Planning，MRP）是指生产和采购产品所需各种物料的计划，根据产品结构和主生产计划，综合考虑物料库存情况，确定满足生产需求的物料数量及要求到货的时间。狭义上的物料指原材料，即生产的加工对象；广义上的物料包含原材料、自制品（零部件）、成品、外购件和服务件（备品备件）这个更大范围的物料。在整个生产计划体系中，物料需求计划起到承上启下的作用，以主生产计划为物料分解的主要依据，以 BOM、库存信息为主要约束，在完成物料需求计划运算后，可以为制定生产作业计划、采购订单提供依据，同时产生有关库存预测、计划执行情况的分析报告等，如图 7-10 所示。

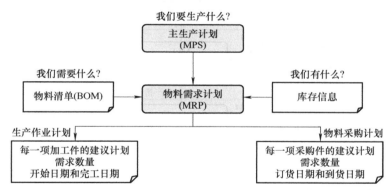

图 7-10　MRP 的输入 / 输出

BOM 又称为产品结构文件，描述了一个产品内各种物料之间的相互关系，包括所需零部件的清单、产品项目的结构层次以及制成最终产品的各个工艺阶段的先后顺序。BOM 约定了产品中所有零部件和毛坯材料的品种单台份数量、它们之间的隶属关系以及各项物料的提前期。在物料需求计划运算过程中，主生产计划作为物料需求计划的驱动力量，是物料需求计划的主要输入。库存信息通过库存状态文件保存每一种物料的有关数据，包括在物料需求计划运算过程中有关"订什么、订多少、何时发出订货"等重要信息。在物料需求计划运算过程中，物料清单是相对稳定的，而库存状态文件因生产过程对物料的消耗以及物料采购等业务的发生，处于不断变动之中。因此，库存信息是动态变化的。

生产计划的执行可以基于时间驱动或者事件驱动，或两者结合的方式执行生产计划。在时间驱动模式下，生产计划通常以"滚动"方式执行，即在特定的计划执行周期结束后，生产计划要重新决策，进行滚动计划，并进入下一个计划执行周期。两次滚动计划之间的时间称为计划间隔期。在事件驱动模式下，一般是对特定订单或生产任务的响应。如在订单到达时，驱动生产计划执行该订单的生产任务；在出现质量缺陷或者设备故障时，重新进行计划安排，这些都属于事件驱动的生产计划执行。在时间和事件的混合驱动模式下，既有计划周期的约束，同时也要考虑特定事件的影响，进而决定生产计划执行的过程。

在智能制造系统中，生产计划不同层次之间的交互细节以及各层级的决策活动，通常是基于信息系统（软件及算法）进行求解的，其中的核心软件系统是 ERP 系统与 MES，分别用于生产计划分解、调度生成以及从基础系统（生产设备等硬件系统）采集数据。ERP 系统主要用于支持生产计划决策的制定，但由于 ERP 系统在计划决策方面的不足，因此类似于 APS 系统等更为专业的计划调度软件用于支持生产计划的制定。MES 则主要用于传递计划指令与现场控制设备之间的指令，以及获取现场数据，支持生产控制决策。如图 7-11 所示，MES 在生产计划体系中起承上启下的作用，其中的时间因子表明计划层、执行层和控制层三个层次的应用系统处理的计划的时间颗粒度由粗到细，相当于计划时间颗粒度有数量级的差异。

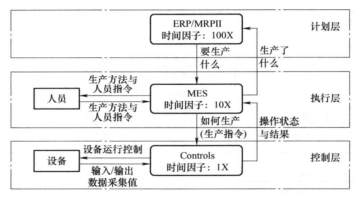

图 7-11　MES 在生产计划体系中的作用

计划层强调企业的作业计划，它以客户订单和市场需求为计划源，充分利用企业内部的各种资源，减少库存，提高企业效益。控制层强调设备的控制，如 PLC、数据采集器、条形码、各种计量及检测仪器和机械手等的控制。执行层是位于上层的计划管理系统与工业控制系统之间的信息系统。它为操作人员 / 管理人员提供计划的执行和跟踪以及所有资源的当前状况，主要负责生产管理和调度执行。

MES 是位于上层的计划管理系统与工业控制系统之间的面向车间层的管理信息系统。它为操作人员 / 管理人员提供计划的执行和跟踪以及所有资源（人员、设备、物料和客户需求等）的当前状况。MES 通过控制包括物料、设备、人员、流程指令和设施在内的所有工厂资源来提高制造竞争力，提供了一种在统一平台上集成如质量控制、文档管理和生产调度等功能的方式。

从生产计划体系框架来看，生产作业计划是企业操作层的计划，即生产车间作业任务的执行性计划，规定了各车间、工段、班组以及每个工人在具体工作时间，如月、旬、周、日以至轮班和小时内的具体生产任务，从而保证按品种、质量、数量、期限和成本完成企业的生产任务。

从生产作业计划的具体作用角度看，生产作业计划是指基于物料需求计划确定各车间的零部件投入产出计划，将产品出产计划分解为各车间的具体生产任务，并以此详细规定在每个具体时期（如月、旬、周、天、小时等），各车间、工段，班组以至每个工作站和工人的具体生产任务。对于最终产品的装配，生产作业计划则是在产品生产计划的基础上，详细规定在每个具体时期（如月、旬、周、日、小时等），总装车间各工段、班组以至每个工作站和工人的具体生产任务。

在企业的实际生产中，生产作业计划常用的两种具体表现形式分别为派工单 / 随车单和工作令。以汽车 / 拖拉机变速箱装配为例，生产作业计划是以"派工单"的方式体现的，如图 7-12 所示。在该装配派工单中，详细规定了装配工位"前后变速箱对接"装配的具体零部件，包括六角头螺栓 10 个、滚针轴承 1 个、调整垫片 1 个，以及齿轮 1 个；还规定了装配过程中的具体设备及工艺装备、用到的辅助材料等信息；同时，还具体给出了装配的具体工步和关键工步的控制特性等。

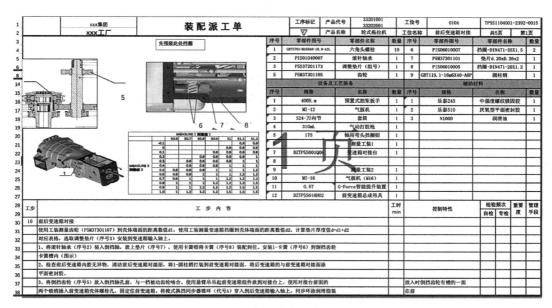

图 7-12　变速箱装配的派工单

以电子元器件的生产为例，工作令是电子元器件企业生产过程执行时的重要依据，它既是车间生产计划的体现，也是制造过程信息记录的载体，如图 7-13 所示。

7.2.2　生产作业调度问题及其影响因素

调度是将生产计划转换为实际控制指令，以实现对计划周期内的生产资源的合理分配，其目标是优化生产决策过程中的多个目标。生产作业调度可以对单台设备、加工中心和多台设备的工作单元的加工任务进行优化安排，也可以对所有产品的生产线进行调度优化。同时，调度决策也能够对生产物流系统进行调度优化，实现对制造单元与物流单元的优化匹配。

令号		镀膜令号		镀膜材料				初阻		
终阻		精度		数量				开令人		
温度系数范围/均值				工序变化范围/均值						
记事										
刻槽（关键）	投入数		NO	时间	X1	X2	X3	X4	X5	均值	极差
			1								
	产出数		2								
			3								
	设备号		4								
			5								
	砂轮片型号		6								
	槽宽		7								
	操作人		8								
	日期		$\overline{X}=$					$\overline{R}=$			

图 7-13 ×××型高稳定金属膜固定电阻器刻槽工序工作令

1. 生产作业调度问题的分类

生产作业调度问题有不同的分类方法。在制造业领域和服务业领域中，有两种基本形式的作业调度：一种是劳动力作业调度，主要是确定人员何时工作；另一种是生产作业调度，主要是将不同工件安排到不同设备上，或安排不同的人做不同的工作。

在制造业中，由于加工工件或产品的产出是生产活动的主要焦点，因此生产作业调度优先于劳动力作业调度。生产作业调度的绩效度量标准主要包括按时交货率、库存水平、制造周期、成本和质量等，且直接与调度方法有关。除非企业雇用了大量的非全时人员或是企业一周七天都要运营，否则生产作业调度总是优先于劳动力作业调度。在服务业中，由于服务的及时性是影响公司竞争力的主要因素，而劳动力是提供服务的核心要素，因此劳动力作业调度优先于生产作业调度。劳动力作业调度的主要绩效度量标准包括顾客等待时间、排队长度、设备（或人员）利用情况、成本和服务质量等，都与服务的及时性有关。具体生产作业调度问题的分类如图 7-14 所示。

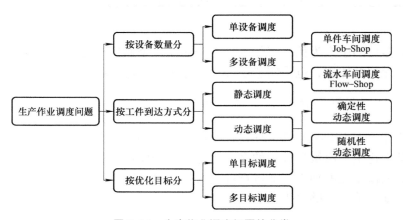

图 7-14 生产作业调度问题的分类

在制造业的生产作业调度中，还可进一步按设备、工件和目标的特征分类。按设备的数量不同，可以分为单设备调度问题和多设备调度问题。对于多设备调度问题，按工件加工的路线特征，可以分成单件车间（Job-Shop）调度问题和流水车间（Flow-Shop）调度问题。工件的加工路线不同，是单件车间调度问题的基本特征；而所有工件的加工路线完全相同，则是流水车间调度问题的基本特征。

按工件到达车间的情况不同，可以分为静态调度问题和动态调度问题。当进行调度时，所有工件都已到达，可以依次对它们进行调度，这是静态调度问题；当工件是陆续到达时，要随时安排它们的加工顺序，这是动态调度问题。

按目标函数的性质不同，也可划分不同的调度问题。例如，同是单台设备的调度，目标是使平均流程时间最短和使误期完工的工件数最少，实质上是两种不同的调度问题。按目标函数的情况，还可以划分为单目标调度问题和多目标调度问题。

2. 生产作业调度的影响因素

影响生产作业调度的主要因素包括生产任务的到达方式、车间中的设备种类和数量、车间中的人员数量、生产任务在车间的流动模式和作业计划的评价标准等。

（1）生产任务的到达方式

在实际生产过程中，尤其是在单件小批量生产条件下，反映生产任务的订单的到达方式有两种：一种是成批到达（称为静态到达）；另一种是在一段时间内按某种统计分布规律到达（称为动态到达）。静态到达并不意味着多个用户可同时提出订单，只是计划人员将一段时间内的订单汇总，一起安排生产作业计划。而在动态到达情况下，生产任务随到随安排，这就要求对生产作业计划不断地进行修改，反映这些追加的生产任务。

（2）车间中的设备种类和数量

车间中设备数量的多少对生产作业调度的过程有显著影响。如果只有一台设备，生产作业调度问题将非常简单。而当设备数量及种类增多时，各种生产任务必须由多台设备共同加工才能完成，问题将变得较为复杂，很可能找不到有效的调度方法。

（3）车间中的人员数量

在进行生产任务的调度时，不仅是将生产任务分配给设备，同时也是分配给相应设备的操作人员。对于特定的生产操作人员数量少于设备数量的情况，尤其是针对服务系统，生产操作人员成为调度时必须考虑的关键资源。

（4）生产任务在车间的流动模式

在单件小批量生产条件下，生产任务在车间内的流动路线是多种多样的。如果所有流动路线相同，则称为流水车间或定流车间。与流水车间相对应的另一个极端情形是流动路线均不一样，工件是按照某种概率分布从一台设备流向满足加工需要的设备中的某一台设备，称为单件车间或随机路线车间，这类排队服务系统在医院中是较为常见的。在现实生产中，更多的是介于两者之间的混合式加工车间。

（5）作业计划的评价标准

作业计划的评价标准包括达到企业整体目标的程度，如总利润最大、生产费用最小，设备利用的程度如设备利用率最大，以及任务完成的程度等标准。对于任务完成的程度，可以用总流程时间最短（F_{min}）、平均流程时间最短（$\overline{F}$）、最大延迟（L_{max}）或最大误期

（$T_{\max}$）最短、平均延迟（$\bar{L}$）或平均误期（$\bar{T}$）最短、总调整时间最短等指标进行衡量。

1）总流程时间：指一批工件从进入某一车间或工艺阶段开始，到这一批工件加工完成，全部退出该车间或工艺阶段为止的全部完工时间。如果这批工件完全相同，则总流程时间与这批工件的生产周期或加工周期相同；如果不同，则总流程时间与这批工件实际生产周期或加工周期（等待时间与加工时间之和）中最大的相同。

2）平均流程时间：一批工件实际生产周期或加工周期的平均值。

3）延迟：指工件的实际完成时间与预定的交货期之间的差额，一般指比预定交货期晚；比预定交货期早的为提前。

4）平均延迟或平均误期：指延迟或误期的平均值。

5）总调整时间：在加工一批不同工件时，每加工一个工件，设备需要调整一次，该批工件的调整时间之和为总调整时间。

7.2.3　生产作业调度规则

针对生产作业调度问题，由于设备、工件和目标函数的不同特征以及其他因素上的差别，因此产生了多种多样的调度问题及相应的调度方法。例如，考虑 M 个任务 $J_i(i=1,2,\cdots,M)$，在 N 台设备 $M_k(k=1,2,\cdots,N)$ 上的作业调度问题，该问题的一般假设如下：一台设备不得同时加工两个或两个以上的任务；一个任务不能同时在几台设备上加工；每个任务必须按照工艺顺序进行加工。

进行调度时，所需的有关生产信息为：任务 J_i 在第 j 个工序 O_{ij}（ $j=1,2,\cdots,N,i=1,2,\cdots,M$ ）和相应的设备 $M_{ij}(i,j=1,2,\cdots,N)$ 上所需要的加工时间为 t_{ij}，J_i 的可能开始时刻为 r_i，应完工的交货期为 d_i。

因此，在处理 O_{ij} 时，如果该设备 M_{ij} 不空闲，则会产生在实际加工开始之前的等待时间 W_{ij}，任务 J_i 的完工时间为

$$C_i = r_i + W_{i1} + t_{i1} + W_{i2} + t_{i2} + \cdots + W_{iN_i} + t_{iN_i} = r_i + t_i + W_i \tag{7-1}$$

式中，$t_i = \sum_{j=1}^{N_i} t_{ij}$ ；$W_i = \sum_{j=1}^{N_i} W_{ij}$

任务 J_i 的流程时间为

$$F_i = C_i - r_i = T_i + t_i \tag{7-2}$$

任务 J_i 的延迟为

$$L_i = C_i - d_i = F_i + r_i - d_i \tag{7-3}$$

任务 J_i 的延期为

$$T_i = \max\{0, L_i\} \tag{7-4}$$

对于式（7-1）与式（7-3），关于 i 取 M 个之和并除以 M，有

$$\bar{C} = \bar{r} + \bar{t} + \bar{W} \tag{7-5}$$

$$\bar{L} = \bar{C} - \bar{d} = \bar{F} + \bar{r} - \bar{d} \tag{7-6}$$

在进行生产作业调度时，需要用到优先调度规则。基于规则的生产作业调度是最为简单和直接的调度方法，在实际生产中发挥了重要作用。但规则的产生依赖于生产者的实际工作经验，要在大量的生产实践中不断加以总结，并通过实际检验。迄今为止，人们已经提出了上百个优先调度规则，下面给出十种比较常用的优先调度规则：

1）FCFS（First Come First Served，先到先服务）规则：优先选择最先到达的任务工件进行加工，即按任务下达的先后顺序进行加工，体现了待加工各个任务工件的"公平性"。

2）SPT（Shortest Processing Time，最短作业时间）规则：优先选择所需加工时间最短的任务工件进行加工，适用于追求在制品占用量最少或者平均流程时间最短的目标。

3）EDD（Earliest Due Date，最早交货期）规则：优先选择完工期限紧的任务工件进行加工，适用于保证所有任务工件的交货期，即工件最大延迟时间最短。

4）STR（Slack Time Remaining，剩余松弛时间）规则：优先选择剩余松弛时间最短的任务工件进行加工。STR 是指交货期前所剩余时间减去剩余的加工时间所得的差值，即

$$\mathrm{STR} = \mathrm{DD} - \mathrm{CD} - \Sigma L_i \tag{7-7}$$

式中，STR 表示松弛时间；DD 表示交货期；CD 表示当前日期；L_i 表示剩余工序的加工周期，不包含等待时间。

5）SCR（Smallest Critical Ratio，最小临界比 / 关键比）规则：优先选择临界比最小的任务工件进行加工。SCR 是指工件允许停留时间与工件余下加工时间之比，有

$$\mathrm{SCR} = (\mathrm{DD} - \mathrm{CD}) / \Sigma L_i \tag{7-8}$$

式中，SCR 表示临界比 / 关键比。

6）MWKR（Most Work Remaining，剩余加工时间最长）规则：优先选择余下加工时间最长的任务工件进行加工，适用于保证工件完工时间尽量接近目标。

7）LWKR（Least Work Remaining，剩余加工时间最短）规则：优先选择余下加工时间最短的任务工件进行加工，适用于工作量小的工件尽快完工。

8）MOPNR（Most Operations Remaining，余下工序最多）规则：优先选择余下工序最多的任务工件进行加工。

9）QR（Queuing Ratio，排队比率）规则：优先选择排队比率最小的任务工件进行加工，排队比率是用计划中剩余的松弛时间除以计划中剩余的排队时间得到。

10）LCFS（Last Coming First Served，后到先服务）规则：最后到达的工件优先安排，该规则经常作为默认规则使用。因为后来的工单放在先来的上面，操作员通常是先加

工上面的工单。

上述优先调度规则各有特色，有时运用一个优先规则还不能唯一确定下一个应选择的工件，这时可使用多个优先规则的组合进行任务调度，如可以结合 SPT+MWKR+ 随机选择的方式进行作业调度，即先选用 SPT 规则选择下一个待加工的任务，若同时有多个任务被选中，则采用 MWRK 规则再次选择，若仍有多个任务被选中，采用随机选择的方式从剩余的任务工件中选择一个作为下一个待加工的任务。

按照这样的优先调度方法，可赋予不同工件不同的优先权，可以使生成的调度方案按预定目标优化。但实际生产环境下的调度，不能仅依靠上述优先调度规则进行调度。因为决定实际生产中大量生产任务工件在众多工作站（设备）上的加工顺序是一件非常复杂的工作，需要有大量数据和丰富的生产作业经验，这也是调度问题复杂性的具体表现。

对于每一个待调度的工件，生产计划人员都需要准确获知工件加工的具体要求和当前设备状况等生产工况实时数据。加工要求数据包括预定的完工日期、工艺路线和作业交换的标准工时、加工时间等。生产工况数据包括工件的现在位置（在某台设备前调度等待或正在被加工）、现在完成了多少工序（如果已开始加工）、在每一工序的实际到达时间和完工时间、实际加工时间和作业交换时间以及各工序所产生的废品量等相关信息。运用优先调度规则进行生产作业调度在很大程度上依赖这些数据来决定工件在每个工作站的加工顺序，并估计工件按照其加工路线到达下一个工作站的时间等计划信息。

7.2.4　单设备调度问题及求解

单设备调度问题是最简单的生产作业调度问题，但对于多品种小批量生产中关键设备的任务安排具有重要意义，能够有效缩短工件等待时间，减少在制品占用量，提高设备利用率，满足不同用户的个性化需求。在单设备调度问题中，有以下 3 个定理较常应用于实际生产当中。

定理 1：对于单设备调度问题，SPT 规则使平均流程时间最短。

设 $t_1, t_2, \cdots, t_n$ 为 n 个工件的加工时间（包括必要的准备时间），引用符号 $<>$ 表示在顺序中的位置，如 $t_{<1>}$ 表示在顺序中第一个位置的作业的加工时间，将工件按加工时间非减顺序排列为：$t_{<1>} \leqslant t_{<2>} \leqslant \cdots \leqslant t_{<n>}$，有

$$\overline{F} = \frac{\sum_{k=1}^{n} F_{<k>}}{n} = \frac{\sum_{k=1}^{n} \sum_{i=1}^{k} t_{<i>}}{n} = \frac{\sum_{i=1}^{n} (n-i+1) t_{<i>}}{n} \tag{7-9}$$

$$F<k> = \sum_{i=1}^{k} t_{<i>} \tag{7-10}$$

式中，$n-i+1$ 是一个递减序列，而 $t_{<i>}$ 是一个非递减序列，用代数方法可以证明，$\overline{F}$ 取最小值。

该定理的最优性还可以用另一种很有用的方法加以证明，即相邻对交换（Adjacent

Pairwise Interchange）法。

设顺序 S 不是 SPT 顺序，则在 S 中必存在一对相邻的工件 J_i 和 J_j，J_j 在 J_i 之后而有 $t_i > t_j$，现将 J_i 和 J_j 相互交换，其余保留不动而得到一个新的顺序 S'，如图 7-15 所示。图中 B 表示在 J_i 和 J_j 之前的工件集，而 A 表示在 J_i 和 J_j 之后的工件集。显然，对两个顺序 S 和 S' 来说，A 和

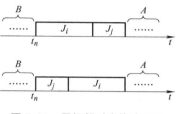

图 7-15　用相邻对交换法证明 SPT 规则图

B 是完全相同的。现在比较两个顺序的平均流程时间 $\bar{F}$。因为 n 相同，只要比较 $\sum\limits_{k=1}^{n} F_{<k>}$ 即可。

先看顺序 S 的情况，有

$$\sum_{k=1}^{n} F_{<k>}(S) = \sum_{k \in B} F_{<k>}(S) + F_j(S) + \sum_{k \in A} F_{<k>}(S)$$

$$= \sum_{k \in B} F_{<k>}(S) + (t_B + t_i) + (t_B + t_i + t_j) + \sum_{k \in A} F_{<k>}(S) \tag{7-11}$$

再看顺序 S' 的情况，有

$$\sum_{k=1}^{n} F_{<k>}(S') = \sum_{k \in B} F_{<k>}(S) + (t_B + t_j) + (t_B + t_j + t_i) + \sum_{k \in A} F_{<k>}(S') \tag{7-12}$$

其中

$$\sum_{k \in B} F_{<k>}(S) = \sum_{k \in B} F_{<k>}(S), \quad \sum_{k \in A} F_{<k>}(S) = \sum_{k \in A} F_{<k>}(S') \tag{7-13}$$

$$t_i > t_j \tag{7-14}$$

$$\sum_{k=1}^{n} F_{<k>}(S) > \sum_{k=1}^{n} F_{<k>}(S'), \quad \bar{F}(S) > \bar{F}(S') \tag{7-15}$$

由此可见，对于不符合 SPT 规则的顺序，只要通过相邻工件的对换，就能使 $\bar{F}$ 减小。所以，顺序的平均流程时间 $\bar{F}$ 为最小。

在很多情况下，所有工件并不是同样重要的。设每个工件有一个表示重要性的权值 W_j（W_j 越大，工件越重要），希望确定 n 个工件的顺序是平均加权流程时间最小（WSPT 规则）。

$$\bar{F}_W = \frac{\sum_{i=1}^{n} W_j F_i}{n} \tag{7-16}$$

223

只要按以下顺序进行排列即可：

$$\frac{t_{<1>}}{W_{<1>}} \leqslant \frac{t_{<2>}}{W_{<2>}} \leqslant \cdots \leqslant \frac{t_{<n>}}{W_{<n>}} \tag{7-17}$$

定理 2：对于单设备调度问题，EDD 规则使最大延迟或最大误期最短。

再一次用相邻对交换法进行证明。设顺序 S 不符合 EDD 规则，则在 S 中一定存在一对相邻的工件 J_i 和 J_j，J_j 在 J_i 之后，但 $d_i > d_j$。将 J_i 和 J_j 互换，其余保留不动，得到一个新顺序。则有

$$L_i(S) = t_B + t_i - d_i, \quad L_i(S') = t_B + t_j - d_j \tag{7-18}$$

$$L_j(S) = t_B + t_i + t_j - d_j, \quad L_j(S') = t_B + t_j + t_i - d_i \tag{7-19}$$

根据已知条件 $L_j(S) > L_i(S')$ 和 $L_j(S) > L_j(S')$，有

$$L_j(S) > \max\{L_i(S'), L_j(S')\}$$

令 $L = \max\{L_k \mid k \in A \text{ 或 } k \in B\}$，由于 L 在 S 和 S' 中相同，于是有

$$L_{\max}(S) = \max\{L, L_i(S), L_j(S)\} \geqslant \max\{L, L_i(S'), L_j(S')\} = L_{\max}(S') \tag{7-20}$$

也就是说，将工件 J_i 和 J_j 互相交换不会增加 $L_{\max}$ 值，却使 $L_{\max}$ 减小，由此可得，EDD 规则将使最大延迟时间最短。

类似地，可证明定理的后半部分：

$$T_{\max}(S) = \max\{0, L_{\max}(S)\} \tag{7-21}$$

$$T_{\max}(S') = \max\{0, L_{\max}(S')\} \tag{7-22}$$

$$T_{\max}(S) \geqslant T_{\max}(S') \tag{7-23}$$

定理 3：如果对于某单设备调度问题，存在使最大误期为 0 的工件调度方案，则在交货期比考虑中的工件的作业时间之和大的工件中，将作业时间最大的工件安排在最后位置，如此反复进行，可得到使平均流程时间最短的最优工件调度。

对 $d_H \geqslant \sum_{i \in l} t_i$ 和 $d_j \geqslant \sum_{i \in l} t_i$ 的所有工件 j，当 $t_H \geqslant t_j$ 时，H 排在 j 后。其中，l 表示符合条件的工件集合。

操作步骤：首先找出所有交货期大于所有作业时间之和的作业，比较这些作业，将作业时间大的排在最后。然后去掉排在最后的作业，再重复前面的步骤。

以下通过举例来说明上述定理。

例 7-1 5 个工件的作业时间和交货期见表 7-2。

表 7-2　5 个工件的作业时间和交货期

工件号	J_1	J_2	J_3	J_4	J_5
作业时间 / 天	3	7	1	5	4
交货期 / 天	23	20	8	6	14

1）运用 SPT 规则，对 $J_1 \sim J_5$ 工件进行单设备调度，求平均流程时间和最大误期。

2）运用 EDD 规则，对 $J_1 \sim J_5$ 工件进行单设备调度，求平均流程时间和最大误期。

3）运用定理 3，对 $J_1 \sim J_5$ 工件进行单设备调度，求平均流程时间和最大误期。

解：

对于问题 1，应用单设备调度定理 1 后的结果见表 7-3。

表 7-3　应用单设备调度定理 1 后的结果

工件调度	J_3	J_1	J_5	J_4	J_2
作业时间 / 天	1	3	4	5	7
交货期 / 天	8	23	14	6	20
开始时间 / 天	0	1	4	8	13
结束时间 / 天	1	4	8	13	20
延迟 L / 天	−7	−19	−10	7	0
误期 T / 天	0	0	0	7	0

由表 7-3 可以看出，最大误期为 7 天，平均流程时间为

$$\bar{F} = 1+4+8+13+20/5 \ \text{天} = 46/5 \ \text{天} = 9.2 \ \text{天}$$

对于问题 2，应用单设备调度定理 2 后的结果见表 7-4。

表 7-4　应用单设备调度定理 2 后的结果

工件调度	J_4	J_3	J_5	J_2	J_1
作业时间 / 天	5	1	4	7	3
交货期 / 天	6	8	14	20	23
开始时间 / 天	0	5	6	10	17
结束时间 / 天	5	6	10	17	20
延迟 L / 天	−1	−2	−4	−3	−3
误期 T / 天	0	0	0	0	0

由表 7-4 可以看出，最大误期为 0，平均流程时间为

$$\bar{F} = (5+6+10+17+20)/5 \, \text{天} = 11.6 \, \text{天}$$

对于问题 3，应用单设备调度定理 3 后的结果见表 7-5。

225

表 7-5　应用单设备调度定理 3 后的结果

工件调度	J_3	J_4	J_1	J_5	J_2
作业时间 / 天	1	5	3	4	7
交货期 / 天	8	6	23	14	20
开始时间 / 天	1	1	6	9	13
结束时间 / 天	1	6	9	13	20
延迟 L / 天	−7	0	−14	−1	0
误期 T / 天	0	0	0	0	0

由表 7-5 可以看出，最大误期为 0，平均流程时间为

$$\overline{F} = (1+6+9+13+20) / 5天 = 49 / 5天 = 9.8天$$

通过比较上述三个问题可以看出，根据定理 3 调度所得结果既保证了最大误期为 0，同时还保证了平均流程时间要比只用 EDD 规则要短。

7.2.5　多设备调度问题及求解

1. 流水作业调度

流水作业调度问题又称为 Flow–Shop 调度问题（Flow–Shop Scheduling Problem，FSP），是许多实际流水线生产调度问题的简化模型，在制造业领域具有广泛应用。流水作业调度问题的基本特征是每个工件的加工路线都一致。这是一种特殊的调度问题，称为排列调度问题，或"同顺序"调度问题。

（1）最长流程时间 $F_{\max}$ 的计算

这里所讨论的是 $n / m / P / F_{\max}$ 问题，其中 n 为工件数，m 为设备数，P 表示流水线作业排列调度问题，$F_{\max}$ 为目标函数。目标函数是使最长流程时间最短。最长流程时间又称为加工周期，它是从第一个工件在第一台设备开始加工时算起，到最后一个工件在最后一台设备上完成加工时为止所经过的时间。假设所有工件的到达时间都为零（$r_i = 0, i = 1, 2, \cdots, n$），则 $F_{\max}$ 等于排在末位加工的工件在车间的停留时间，也等于一批工件的最长完工时间 $C_{\max}$。

设 n 个工件的加工顺序为 $S = (S_1, S_2, S_3, \cdots, S_n)$，其中 S_i 为第 i 位加工的工件的代号。以 $C_{k_{s_i}}$ 表示工件 S_i 在设备 M_k 上的完工时间，$p_{s_i^k}$ 表示工件 S_i 在 M_k 上的加工时间（$k = 1, 2, \cdots, m$；$i = 1, 2, \cdots, n$），则 C_{k_s} 可按以下公式进行计算：

$$C_{1_{s_i}} = C_{1_{s_{i-1}}} + p_{s_i^1} \tag{7-24}$$

$$C_{k_{s_i}} = \max\{ C_{(k-1)_{s_i}},\ C_{k_{s_{i-1}}} \} + p_{s_i^k} \tag{7-25}$$

式中，$k = 2, \cdots, m$ ； $i = 1, 2, \cdots, n$ 。

当 $r_i = 0, i = 1, 2, \cdots, n$ 时，有

$$F_{\max} = C_{m_{s_n}} \tag{7-26}$$

在熟悉以上计算公式之后，可直接在加工时间矩阵上从左向右计算完工时间。

例 7-2　有一个 $6/4/P/F_{\max}$ 问题，其加工时间见表 7-6。当按顺序 $S=$（6，1，5，2，4，3）加工时，求 $F_{\max}$ 。

表 7-6　加工时间矩阵

i	1	2	3	4	5	6
P_{i1}	4	2	3	1	4	2
P_{i2}	4	5	6	7	4	5
P_{i3}	5	8	7	5	5	5
P_{i4}	4	2	4	3	3	1

解：

按顺序 $S=$（6，1，5，2，4，3）列出加工时间矩阵，见表 7-7。按式（7-24）推进，将每个工件的完工时间标在其加工时间的右上角。对于第一行第一列，只需把加工时间的数值作为完工时间标在加工时间的右上角。对于第一行的其他元素，只需从左到右依次将前一列右上角的数字加上计算列的加工时间，将结果填在计算列加工时间的右上角。对于第二行到第 m 行，第一列的算法相同，只要把上一行右上角的数字和本行的加工时间相加，将结果填在加工时间的右上角；从第二列到第 n 列，则要从本行前一列右上角和本列上一行的右上角数字中取大者，再和本列加工时间相加，将结果填在本列加工时间的右上角。这样计算下去，最后一行的最后一列右上角数字，即为 $C_{m_{s_n}}$ ，也是 $F_{\max}$ 。计算结果见表 7-7。本例 $F_{\max} = 46$ 。

表 7-7　顺序 S 下的加工时间矩阵

i	6	1	5	2	4	3
P_{i1}	2^2	4^6	4^{10}	2^{12}	1^{13}	3^{16}
P_{i2}	5^7	4^{11}	4^{15}	5^{20}	7^{27}	6^{33}
P_{i3}	5^{12}	5^{17}	5^{22}	8^{30}	5^{35}	7^{42}
P_{i4}	1^{13}	4^{21}	3^{25}	2^{32}	3^{38}	4^{46}

（2） $n/2/P/F_{\max}$ 问题的最优算法

单设备调度问题表明，多项任务在单台设备上加工，不管任务如何调度，从第一项任务开始加工起，到最后一项任务加工完毕的时间（称为全部完工时间）都是相同的。但这个结论在多项任务多台设备的调度问题中不再适用。在这种情况下，加工顺序不同，总加工周期和等待时间都有很大差别。根据 S.M.Johnson 所提出的动态规划最优化原理可以证

明：加工对象在两台设备上的加工顺序不同时的调度不是最优方案，即最优调度方案只能在两台设备加工顺序相同的调度方案中寻找，以保证总加工周期最短。

对于流水作业两台设备调度的问题 $n/2/P/F_{max}$，S.M. Johnson 于 1954 年提出了一个有效算法，即著名的 Johnson 算法。为了叙述方便，以 a_i 表示 J_i 在 M_1 上的加工时间，以 b_i 表示 J_i 在 M_2 上的加工时间。每个工件都按 $M_1 \rightarrow M_2$ 的路线加工。Johnson 算法建立在 Johnson 法则（定理 4）的基础之上。

定理 4： 如果 $\min(a_i, b_j) < \min(a_j, b_i)$，则 J_i 应该排在 J_j 之前。如果中间为等号，则工件 J_i 既可以排在工件 J_j 之前，也可以排在工件 J_j 之后。

根据 Johnson 法则，可以确定每两个工件的相对位置，从而可以得到 n 个工件的完整的顺序。还可以按 Johnson 法则得出比较简单的求解步骤，这些步骤称为 Johnson 算法：

1）从加工时间矩阵中找出最短的加工时间。

2）若最短的加工时间出现在 M_1 上，则对应的工件尽可能往前排；若最短加工时间出现在 M_2 上，则对应工件尽可能往后排。然后，从加工时间矩阵中划去已调度工件的加工时间。若最短加工时间有多个，则可以任意安排。

3）若所有工件都已调度，停止。否则，转步骤 1）。

例 7-3 求表 7-8 中的 $5/2/P/F_{max}$ 问题的最优解。

表 7-8 加工时间矩阵

工件	J_1	J_2	J_3	J_4	J_5
M_1	12	4	5	15	10
M_2	22	5	3	16	8

解：

应用 Johnson 算法，从加工时间矩阵中找出最短加工时间为 3 个时间单位，它出现在 M_2 上。所以，相应的工件（工件 J_3）应尽可能往后排，即将工件 J_3 排在最后一位。划去工件 J_3 的加工时间，余下加工时间中最小者为工件 J_2 的 4 个时间单位，它出现在 M_1 上，相应的工件（工件 J_2）应尽可能往前排，于是排到第一位。划去工件 J_2 的加工时间，继续按 Johnson 算法安排余下工件的加工顺序。调度过程见表 7-9。

表 7-9 调度过程

步骤	第 1 位	第 2 位	第 3 位	第 4 位	第 5 位
1					J_3
2	J_2				J_3
3	J_2			J_5	J_3
4	J_2	J_1		J_5	J_3
5	J_2	J_1	J_4	J_5	J_3

最优加工顺序为 $S=(J_2, J_1, J_4, J_5, J_3)$。加工顺序甘特图如图 7-16 所示。求得最优

顺序下的 $F_{\max} = 65$ 。

（3）一般 $n / 3 / P / F_{\max}$ 问题

对于 3 台设备的流水车间调度问题，只有几种特殊类型的问题找到了有效算法。研究表明，3 台设备以上的 Flow-Shop 调度即为一个典型 NP-hard 问题。因此，至今还没有一个多项式复杂性的全局优化算法，只能对快速求解问题的次优解进行研究。工程领域的研究人员提出过许多求解 Flow-Shop 调度问题的方法，如精确方法、神经网络方法、启发式方法和智能算法等。精确方法由于其计算量和存储量大，仅适用于小规模问题求解。神经网络方法通过动态演化来达到优化解的稳定状态，但网络参数和能量函数要精心设计，且算法复杂性较大。启发式方法中有 Palmer 和 CDS 等方法，优点是构造解的速度快，但质量还不够理想。智能算法由于具有全局解空间搜索与隐含并行性的特点，同时又是一种优化质量较高的改进型搜索方法，因此，在求解次优解过程中往往优于其他方法，加上搜索效率比较高，被认为是一种切实有效的方法，在生产调度等领域得到了广泛的应用，如遗传算法。

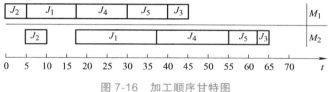

图 7-16　加工顺序甘特图

对于一般的流水车间排列调度问题，可以用分支定界法来保证得到一般 $n / m / P / F_{\max}$ 问题的最优解。但对于实际生产中规模较大的问题，计算量相当大，以致连计算机也无法求解。下面介绍一般 $n / 3 / P / F_{\max}$ 问题的常用算法：

1）Palmer 算法。1965 年，D.S.Palmer 提出按斜度指标排列工件的启发式方法，称为 Palmer 算法。工件的斜度指标计算方法如下：

$$\lambda_i = \sum_{k=1}^{n}[k - (m+1) / 2]p_{ik}(k = 1, 2, \cdots, n)\tag{7-27}$$

式中，m 为设备数；p_{ik} 为工件 i 在 M_k 上加工的时间。

按照各工件 λ_i 不增的顺序排列工件，可得出令人满意的顺序。

2）关键工件法。关键工件法的步骤如下：

① 计算每个工件的总加工时间 $P_i = \Sigma P_{ij}$，找出加工时间最长的工件 C（$j = m$），将其作为关键工件。

② 对于余下的工件，若 $P_{i1} \leqslant P_{im}$，则按 P_{i1} 不减的顺序排成一个序列 S_a；若 $P_{i1} > P_{im}$，则按 P_{im} 不增的顺序排成一个序列 S_b。

③ 顺序（S_a, C, S_b）即为所求顺序。

3）CDS 法。CDS 法是另一种启发式方法，就是把 Johnson 算法用于一般的 $n/m/P/F_{\max}$ 问题，得到 $m-1$ 个加工顺序，取其中最优者。

具体的做法是，对加工时间 $\sum\limits_{k=1}^{i} p_{ik}$ 和 $\sum\limits_{k=m+1-l}^{m} p_{ik} (l=1,2,3,\cdots,m-1)$，用 Johnson 算法求 $m-1$ 次加工顺序，取其中最好的结果。

4）仿 Johnson 算法。若 n 个工件均按相同次序经过设备 1、2、3，在符合下列条件下，可应用 Johnson 算法，其条件为

$$\min\{t_{i1}\} \geqslant \max\{t_{i2}\} \tag{7-28}$$

或

$$\min\{t_{i3}\} \geqslant \max\{t_{i2}\} \tag{7-29}$$

两者有一个相符合时即可用 Johnson 算法调度。算法步骤如下：
第一步，令

$$t'_{i1} = t_{i1} + t_{i2} \tag{7-30}$$

$$t'_{i2} = t_{i2} + t_{i3} \tag{7-31}$$

第二步，将 3 台设备视为 2 台设备，按 Johnson 算法调度。

例 7-4 求表 7-10 中的 $4/3/P/F_{\max}$ 问题的最优解。

表 7-10 加工时间矩阵

工件	J_1	J_2	J_3	J_4
M_1	15	8	6	12
M_2	3	1	5	6
M_3	4	10	5	7

解：
从加工时间矩阵中查表得到

$$\min\{t_{i1}\} = 6$$

$$\max\{t_{i2}\} = 6$$

符合 $\min\{t_{i1}\} \geqslant \max\{t_{i2}\}$。因此，将 3 台设备 M_1、M_2、M_3 虚拟为两台设备 G、H，并计算 t_{ig} 和 t_{ih}，结果见表 7-11。

运用 Johnson 算法针对工件在设备 G 和设备 H 上进行调度，并保持该顺序将加工过程还原到设备 M_1、M_2、M_3，结果见表 7-12。

表 7-11　工件在虚拟设备上的加工时间

工件	J_1	J_2	J_3	J_4
设备 G $t_{ig} = t_{i1} + t_{i2}$	18	9	11	18
设备 H $t_{ih} = t_{i3} + t_{i2}$	7	11	10	13

表 7-12　工件的调度结果

工件	J_2		J_4		J_3		J_1	
设备 M_1	0	8	8	20	20	26	26	41
设备 M_2	8	9	20	26	26	31	41	44
设备 M_3	9	19	26	33	33	38	44	48

最优加工顺序为 $S = (J_2, J_4, J_3, J_1)$。加工顺序甘特图如图 7-17 所示。

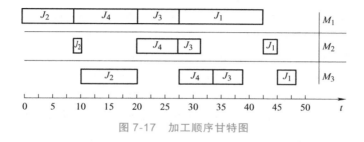

图 7-17　加工顺序甘特图

求得最优顺序下的 $F_{max} = 48$。

（4）一般 $n/m/P/F_{max}$ 问题

n 个工件在 m 台设备上的调度方法，一般采用最小调度系数法求得近似最优解，其步骤如下：

1）确定中间设备或中间线。当设备数为奇数时，用←标明中间设备；当设备为偶数时，用⇐标明中间线。

2）计算调度系数 K。调度系数为某个工件在前半部分设备上的加工时间与在后半部分设备上的加工时间的比值，即

$$K = \frac{\sum_{j=1}^{m/2} t_{ij}}{\sum_{j=\frac{m}{2}+1}^{m} t_{ij}} \qquad (7-32)$$

若设备数为奇数，则中间设备的加工时间平分于前后各半。

3）按最小调度系数，由小到大进行调度。

例 7-5　有 5 个工件，依次在 4 台设备上加工，其作业时间见表 7-13。

用最小调度系数法调度的步骤为：

1）在 M_1、M_2 之间用 ⇐ 标明中间线。

2）计算最小调度系数。依据式（7-32）计算各个工件的最小调度系数见表 7-13。

3）按最小调度系数规则，得最佳加工顺序为 $S=(J_1，J_5，J_2，J_4，J_3)$，通过时间为 51h。

表 7-13　各项目工作在 4 台设备上作业时间表

工件	J_1	J_2	J_3	J_4	J_5	中间线
M_1	4	9	7	3	6	
M_2	6	4	10	9	8	⇐
M_3	8	10	4	6	4	
M_4	5	2	7	4	10	
调度系数 K	0.77	1.08	1.55	1.2	1	
加工顺序	1	3	5	4	2	

（5）Flow-Shop 调度问题的遗传算法

遗传算法（GA）是 J.Holland 于 1975 年受生物进化论的启发而提出的一种理论。它将问题的求解表示成"染色体"的适者生存过程，通过"染色体"群（Population）的不断进化，经过复制（Reproduction）、交叉（Crossover）和变异（Mutation）等操作，最终收敛到"最适应环境"的个体，从而求得问题的满意解。虽然基本遗传算法（SGA）扩大了解的搜索范围并缩短了搜索时间，但在实际使用过程中容易出现早熟和易陷入局部极值点的问题，因此需要根据 Flow-Shop 调度问题的具体情况对 SGA 进行改进。算法描述如下：

1）编码设计。由于遗传算法不能直接处理生产调度问题的参数，所以必须通过编码将它们表示成遗传空间中由基因按一定结构组成的染色体。在 Flow-Shop 调度问题中，用染色体表示工件的加工顺序，第 k 个染色体为 $v_k = (1\ 2\ 3\ 4\ 5)$，表示 5 个工件的加工顺序为：J_1，J_2，J_3，J_4，J_5。

2）初始种群的产生。遗传算法是对群体进行操作，所以必须准备一个由若干初始解组成的初始群体。在 SGA 中初始群体的个体是随机产生的，这就大大影响了解搜索的质量。而改进后的遗传算法在设定初始群体时则采用了如下策略：

① 根据问题固有知识，设法把握最优解所占空间在整个问题空间中的分布范围，然后，在此分布范围内设定初始群体。

② 先随机产生一定数目的个体，然后从中挑选最好的个体加入初始群体，这种过程不断循环，直到初始群体中的个体数目达到预先确定的规模为止。

采用以上策略就可以产生较好的个体，从而得到比较满意的结果。

3）适应度函数设计。遗传算法遵循自然界优胜劣汰的原则，在进化搜索中用适应度表示个体的优劣，作为遗传操作的依据。n 个工件 m 台设备的 Flow-Shop 调度问题的适应度取为：$eval(v_k) = 1/C_{max}^k$，C_{max}^k 表示 k 个染色体 v_k 的最大流程时间。

4）选择操作。选择操作是按适应度在子代种群中选择优良个体的算法，个体适应度越高，被选择概率就越大。其方法主要包括：适应度比例法（Fitness Proportional Model）、繁殖池选择法（Breeding Pool Selection）和最佳个体保存法（Elitist Model）等。这里采用的是适应度比例法，即赌轮选择（Roulette Wheel Selection），该方法中个体选择概率与其适应度值成比例。当群体规模为 N、个体 i 的适应度为 f_i 时，个体被选择的概率为 $p_{si} = f_i / \sum_{i=1}^{N} f_i$。

5）交叉操作。交叉操作是模仿自然生态系统的双亲繁殖机理而获得新个体的方法，它可使亲代不同的个体进行部分基因交换组合产生新的优良个体。交叉概率 P_c 较大时可以增强算法开辟搜索区域的能力，但会增加优良子代被破坏的可能性；交叉概率较低时又会使搜索陷入迟钝状态。研究结果表明，P_c 的取值范围应在 0.25 ～ 1.00 之间。为了使子代能自动满足优化问题的约束条件，改进方法采用部分匹配交叉（PMX）、顺序交叉（OX）和循环交叉（CX）混合使用的方法来保留双亲染色体中不同方面的特征，以达到获得质量较高后代的目的。例如，对一部分用 PMX，而另一部分用 OX；或者先采用 PMX，得到适应度高的子代后再采用 OX。

6）变异操作。变异的目的是维持解群体的多样性，同时修复和补充选择、交叉过程中丢失的遗传基因，在遗传算法中属于辅助性的搜索操作。变异算子是对个体串中基因座上的基因值做改变，同时为防止群体中重要的基因丢失，变异概率 P_m 一般不能太大。高频度的变异将导致算法趋于纯粹的随机搜索。这里主要使用互换变异（SWAP）与逆转变异（INV）相结合的方法。

改进的遗传算法采用优质种群选择策略减少了 SGA 优化性能和效率对初始种群的依赖性，同时采用混合交叉操作的方法，不仅可以使子代更好地继承父代的优良基因，而且合适的 P_c 交叉算子也能增加种群的多样性，有利于进化过程的发展。改进的遗传算法提高了 SGA 的全局收敛性能，可以得到比 SGA 更好的优质解，因此是解决 Flow-Shop 调度问题的一种有效方法。

2. 非流水作业调度

对于工艺路线不同的 n 种任务在两台设备上的加工调度，可以采用以下步骤：

1）将工件划分为以下 4 类：

① {A} 类：仅在 A 设备上加工。

② {B} 类：仅在 B 设备上加工。

③ {AB} 类：工艺路线为先 A 后 B。

④ {BA} 类：工艺路线为先 B 后 A。

2）分别对 {AB} 类及 {BA} 类采用 Johnson 算法进行调度：

① 将首序在 A 上加工的工件先安排给 A。

② 将首序在 B 上加工的工件先安排给 B。

3）将 {A} 类工件排在 {AB} 类后，顺序任意。

4）将 {B} 类工件排在 {BA} 类后，顺序任意。

5）将先安排到其他设备上的工件加到各设备已调度队列后面，顺序不变。

例 7-6 某汽车零件加工车间有 10 项作业任务要在两台设备上完成，各项任务在每台设备上的作业时间见表 7-14，请为 10 项作业任务在两台设备上的作业进行调度，使总完成时间最短。

表 7-14　各项任务在每台设备上的作业时间　　　　　　　　　　　　（单位：h）

加工任务	加工顺序	设备 1（钻机）	设备 2（车床）
A	—	2	—
B	—	3	—
C	—	—	3
D	—	—	2
E	先 1 后 2	8	4
F	先 1 后 2	10	7
G	先 1 后 2	5	8
H	先 2 后 1	7	12
I	先 2 后 1	5	6
J	先 2 后 1	9	4

解：

（1）对任务按加工设备进行分类

① {A，B}：只有一个工序，在设备 1 上作业的工件集合。

② {C，D}：只有一个工序，在设备 2 上作业的工件集合。

③ {E，F，G}：第一工序在设备 1 上加工、第二工序在设备 2 上加工的工件集合。

④ {H，I，J}：第一工序在设备 2 上加工、第二工序在设备 1 上加工的工件集合。

（2）分别对各类集合进行调度

1）对单机作业进行调度。由表 7-14 可知，设备 1（钻机）上的单机作业 A 加工时间为 2h，B 加工时间为 3h，按照 SPT 规则，两项作业的加工顺序为：A，B。

设备 2（车床）上的单机作业 C 加工时间为 3h，D 加工时间为 2h，按照 SPT 规则，两项作业的加工顺序为：D，C。

2）对双机作业进行调度。按照 Johnson 算法，对作业任务 E、F、G 进行调度：

① 作业任务 E 在设备 2 上的加工时间 4h 为最短工时，排到最后。

② 作业任务 F、G 中最短工时 5h 为任务 G 在设备 1 上的加工时间，排到第 1 位；可得 {E，F，G} 的排产顺序应为：G，F，E；同理，可得 {H，I，J} 的排产顺序应为：I，H，J。

3）分别在设备 1 和设备 2 上进行作业调度。按照 Johnson 算法，可得这 10 项作业任务的排产顺序为：

设备 1（钻机）：{G，F，E}，{A，B}，{I，H，J}

设备 2（车床）：{I，H，J}，{D，C}，{G，F，E}

4）按各设备的加工顺序列出加工时间表，具体见表 7-15 和表 7-16，按此表计算出整批工件通过时间为 49h。两台设备的作业时间与空闲时间分布如图 7-18 所示。

表 7-15　设备 1（钻机）各项作业任务时间

加工任务	加工时间 /h	工序开始时间 /h	工序结束时间 /h
G	5	0	5
F	10	5	15
E	8	15	23
A	2	23	25
B	3	25	28
I	5	28	33
H	7	33	40
J	9	40	49

表 7-16　设备 2（车床）各项作业任务时间

加工任务	加工时间 /h	工序开始时间 /h	工序结束时间 /h
I	6	0	6
H	12	6	18
J	4	18	22
D	2	22	24
C	3	24	27
G	8	27	35
F	7	35	42
E	4	42	46

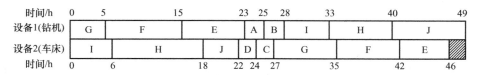

图 7-18　两台设备的作业时间与空闲时间分布（阴影部分表示空闲时间）

7.3　企业资源计划（ERP）系统

7.3.1　ERP 系统的发展历程

ERP 即 Enterprise Resource Planning 的首字母缩写，从英文字面直译的意思是企业资源计划，是企业为有效进行企业内外部资源（如资金、人力、设备、原料和产品等）的计划与控制而执行的所有不同任务的总称。

ERP 系统是企业资源计划（Enterprise Resource Planning，ERP）系统的简称，是指通过支持和优化企业内部和企业之间的协同运作和财务过程，以创造客户和股东价值的一种商务战略和一套面向具体行业领域的应用系统。因此，ERP 系统是建立在信息技术基础上，以系统化的管理思想为企业员工及决策层提供决策的一种集成化的信息管理系统。这种信息管理系统是从 MRP 发展而来的，扩展了 MRP 的功能，其核心思想是突破原有企业针对内部产供销资源管理的局限，而扩展到企业间的协同，即供应链管理的范畴。ERP 系统打破了传统企业边界，从供应链范围去优化企业的资源，优化现代企业的运行模式，反映了市场对企业合理调配资源的要求。

ERP 既可以被理解为实现企业内与企业间协同的一种系统化管理思想，又可以被理解为通过融合信息技术而形成一种可以提供跨地区、跨部门甚至跨公司整合实时信息的企业管理信息系统，用于实现企业内部资源和企业相关的外部资源的整合。因此，在 ERP 和 ERP 系统两个术语中，企业通常用 ERP 代指 ERP 系统，即通过软件把企业的人、财、物、产、供销及相应的物流、信息流、资金流、管理流和增值流等紧密地集成起来，以实现资源优化和共享。

ERP 系统起源于制造业的物料管理，从最开始针对物料库存的订货控制到后来的企业资源计划管理，主要经过了 4 个发展阶段：20 世纪 40 年代的库存控制订货点法、20 世纪 60 年代至 20 世纪 70 年代的 MRP 阶段、20 世纪 80 年代的 MRP Ⅱ 阶段和 20 世纪 90 年代的 ERP 阶段，如图 7-19 所示。

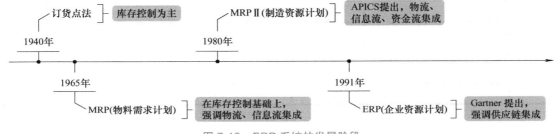

图 7-19　ERP 系统的发展阶段

1. 库存控制订货点法（ROP）

在 20 世纪 40 年代之前，企业进行库存控制的主要方法是通过设定每种物料的最大库存量和安全库存量，再通过发出订单和催货来实现。但是，对物料的真实需求要通过缺料表来反映，即将生产中马上要用但却没有库存的物料记录到缺料表中，再安排人员根据缺料表进行物料订货或者催货。

订货点法就是在当时的条件下，为改变生产过程中经常缺料的这种被动状况而提出的一种物料库存控制方法。即依据生产经验预测未来一段时间的物料需求，进而发出订货的时间点和订货的数量。订货点法的实质是着眼于"库存补充"的原则，即通过发出订货把库存填满到某个原来的状态。库存补充的原则是保证在任何时候仓库里都有一定数量的存货，以便需要时随时取用。当时人们希望用这种做法来弥补由于不能确定近期内准确的必要库存储备数量和需求时间所造成的缺陷，因此设置了物料的最大存储量和安全库存量。订货点法依据对生产需求量的预测进行生产周期内的库存补充，在预测需求量的基础上再确保有一定的安全库存储备，进而确定物料的订货点。一旦库存储备低于预先规定的数量，即订货点，则立即进行订货来补充库存。

2. 物料需求计划（MRP）

20 世纪 60 年代，为解决订货点法存在的缺陷，MRP 被提出并逐步应用到企业的实际生产中。MRP 的产生与发展也经历了两个重要阶段：时段式 MRP（简称 MRP）阶段和闭环 MRP 阶段。

（1）时段式 MRP 阶段

针对库存控制订货点法的缺陷，提出了时段式 MRP，主要解决间歇生产的生产计划控制和物料需求供应问题。时段式 MRP 的核心思想是从产品结构或物料清单（BOM）出发，充分考虑构成产品的各种物料的相关需求，通过物料信息集成克服订货点法中彼此孤立地推测每一物料需求量的局限性。同时，时段式 MRP 对产品结构增加了时间段的概念，包括物料的数量和需用时间。因此，MRP 与订货点法的主要区别包括三个方面：

1）MRP 通过产品结构或物料清单将所有物料的需求联系起来。如前所述，传统的库存管理方法，如订货点法，是彼此孤立地推测每项物料的需求量，而不考虑它们之间的联系，从而造成库存积压和物料短缺同时出现的不良局面。MRP 则通过产品结构或物料清单把所有物料的需求联系起来，考虑不同物料需求之间的相互匹配关系，从而使各种物料的库存在数量和时间上均趋于合理。

2）MRP 将物料需求区分为独立需求和非独立需求，并分别加以处理。如果某项物料的需求量不依赖企业内其他物料的需求量而独立存在，则称为独立需求项目；如果某项物料的需求量可由企业内其他物料的需求量来确定，则称为非独立需求项目或相关需求项目。如原材料、零件和组件等都是非独立需求项目，而最终产品则是独立需求项目，独立需求项目有时也包括维修件、可选件和工厂自用件。独立需求项目的需求量和需求时间通常由预测客户订单、厂际订单等外在因素来决定，而非独立需求项目的需求量和时间则由 MRP 来决定。

3）MRP 对物料的库存状态数据引入了时间分段的概念。所谓时间分段，就是给物料的库存状态数据加上时间坐标，即按具体的日期或计划时区记录和存储库存状态数据。同时，在库存状态记录中增加两个重要数据项：需求量和可供货量。其中，需求量是指当前已知的需求量，而可供货量是指可满足未来需求的量。这样，物料的库存状态记录由 4 个数据组成，它们之间的关系可表达为：库存量 + 已订货量 – 需求量 = 可供货量。

（2）闭环 MRP（Closed-Loop MRP）阶段

尽管 MRP 在解决库存控制订货点法方面做出了很大的理论贡献，但也存在一定局限性。时段式 MRP 是建立在两个假设基础上的：一是生产计划是可行的，即假定有足够的设备、人力和资金来保证生产计划的实现；二是假设采购计划是可行的，即有足够的供货能力和运输能力来保证完成物料供应。但在实际生产中，生产能力和物料供应能力等往往是有限的，因而也会出现生产计划无法完成的情况。

闭环 MRP 是一种计划与控制系统，在时段式 MRP 的基础上考虑了企业生产能力约束，在生产计划体系中增加了能力需求计划（Capacity Requirement Planning，CRP），把能力需求计划、车间作业计划、采购作业计划和 MRP 集成起来，形成了"计划 – 执行 – 反馈 – 计划"的闭环系统。在计划执行过程中，必须有来自车间、供应商和计划人员的反馈信息，并利用这些反馈信息进行计划的调整平衡，从而使生产计划方面的各个子系统得到协调统一，使企业的生产计划系统具有生产计划与生产能力的平衡。因此，闭环 MRP 就是在 MRP 的基础上增加了能力需求计划和信息反馈功能的系统。

闭环 MRP 能够较好地解决生产计划与控制的问题，从能力需求计划和反馈信息两个方面弥补了时段式 MRP 的不足。闭环 MRP 系统中的各个环节是相互联系、相互制约的。如果一个企业通过自己的制造设备、合同转包以及物料外购的努力仍不能得到为满足物料需求计划所需的生产能力，则应修改物料需求计划，甚至主生产计划。在计划执行过程中，也要有一系列的信息反馈以及相应的平衡调整。在闭环 MRP 系统中，反馈功能非常重要。无论是车间还是供应商，如果意识到不能按时完成订单，则应给出拖期预报，这是非常重要的反馈信息。

但需要指出的是，以上所有计划及其执行活动之间的协调和平衡、信息的追踪和反馈都必须借助计算机才能实现。在 20 世纪 70 年代以前，计算机的能力尚不能满足使计划随时平衡供需的要求，而人们在当时也未理解如何真正地驾驭计划来做到这一点。只有高速度、大存储的现代计算机的出现才能使闭环 MRP 运算成为可能，也促进了物料需求计划在实际生产中的广泛应用。

3. 制造资源计划（Manufacturing Resource Planning，MRP Ⅱ）

20 世纪 80 年代，美国著名生产管理专家奥列弗·怀特提出了制造资源计划（Manufacturing Resource Planning，MRP）的概念，它是在 MRP 基础上发展起来的反映企业生产计划和企业经济效益的信息集成系统。为了与传统的物料需求计划（MRP）有所区别，制造资源计划改为 MRP Ⅱ。

MRP Ⅱ 的基本思想是把企业作为有机的整体，从整体最优的角度出发，通过运用科学的方法，并充分对企业各种制造资源和产、供、销、财各个环节进行有效的计划、组织和控制，使其协同发展。同时，MRP Ⅱ 把对产品成本的计划与控制纳入系统的执行层，企业可以对照总体目标，检查计划执行的效果。

MRP Ⅱ 既是一套集成化的信息管理系统，同时也代表了一种新的生产管理思想，把生产活动与财务活动联系起来，将闭环 MRP 与企业经营计划联系起来，使企业各个部门有了一个统一可靠的计划控制工具。MRP Ⅱ 包括计划与控制系统、财务系统以及企业生产经营活动的各种基础数据，是一个企业级的信息集成管理系统，覆盖了企业的整个生产经营活动，包括销售、生产、生产作业计划与控制、库存、采购供应、财务会计和工程管理等各个业务环节。

1）在计划与控制系统中，在 MRP 的基础上，增加了成本会计，集成了应收、应付、成本和总账等财务管理功能。

2）采购作业根据采购订单、供应商信息、收货单及入库单，形成应付款信息。

3）销售商品后，根据客户信息、销售订单信息及产品出库单，形成应收款信息。根据采购作业成本、生产信息、产品结构信息及库存领料信息等产生生产成本信息。

4）应付款信息、应收款信息、生产成本信息及其他信息记入总账。产品的整个制造过程都伴随着资金流的执行过程，通过对企业的生产成本和资金流情况的把握，对企业的生产经营规划和生产计划做出及时决策。

MRP Ⅱ 是一个比较完整的生产经营管理计划体系，是实现企业整体效益的一种有效管理模式，能够实现计划的一致性与可行性、管理的系统性、数据的共享性、动态反馈性和宏观预见性，进而实现企业物流、资金流和信息流的统一。

4. 企业资源计划（Enterprise Resource Planning，ERP）

进入 20 世纪 90 年代，随着管理思想和信息技术的发展，尤其是经济全球化以及企业间竞争的不断加剧，MRP Ⅱ 的局限性逐步暴露出来。MRP Ⅱ 定位于改变企业内部资源的信息流，已经不能满足企业间以及供应链间的竞争需要，MRP Ⅱ 的局限性主要表现在以下 3 个方面：

1）企业间竞争范围的扩大，要求企业加强各方面管理，对企业信息化建设的集成度提出了更高要求。企业信息管理的范畴要扩大到对企业的整个资源的集成管理，而不仅仅是对企业制造资源的集成管理。而 MRP Ⅱ 主要以计划、生产和作业控制为主线，并未覆盖企业的所有业务层面。

2）企业规模扩大化，多集团、多工厂要求协同合作，在集团化、多工厂相互协作基础上进行统一管控的需求越来越明显，已完全超出了 MRP Ⅱ 的管理范畴。

3）经济全球化和一体化发展要求企业之间加强信息交流、集成与共享，企业之间形成了竞争合作的新模式，既是对手，又是合作伙伴，信息管理及信息系统的功能要扩大到整个供应链管理层面，而这些是 MRP Ⅱ 所无法解决的。

因此，为解决上述问题，ERP 应运而生。ERP 是在 MRP Ⅱ 基础上，依托先进的信息技术，利用现代企业的先进管理思想，全面集成企业的所有资源信息，并为企业提供决策、计划、控制与经营业绩评估的全方位和系统化的管理平台。ERP 与订单处理、生产计划与控制等之间的逻辑关系如图 7-20 所示。ERP 的核心是针对客户订单进行"技术订单处理"的过程，可以从两个方面对技术订单处理过程进行刻画：

239

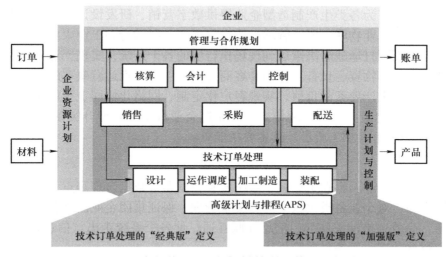

图 7-20　ERP 与订单处理、生产计划与控制等之间的逻辑关系

1）技术订单处理的"经典版"定义：该项技术订单处理的功能包括企业直接参与产品生产制造的所有部门，从接收订单到产品设计、运作调度、加工制造，直到最终产品装配。

2）技术订单处理的"加强版"定义：该项技术订单处理的功能除了"经典版"定义

中确定的产品设计、运营调度、加工制造和产品装配等直接参与生产的部门外，还包括客户和企业之间直接对接的部门，如销售、采购和配送部门。生产计划与控制系统支持从收到客户需求到交付所需产品的整个技术订单处理过程，并针对生产过程中的每个活动，都要基于对产品数量、生产时间和生产能力的综合考虑基础之上进行计划和控制。

自 ERP 提出以来，随着信息技术与生产管理的不断融合，ERP 系统提供商不断丰富和完善其系统功能。国外 ERP 软件厂商如 SAP、Oracle 等经过长久的生产管理理论和经验积累，功能不断完善，目前依然占据国内大型制造业的主流应用市场。国产 ERP 软件厂商（包括浪潮、用友、金蝶等公司）的产品近年来也迅速发展，从功能上不断拓展，包括生产计划、能力规划和计划排产等功能，同时在云计算和人工智能等新技术的驱动下，基于云架构的智能 ERP 已逐步得到应用和推广。

7.3.2　ERP 系统的主要功能

ERP 系统是将企业的所有资源进行整合集成管理，简单地说是将企业的物流、资金流和信息流进行全面一体化管理的信息系统。从企业的基本职能来看，一般包括三个方面：生产运作、物流管理和财务管理，其中生产计划与控制及其概念的扩展是 ERP 系统的核心功能，因此 ERP 系统的基本功能包括计划、制造、分销、采购、库存以及财务管理等。随着企业对人力资源管理的重视与加强，已经有越来越多的 ERP 厂商将人力资源管理纳入进来，成为 ERP 系统的一个重要组成部分之一，同时，ERP 系统可以根据企业的不同需要对各个系统模块进行组合，支持制造企业的数字化转型。下面结合我国浪潮 ERP 软件——GS Cloud，来说明 ERP 系统的主要功能。

浪潮 GS Cloud 作为新一代云 ERP 系统的典型代表，围绕智能制造提供一体化工业管理软件关键应用，可为各类生产制造型企业提供数字营销、研发设计、生产管理、智能工厂、数字供应链、工业物联、资产管理、质量管理、业财融合和工业大脑等一体化产品与方案服务，自上而下打通战略决策层到现场执行层的各个系统，实现无边界信息流转，在助力企业提升人员、物资、设备、能源和客商等传统生产要素运营效率的同时，挖掘工业数据和知识等新型生产要素的价值，实现客户化定制、网络化协同、智能化生产、服务化延伸和数据化决策的新型制造管理模式，为制造企业数字化转型升级赋能。浪潮 ERP 软件的整体应用架构如图 7-21 所示。其主要功能有：

1. 主数据管理

对于大型集团企业，存在组织多、系统多和数据杂等数据管理难点，需要通过建立规范化主数据模型，对企业各类主数据进行集中管理，保证集团企业内部各系统数据传输逻辑架构稳定、高效；推动关联部门信息互联互通，使各个系统走出"信息孤岛"；最大限度地实现主数据共享，发挥集中管控优势。

浪潮 GS Cloud 的主数据管理提供如物料、供应商、客户、财务和人员等标准编码集团化管理服务，统一编码体系结构，规范编码的设置、审批、发布和维护流程，可保证编码的方便性、完整性、有效性、正确性、适应性和可扩展性。通过建立统一的主数据管理平台，可实现企业数据的标准化管理。采用统一的规则和口径实现主数据协同管控一体化，保证数据的时效性及准确性。

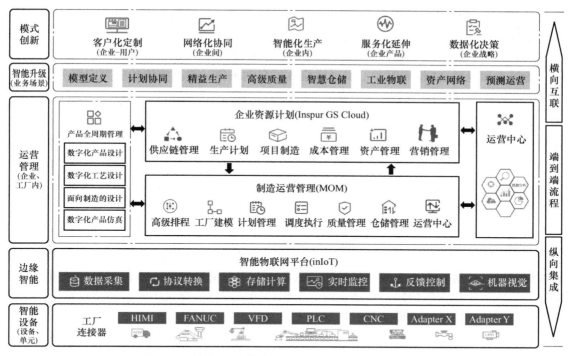

图 7-21　浪潮 ERP 软件——GS Cloud 的整体应用架构

2. 产品数据管理

浪潮 GS Cloud 的产品数据管理提供包括产品物料管理、产品物料清单、工艺路线和工程变更等产品数据建模全面管理服务。依据离散制造和流程制造的不同生产模式特性，同时结合不同行业特性建立标准数据模型，可支撑 A 型 BOM、V 型 BOM、X 型 BOM、T 型 BOM、配置 BOM、项目制 BOM 和单件生产 BOM 等多种类型 BOM 建模。

3. 生产管理

生产管理融合多类型行业方案，建立标准化生产作业体系，以计划管理为核心，帮助制造企业优化资源配置，实现产供销一体化协同，对生产需求、生产计划、物资准备、生产制造、质量检验和产品入库等全生产制造周期活动进行精准管控，提升生产效率，缩短交付周期，提升产品质量，降低生产成本。

4. 物联网平台

浪潮 GS Cloud 的智能物联网平台 inIoT 基于全新一代信息技术研发，内置机器视觉和预测性维护模型，全面支持工业 AI 场景构建，为企业提供设备接入、数据采集、仿真监控、时序分析及单点智能等基础能力服务，便捷实现 IT&OT 融合，支撑生产制造、智能工厂、质量管理、设备管理、能源管理、安环管理和设备后服务等多个业务领域深化应用，助力企业基于工业数据实现管理模式创新。

5. 全面质量管理

浪潮 GS Cloud 的全面质量管理提供原料到货、生产制程、产品完工、产品出厂和售后溯源等全场景检验管理服务；基于过程方法与 PDCA 循环管理思想，提供质量管理体系的全过程和全要素管理服务，完善质量体系管理建设，实现标准化、规范化和流程化的全面质量管理，提升质量管理效率和管理水平；依托边缘智能物联网平台 inIoT，提供质检设备接入和视觉 AI 检测服务，实现质检数据自动采集，提高智能检验判定服务能力。

6. 数字营销云

浪潮 GS Cloud 的数字营销云服务为企业组建"以客户为中心"的运营模式提供了一套集营销、销售和服务为一体的客户关系管理解决方案。数字营销云将企业、销售渠道、终端营销业务与日常办公系统有机结合，完成企业对客户挖掘、销售管理、营销网络、市场活动和日常办公等全面销售管理，支撑企业全面掌控销售业务动态，提升销售管理效率，增强企业盈利能力。

7. 数字供应链

浪潮 GS Cloud 的数字供应链服务打造从需求提出、采购计划、采购寻源、采购执行，到库存管理、存货核算，再到产品销售与服务的全供应链端到端一体化应用。利用供应网络协同与外部伙伴深度协同，包括供应商采购协同、客户的交付协同、外部仓储和物流机构等，数字化供应链打通设备及工厂层，支持设备运行数据的实时采集，结合运营过程数据，为企业数据分析提供支撑，实现运营过程的可视性，为企业战略决策提供数据支撑。

8. 设备资产

浪潮 GS Cloud 的智慧资产云应用以工单为核心，支持设备资产计划维修、缺陷抢修、故障报修、保养、润滑及设备监测等多种应用场景，可实现对设备资产运行维修、维护过程的全程跟踪，帮助企业延长设备资产运行寿命，提高维护维修效率，降低设备故障率，确保企业生产业务的安全运行，实现设备价值的最大化。

9. 成本管理

产品的成本管理应用涵盖产品成本估算、产品标准成本和产品实际成本等核心服务。

面对企业成本核算精细化管理的需求，支持多种成本核算方法，满足不同需求，成本对象灵活设置，可按照品种、订单、批次和工序等进行成本核算。可灵活设置成本动因，将共耗材料和间接费用分配到成本中心或成本对象，支持在制品、废品和联副产品成本核算，灵活选择成本结构进行成本还原，反映产品的原始成本构成。

10. 财务管理

浪潮 GS Cloud 为集团企业打造以"价值创造"为核心的财务云服务，为企业提供"业财资税档表"一站式财务数字化服务，包括事项申请、审批、商旅服务、智能报账、全面预算、财务共享、资金管理、税务管理、会计核算、财务报表和电子档案等主要应用，并与商旅、银行、税局和社交等平台实现互联互通，注重财务管控与服务并重，推动管理会计落地。财务云关注企业业财融合，能够连接内外，为业务、财务提供高效、一体化的数字协同服务；同时支持多终端接入，具备影像和档案的数字化能力，融合智能识别、智能审核、机器学习、RPA（机器人流程自动化）和财税语义理解等智能服务，实现流程智能和数据智能，支撑财务应用的智能交互、流程自动化与决策预测等智能化场景。

242

11. 企业大脑

企业大脑基于企业大数据，为企业在生产、经营和决策等环节提供数据应用分析的软件服务，汇聚企业全域数据，提供"采数据、存数据、管数据、算数据、用数据"等数据应用全域能力，利用可视化展示工具实时、全面掌控集团的财务、资金、生产制造、质量、供应链、成本、费用、项目和人力等关键运营指标，支持移动设备、大屏、PC（个人计算机）等不同终端，满足多角色、多场景实时洞察企业运行情况，为决策提供依据，改善企业管理，提高企业竞争力。

7.4　制造运行管理（MOM）系统

7.4.1　MOM 的标准定义与功能

制造运行管理（Manufacturing Operation Management，MOM）最早由美国仪器、系统和自动化协会（Instrumentation，Systems，and Automation Society，ISA）在 2000 年发布的 ISA-95 标准中首次提出，并从 2003 年开始由国际标准化组织（International Standards Organization，ISO）和国际电工委员会（International Electrotechnical Commission，IEC）联合采用，正式发布为国际标准 IEC/ISO 62264，我国于 2006 年开始等同采标为国家标准《企业控制系统集成》。

在 IEC/ISO 62264 标准中给出的 MOM 定义为：通过协调管理企业的人员、设备、物料和能源等资源，把原材料或零件转化为产品的活动。MOM 系统包括由物理设备、人和信息系统来执行的行为，并涵盖了管理有关调度、产能、产品定义、历史信息和生产装置信息，以及相关的资源状况信息的活动，具体包括四类有关生产管理的核心业务活动，即生产运行管理、维护运行管理、质量运行管理和库存运行管理，涉及 10 个主要功能模块（F1～F10），如图 7-22 所示。

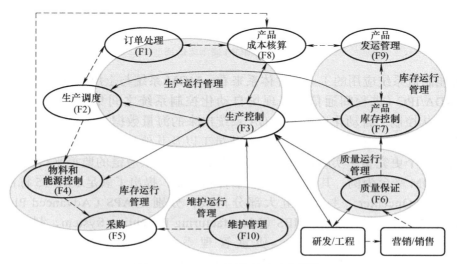

图 7-22　MOM 系统的核心功能模块

MOM 系统关注的范围主要是制造企业的工厂业务活动，其中的生产运行是整个工厂制造运行的核心，是实现产品价值增值的制造过程；维护运行为工厂的稳定运行提供设备可靠性保障，是生产过程得以正常运行的保证；质量运行为生产结果和物料特性提供可靠性保证；库存运行为生产运行提供产品和物料移动的路径保障，并为产品和物料的存储提供保证。由此可见，维护运行、质量运行和库存运行在制造企业中不可或缺。同时，生产运行、维护运行、质量运行和库存运行的具体业务过程又相互独立、彼此协同，共同服务于制造企业运行的全过程。因此，采用生产、维护、质量和库存并重的 MOM 系统设计框架，比使用片面强调生产执行的 MES 框架更符合制造型企业的运作方式和特点。

MOM 系统的四个核心功能（生产运行、维护运行、质量运行和库存运行）之间的信息流可以用图 7-23 加以描述。图中椭圆框表示 MOM 内部的主要活动，带箭头的实线段代表这些活动之间相互传递的各种信息流。通过这些主要活动及信息流的定义与描述，可以清晰地反映各个运行区域内部的基本运作过程，实现对各个运行过程成本、数量、安全和时间进度等关键参数的协调、管理和追踪。MOM 通用活动模型可作为统一的系统框架设计模板，对生产运行、维护运行、质量运行和库存运行进行系统模块化设计与描述，以实现 MOM 的规范化。

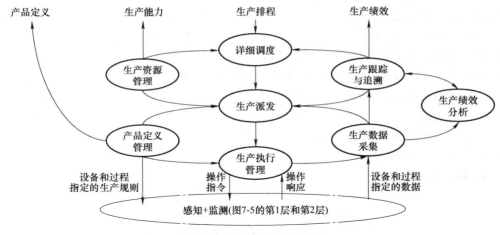

图 7-23　MOM 通用活动模型

从智能制造系统应用的工业软件体系来看，MOM 系统与上层 ERP、底层 PLC/DCS/CNC/SCADA/IPC（进程间通信）等现场自动化控制系统之间集成互联，以 MES 为核心，聚合了从控制、自动化以及 SCADA 系统出来的海量数据，并将其转换成关于生产运营的有用信息，通过结合自动化数据和从员工以及其他过程所获取到的数据，为制造企业提供了一个更完整、实时地服务所有工厂以及整个供应链的监控平台。以德国西门子公司的 MOM 平台为例，其通过收购、融合和创新，提出了满足 ISA-95 标准的 MOM 软件平台——Opcenter，主要由五大部分构成，分别是 APS（Advanced Planning and Scheduling，高级计划与排程）、MES（Manufacturing Execution System，制造执行系统）、QMS（Quality Management System，质量管理系统）、EMI（Enterprise Manufacturing Intelligence，企业制造智能）和 RD&L（Research Development and Laboratory，研究开发和实验室）。

7.4.2　机械加工车间的 MOM 系统应用

机械加工车间是机械制造的基本生产单元和重要组成部分，具有生产任务需求定制化、物料和设备类型多样化、生产过程连续、生产组织灵活、质量和效率要求高等特点，这些特点使得机械加工车间在 MOM 系统应用方面面临诸多问题，包括工艺流程复杂、设备和加工过程动态变化、运行稳定性要求高等。面向机械加工车间的 MOM 平台（见图 7-24）能够通过对车间物理实体资源和生产运行过程在数字孪生车间的映射，实现对车间生产运行、产品质量、设备和仓储物流的高效管理。

机械加工车间数字孪生制造运行管理平台

图 7-24　机械加工车间 MOM 平台

1. 生产运行管理

生产运行管理主要包括生产计划管理、现场作业管理和异常呼叫管理等应用。

1）生产计划管理可基于数字孪生车间的预排产来实现生产计划的自维护，并综合考虑生产均衡化和库存平衡进行生产计划优化。根据生产计划指导物理空间作业人员、AGV 等物流运输设备、生产设备等准备生产过程所需的人、机、料、法 4M 要素，并预先在数字孪生车间中进行齐套性检查，保障精准供给，缩短准备周期，减少浪费。

2）现场作业管理系统支持在数字孪生车间的作业派工和工序流转等多种作业流程控制模式，可实现面向不同层级用户的灵活工序定义，支持串行、并行和可调序等多种工序类型，保障生产过程的柔性。

3）异常呼叫管理系统将在数字孪生车间中识别、预测到生产过程中的异常（如质量异常、设备异常和缺料异常）后，进行自动预警和报警处理。数字孪生车间 MOM 平台针对可预测的异常先采取措施预防，针对突发性异常进行实时分析并提供解决方案，基于该方案对人员、设备等进行异常紧急处理。

2. 设备管理

设备管理主要包括设备监控和设备维保等应用。

1）设备监控通过对设备相关数据的采集和处理，可以在数字孪生车间对设备运行过程和状态进行实时展示，以及对利用率及稼动率进行统计分析，方便相关设备管理人员随时随地进行查询。同时也可在数字孪生车间对设备状态预测、故障检测、故障传播及影响进行分析，实现设备的健康管理。

2）设备维保将基于设备监控所获得的相关信息，进行基于数据和模型融合的故障诊断和控制策略制定，从而提供设备自主保全、计划保全和故障维修等功能，保障设备在长周期内安全稳定运转，从而有效提高设备运行效率，延长设备寿命，降低设备损耗，达到提高生产效率、降低生产成本的目的。

3. 仓储物流管理

仓储物流管理主要包括车间物料管理和物流管理等应用。

1）车间物料管理能够通过 RFID、二维码等方式对库存物料信息和状态（数量、存储时间和存储位置等）进行统计分析。同时，对在制物料所处的车间名称、编码、规格、可用量、剩余量和合格量等进行实时跟踪统计，并以虚拟空间可视化的形式展示出来。

2）物流管理提供车间物流的详细信息，通过对车间物流信息的准确采集，增强对物流信息的跟踪和监控。同时还可以通过在虚拟空间与生产运行状态进行信息同步和协同优化，保障车间物流运输的路径准确性。该功能可支持生产领料、物料配送、车间直送、完工入库、采购调拨和在制品转运等多种物流方式，完整地覆盖了车间所需的物流控制方式。

4. 产品质量管理

产品质量管理主要包括车间质量管理和质量追溯管理等应用。

1）车间质量管理支持白检、专检、巡检等多身份的虚拟和真实检验方式，根据首检、抽检、全检等多种检验标准和质检规则，采用图像处理和数据处理等方法进行过程检验和成品检验。针对需复检的检验任务进行实时提醒，支持通过图片、文字等方式对质检结果进行上传，实时管控质量检验过程。通过虚拟空间对车间生产质量状况的实时反映，帮助管理人员对所有质量信息进行多层面多角度的统计，对质量管理全过程进行详细了解并实施责任范围内的监督职能。

2）质量追溯管理基于数字孪生车间的虚拟空间可对包括原材料、半成品和成品，涉及采购、加工和装配等产品生产物流的全部过程进行追溯管理，支持正反向产品追溯，能够更好地控制制造工艺的质量，降低因质量问题所导致的生产成本的增加，并及时对质量问题追根溯源。

7.4.3 车间运行控制系统

车间运行控制系统是 MOM 系统的核心组成部分，主要作用是基于对底层设备的集成以及与上游系统的交互实现对车间生产线生产过程的实时监控、调度和控制。车间运行控制系统的信息处理逻辑如图 7-25 所示。

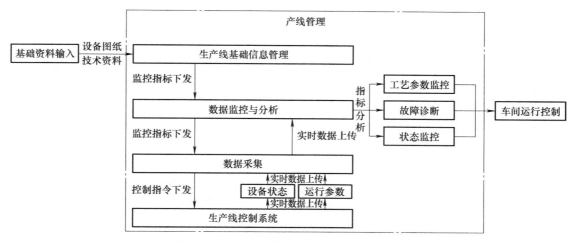

图 7-25　车间运行控制系统的信息处理逻辑

车间运行控制系统的主要功能包括：

1）状态监控：通过连接生产线内各种设备和传感器，实时采集车间生产数据，包括设备状态、生产参数和物料流动等信息，并将这些数据展示在操作界面上，帮助操作人员实时监控生产情况。

2）工艺参数监控：通过监测生产过程中的关键参数，实时检测产品质量，及时发现问题并采取措施，确保产品符合质量标准。

3）故障诊断：系统能够实时监测设备状态和性能，发现设备故障并进行诊断，提供故障报警和维修建议，帮助减少停机时间。

4）数据可视化分析：系统可以对生产数据进行统计和分析，生成可视化图表，为管理人员提供决策支持和生产优化建议。

以某水浸自动生产线为例，针对现有设备数据采集困难、可视化程度低及缺少智能管理等问题，采用数字孪生技术对生产线设计虚实交互方案，利用三项关键技术为生产线提供解决方案。此外，对生产线产生的过程信息、设备信息和管理信息等进行了可视化展示，应用流程如图 7-26 所示。

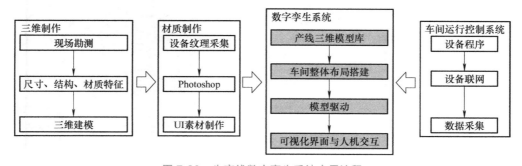

图 7-26　生产线数字孪生系统应用流程

247

（1）生产线布局搭建

针对水浸生产线的数字孪生体构建，首先采用 3DMAX 三维建模软件绘制几何模型，并对绘制设备按照现场 1∶1 的模式还原布局，再用 Photoshop 软件渲染材质，然后针对模型进行轻量化处理，最后建立模型的通信接口，为虚实映射做好准备。

（2）水浸生产线的数据采集与传输

水浸生产线由西门子 1500 PLC 总控，首先，需要在电控软件中定义变量，编写 PLC 程序，完成 PLC 程序环境的搭建；然后，利用软件将组态和程序下载到 PLC 中。水浸生产线采用以太网、I/O 总线的方式对现场的检测设备、机器人、AGV、智能仪表和传感器等进行连接，组建产线级的通信网络，再通过与车间运行控制系统集成，实现对生产线的数据采集、分析和传输。

（3）模型驱动

为了能使虚拟车间与物理车间同步，需要在数字孪生系统内编写脚本对设备模型进行驱动，使其能够在接入实时数据时实现与物理生产线设备的同步运动。数字孪生系统与车间运行控制系统的集成，使数字孪生系统能够获得生产线内各个设备的运动类数据及生产类数据，而后将数字孪生体和实体设备中所有的数据类型进行一一映射，驱动模型运动。

（4）虚实交互验证

在数字孪生系统环境下，车间生产线与三维孪生体完成映射并按照逻辑启动后，实时数据将经过通信网络在数字孪生体、物理生产线和服务模块中传输，完成数字孪生体与车间生产线的同步工作。设计可视化界面在实现车间模型可视化的同时，还实现了系统应用的可视化，如统计表单、生产进度等，这类信息通过数字孪生系统的 UI（用户界面）层进行可视化展示。同时，为了提升用户的使用体验，通过数字孪生系统实现车间漫游、视角切换和控制按钮等，实现人机交互。应用效果如图 7-27 所示。

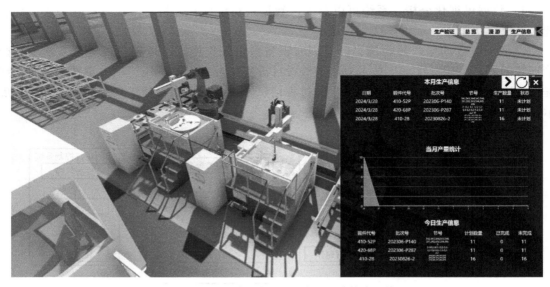

图 7-27　水浸自动生产线数字孪生系统的应用效果

习题

7-1　简要描述传统工厂数字化管控模型。

7-2　简要描述 AMR 提出的 MES 集成系统模型。

7-3　简要描述 MESA 提出的 MES 功能模型。

7-4　简要描述制造企业功能层次模型。

7-5　简要描述制造系统运行控制架构及运行逻辑。

7-6　生产计划体系框架包含几个层次的计划？每个层次包含的主要计划有哪些？

7-7　简要描述生产作业调度的主要影响因素与调度规则。

7-8　某汽车 4S 店有 5 辆待保养车辆，每辆汽车的保养工作包括常规检查和更换机油机滤两项工作，每辆车都需要按照先常规检查再更换机油机滤的顺序进行，各车型所需要的作业时间见表 7-17。

表 7-17　某汽车 4S 店车辆保养所需时间　　　　　　　　　　　　　（单位：h）

汽车车型	常规检查（工序）	更换机油机滤（工序）
A	2	3
B	3	5
C	1	3
D	2	4
E	3	5

试根据以上数据，求解：

1）按照 SPT 规则完成这些汽车保养的作业计划排序。

2）完成 5 辆车的保养共需要花费多长时间。

3）根据问题 1）确定的作业计划，更换机油机滤（工序）有几个小时处于空闲状态？

4）何时完成 B 车的保养工作？

5）5 辆车全部保养完成的总流程时间。

7-9　某车间的加工中心等候加工的 6 项作业的加工时间（不考虑生产准备时间）与交货日期见表 7-18，假设工件到达顺序与表中顺序相符，试分别按照 FCFS 规则、SPT 规则和 EDD 规则求解这批工件的作业顺序、平均流程时间、平均延期天数以及工作中心的平均作业数。

表 7-18　某车间加工中心所加工作业的加工时间与交货日期

加工任务	加工时间 / 天	交货日期 / 天
A	2	7
B	8	16
C	4	4
D	10	17
E	5	15
F	12	18

7-10　某车间有 5 项作业任务均需要 2 道工序（先 1 后 2）来完成，具体作业任务的各个工序时间见表 7-19。

表 7-19　某车间 5 项作业任务的工序时间　　　　　　　　（单位：h）

作业任务	工序 1	工序 2
A	3	2
B	2	3
C	1	4
D	3	5
E	4	3

试根据以上数据，求解：

1）根据 Johnson 算法求出最优的作业排序方案；

2）用甘特图表示出作业任务的执行情况，并求总加工时间。

7-11　请简要概括 ERP 系统的发展历程及各阶段的主要特点。

7-12　请简要概括 ERP 系统的主要功能。

7-13　请简要概括 MOM 系统的发展历程及各阶段的主要特点。

7-14　请简要概括 MOM 系统的主要功能。

7-15　请简要概括车间运行控制系统的主要功能。

📎 项目制学习要求

结合本章对智能制造运行管理与控制相关知识的学习，请与小组同伴讨论设计制造企业订单执行全过程数字化、智能化的运行管控模拟案例，模拟企业接收订单 – 制定生产计划 – 安排订单生产任务 –AGV 物料运输任务分配 – 生产任务完工统计的全部业务活动，并思考运用课上所学知识完成各个环节的信息模型构建、软件功能设计和软件系统开发等工作。

1）针对订单、计划和生产任务分配等要求，借鉴 ERP 系统功能，完善项目制课程作品软件功能设计方案。

2）针对 AGV 物料运输任务分配、生产任务完工统计等要求，借鉴 MOM 系统功能、车间运行控制系统功能，完善复合作业机器人作业监控系统的数据采集功能、作业状态监控等功能设计方案。

3）结合生产计划与调度问题相关知识的学习，以及物料搬运任务产线平衡要求，开展考虑物料运输约束的生产计划调度问题建模及求解方法研究，编写相应的算法程序，并对调度结果进行可视化呈现。

4）进行复合作业机器人作业监控系统软件开发，完成软件开发相关文档。

作业要求 1：

请各组完成订单执行全过程数字化、智能化运行管控模拟案例，并提交案例研究报告，包括以下内容（不限于）：

1. 案例场景问题定义
2. 订单、计划、生产任务分配、AGV 物料运输任务分配、生产任务完工统计等相关信息模型构建
3. 针对该案例场景的软件系统功能设计
4. 复合作业机器人作业监控系统软件开发代码及相关文档
5. 参考文献（可选）

作业要求 2：

请各组开展考虑物料运输约束的生产计划调度问题建模及求解方法研究，编写相应的算法程序，并对调度结果进行可视化呈现，提交相关研究报告，包括以下内容（不限于）：

1. 问题背景分析
2. 数学模型构建
3. 算法开发（包含源代码）
4. 调度结果分析
5. 参考文献（可选）

7.1　复合作业机器人作业监控系统开发样例——源代码

第 8 章　制造系统智能运维

252

学习目标

通过本章学习，在基础知识方面应达到以下目标：
1. 能准确描述制造系统运维的基本概念和主要维修策略。
2. 能简要概括制造系统运行的多态性及运维特点。
3. 能清晰描述制造系统智能运维的参考模型与典型架构。
4. 能清晰说明数字孪生在智能运维方面的应用过程。

本章知识点导读

请扫码观看视频

案例导入

众所周知，汽车产线上大量使用工业机器人从事喷漆、点焊、搬运等重复性工作。随着机器人数量和使用时间的上升，由于机器人故障造成的停机事件不断发生。为了避免由于机器人故障造成的停产损失，越来越多的汽车制造企业加强了汽车产线上工业机器人的健康管理。

NISSAN 公司智能机器人健康管理系统[一]

NISSAN 公司的工业机器人中有相当一部分是六轴机械臂，任何一个轴发生故障都会造成机械臂的停机。由于工业机器人数量庞大，且生产环境十分复杂，因此不适合安装外部传感器，而是使用控制器内的监控参数对其健康进行分析。从控制器中获得信号的采样频率较低，因此针对一些高频采样或波形信号的特征提取方法将不再适用，取而代之的是

㊀　感兴趣的读者可以阅读由李杰（Jay Lee）、倪军、王安正编写的《从大数据到智能制造》一书。

按照每一个动作循环提取固定的信号统计特征，如 RMS（均方根误差）、方差、极值、峭度值和特定位置的负载值等。在健康评估方面，所要解决的最大挑战是设备运行工况的复杂和设备多样性的问题，因此采用同类对比（Peer-To-Peer）的方法消除由于工况多样性造成的建模困难，通过直接对比相似设备在执行相似动作时信号特征的相似程度找到利群点，作为判断早期故障的依据。机械臂健康分析流程及方法如图 8-1 所示。

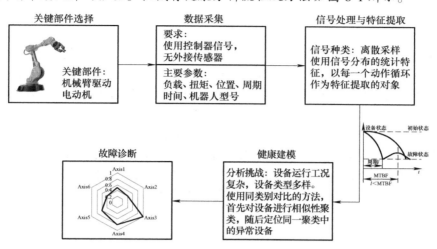

图 8-1　机械臂健康分析流程及方法

在对机械臂的健康状态进行定量分析之后，NISSAN 公司对分析结果进行了网络化的内容管理，建立了"虚拟工厂"的在线监控系统，如图 8-2 所示。在"虚拟工厂"中，管理者可以从生产系统级、产线级、工站级、单机级和关机部件级对设备状态进行垂直立体化的管理，根据设备的实时状态进行维护计划和生产计划的调度。该系统还能每天生成一份健康报告，对生产线上所有设备的健康状态进行排序和统计分析，向设备管理人员提供每一台设备的健康风险状态和主要风险部位，这样在日常的点检中就可以做到详略得当，既不放过任何一个风险点，也尽可能避免不必要的检查和维护工作，实现了从预防式维护到预测式维护的转变。

253

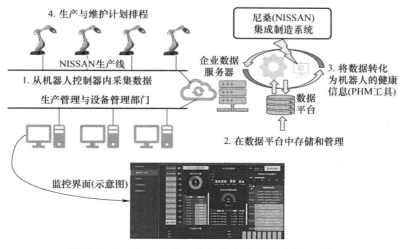

图 8-2　NISSAN 公司工业机器人健康预测分析系统

讨论：

1）通过该案例，请简要概括下你对"智能运维"的作用、价值等方面的理解。

2）如果制造企业要针对其关键设备实施健康管理，你认为应该从何入手？需要什么样的技术基础？

3）在智能制造背景下，制造系统智能化水平不断提高，对制造系统的智能运维带来了哪些益处？请你尝试列举几个针对设备进行智能运维/健康管理的案例或场景。

随着现代化制造系统日益朝着大型化、自动化、柔性化、高效化和精密化方向发展，其组成设备单元的种类与数量迅速增加，结构也更为复杂，再加上复杂多变的使用工况与运行环境，使其发生故障的概率也会明显增加，因此如何保证制造系统的运行可靠性已成为制造企业面临的重大问题。

本书第 2 章阐述了制造系统可靠性的基本概念和制造系统可靠性分析的主要方法，本章以此为基础，进一步阐述制造系统运维的相关概念、制造系统的多态性及其运维特点、维修保障策略等基础知识，拓展了基于数字孪生的制造系统智能运维技术，并以数控机床、汽车发动机生产车间为对象，介绍了智能运维技术应用案例。

8.1 制造系统智能运维概述

8.1.1 制造系统运维的基本概念

运维，可以理解为运行、维修和维护三个关键词的缩写，即对制造系统的运行、维修和维护，以及为此而采取的各种管理和技术活动。本书第 1 章对制造系统的基本构成给出了明确解释，从一般制造系统的构成要素看，设备是制造系统最基本、最重要的组成部分。因此，制造系统运维的核心是对构成制造系统的各种设备正常运行所需的维修、维护等工作。

设备是现代企业进行生产活动的重要基础，也是企业固定资产的重要组成部分。设备的运行状态直接关系到产品的质量和产量，对制造系统的生产安全性也有很大影响。做好设备管理，是制造企业健康发展的重要内容之一。当前极具生命力的设备管理理论是全员生产维护（Total Productive Maintenance，TPM）和设备综合工程学（Terotechnology）。

1. 全员生产维护

全员生产维护（TPM）是以提高设备有效利用率为目标，以维修预防（Maintenance Prevention，MP）、预防维修（Preventive Maintenance，PM）、改善维修（Corrective Maintenance，CM）和事后维修（Breakdown Maintenance，BM）综合构成的全员生产维护为总运行模式，由设备的计划、使用和维修等所有相关人员（从最高经营管理者到第一作业人员）全体参与，以建立自主小组的活动来推行生产维护，使损失为零。TPM 活动是以改善设备的状况、改进人的观念和精神面貌以及改善现场工作环境的方式，建立规范、活泼的工作氛围，使企业不断发展和进步。TPM 管理主要从全效率管理、6S 管理和自主维修管理三方面展开。

　　TPM 的重要之处是将人的因素引入设备管理中，综合各类设备维修方式的特点，使其成为一套完整的管理体系。TPM 管理体系体现为三个"全"：一是全效率，即将设备有效作业率作为衡量设备的指标体系，企业必须科学分析引起设备有效作业率下降的七大损失并逐步改善；二是全系统，即采用多种维修方式相结合的方式，既兼顾维修的经济性，又兼顾维修的有效性；三是全员参与，即如何调动企业全员参与到设备管理当中，发挥人员的主观能动性，挖掘人员的潜力，尤其是操作人员的自主活动。

2. 设备综合工程学

　　设备综合工程学以设备全生命周期为研究对象，是管理、财务、工程技术和其他应用于有形资产的实际活动的综合，其目标为追求经济的生命周期费用（Life Cycle Cost, LCC）。1974 年，英国工商部给了如下定义："为了求得经济的生命周期费用而把适用于有形资产的有关工程技术、管理、财务及其业务工作加以综合的学科，就是设备综合工程学，涉及设备与构筑物的规划和设计的可靠性与维修性，涉及设备的安装、调试、维修、改造和更新，以及有关设计、性能和费用信息方面的反馈。"

　　设备综合工程学把维修从一个技术领域发展成为一门跨学科的管理与技术综合的学科，其突出之处在于把设备全生命周期不同阶段的内容用系统论的观点综合起来管理，强调技术是基础、管理是手段、经济是目的。设备综合工程学已在我国学术界及管理界得到广泛认可，中国设备管理协会设立了专门的专业委员会以推动企业的设备综合管理。

3. 制造系统故障

　　1978 年，Himmelblau 在他出版的第一部故障诊断方面的学术专著里最早给出了故障的定义，即系统至少有一个可观测或可计算的重要变量或特性偏离了正常范围。对于复杂的制造系统而言，因其构成包含了设备、生产单元和生产线等核心要素，其故障是指制造系统实际的工作性能状态与用户要求的工作性能状态之间出现明显差异的行为，其主要表现形式有以下两种：

　　1）制造系统各组成设备和生产单元与所包含零部件和元器件的位置、运动关系或运行不正常，这属于功能可靠性的范畴。

　　2）制造系统加工或装配的工件、产品等出现质量不符合要求的情况，这属于参数可靠性的范畴。

　　由于制造系统整体工作性能状态的退化程度反映在输出终端就是可执行部件的动作异常变化，并同时包含了上述两种故障表现形式，这将直接导致加工对象的数量和精度不符合要求（即不能完成规定的任务），最终造成生产能力的下降。

　　因此，根据制造系统最终功能的宏观输出，可以采用瞬时生产率（Instantaneous Production Rate, IPR）作为制造系统及其组成设备单元的性能状态特征参数，它表示单位时间内合格产品的产量，是对制造系统功能可靠性与参数可靠性的表征。当制造系统性能状态退化导致无法满足生产需求时，此时制造系统可视为发生故障。IPR 值作为制造系统最终功能宏观输出的性能状态特征参数，它所表征的制造系统故障是一种广义的故障，既包含了所有的功能性故障与非功能性故障，又包含了所有的参数性故障，IPR 值正是对这种广义故障形成、发展与发生的统一描述。而狭义故障是广义故障最终形成的具体根源，也是由载荷、故障机制与故障模式三要素共同决定的具体故障。

根据制造系统及其组成设备单元的物理特性，可以将制造系统的具体故障分为机械故障、电气故障和信息故障；根据各设备单元的组成，其具体故障可以分为加工单元故障、物料储运单元故障、刀具系统故障、质量检测系统故障和中央控制系统故障等；根据故障的起因，其具体故障又可以分为人为故障、设备故障、设计故障、制造故障、元器件故障和干扰故障等。制造系统的高度复杂性使得系统的运行过程也异常复杂，同时也导致系统具体故障的分析复杂化，因此在宏观层面上对制造系统运行可靠性进行分析与评估方面，采用 IPR 值来描述制造系统的整体性能状态水平与广义故障发生的界定，而在制造系统及其组成设备单元性能状态退化机理的研究方面，依然采用微观层面上具体故障的演化与传递机理来进行分析。

4. MRO 与 PHM

MRO（Maintenance，Repair and Operation）即维护、维修和运行，一般是指企业对其生产和工作设施、产品整个生命周期所采用的各种维护维修、大修检修及运行等服务活动的总称。还有一种解释是：产品的维护、维修与大修（Maintenance，Repair and Overhaul，MRO）是指产品在使用和维护阶段所进行的各种维护、维修、大修等维修服务活动，而这种定义目前普遍应用于航空维修领域。MRO 的核心理念就是面向产品全生命周期管理，以实现产品制造商、用户和维修服务商进行维修过程管理、维修过程优化和辅助维修决策。对于原始设备制造商，允许从产品配置与运营信息向前链接至产品开发与制造过程，以提高产品质量与客户支持。对于业主 / 运营商或者第三方服务商，通过服务数据管理功能建立资产定义与知识管理的一个单一来源，从而通过提高服务生产力与质量来改进 MRO 的规划、执行以及营运资金的利用。

随着 MRO 业务的发展，逐步衍生出以 MRO 软件进行设备的维修、维护和运行控制等的业务活动。在借鉴航空维修中 MRO 概念的基础上，增加了产品运行信息、状态监控等运行（Operation）业务内容，将运行管理（Operation Management）纳入 MRO 业务范畴，形成一个统一的 MRO（Maintenance，Repair，Overhaul and Operation）定义，简称为运维服务类软件。MRO 软件在美国国防及军队体系内发挥着重要作用。基于 MRO 软件，美国军用航空装备建立了军民融合的维修管理体制，从全生命周期角度实施维修保障管理，建立了由军方主导的军用航空装备适航管理体系，实现了装备维修作业体制由三级（基层级维修 – 中继级维修 – 后方基地维修）向两级（基层级维修 – 后方基地维修）发展。通过运用 MRO 软件，在装备服役阶段，可提供覆盖作战部队、装备和后勤保障机构、基地 / 军兵种、战区和工业部门等的一体化维修保障，实现装备状态、电子履历、外场服务、技术通报、重大任务保障、远程支援、临抢修、预防性维修、等级修理、备件供应、故障件返修、质量闭环和健康管理等保障业务管理，并为各级保障和管理部门提供全资产、全系统、全过程的态势及状态可视化和 KPI 统计分析，从而推进合同商保障和建制保障的有效融合，推进多级维修体系的互联互通，提升远程保障、协同保障和精确保障能力。

预测与健康管理（Prognostics and Health Management，PHM）技术始于 20 世纪 70 年代中期，从基于传感器的诊断转向基于智能系统的预测，并呈现出蓬勃的发展态势。20 世纪 90 年代末，美军为了实现装备的自主保障，提出在联合攻击战斗机（JSF）项目中部署 PHM 系统。从概念内涵上讲，PHM 技术从外部测试、机内测试、状态监测和故障诊断发展而来，涉及故障预测和健康管理两方面内容。故障预测（Prognostics）是根据系统历史和当前的监测数据诊断、预测其当前和将来的健康状态、性能衰退与故障发生的方法；健康管理（Health Management）是根据诊断、评估和预测的结果等信息，可用的维修资源和设备使用要求等知识，对任务、维修与保障等活动做出适当规划、决策、计划与协调的能力。

PHM 技术代表了一种理念的转变，对制造系统而言，PHM 技术是设备管理从事后处置、被动维护，到定期检查、主动防护，再到事先预测、综合管理不断深入的结果，旨在实现从基于传感器的诊断向基于智能系统的预测转变，从忽略对象性能退化的控制调节向考虑对象性能退化的控制调节转变，从静态任务规划向动态任务规划转变，从定期维修到视情维修转变，从被动保障到自主保障转变。故障预测可向短期协调控制提供参数调整时机，向中期任务规划提供参考信息，向维护决策提供依据信息。故障预测是实现控制调参、任务规划和视情维修的前提，是提高设备可靠性、安全性、维修性、测试性、保障性、环境适应性和降低全生命周期费用的核心。近年来，PHM 技术受到了学术界和工业界的高度重视，在机械、电子、航空、航天、船舶、汽车、石化、冶金和电力等多个行业领域得到了广泛应用。

5. 故障预测与故障诊断

故障既是状态又是过程，从萌发到发生的退化全过程经历了多个状态，状态之间的转移具有随机性的特点。如图 8-3 所示，故障预测与故障诊断相比而言，可估计出设备当前的健康状态，可提供维修前时间段的预计。估计的当前健康状态是及时调整控制器参数的依据，是规划中期任务的重要参考；而根据预计的时间段可以进行远期维护时机和维护地点的优化决策，可以更科学合理地制定维护计划，并为保障备件的调度调配提供充足的时间，避免了维修前准备这一个较长的停机时间。

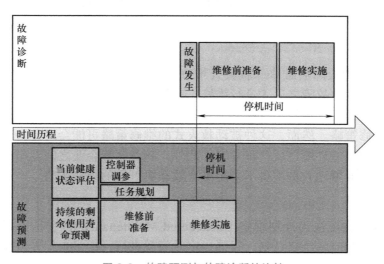

图 8-3 故障预测与故障诊断的比较

当前主流的关于故障预测与故障诊断之间的关系解析如图 8-4 所示，认为故障预测应当发生在故障诊断之前，故障预测即故障预示或预诊断，与实际的退化程度演变一致。

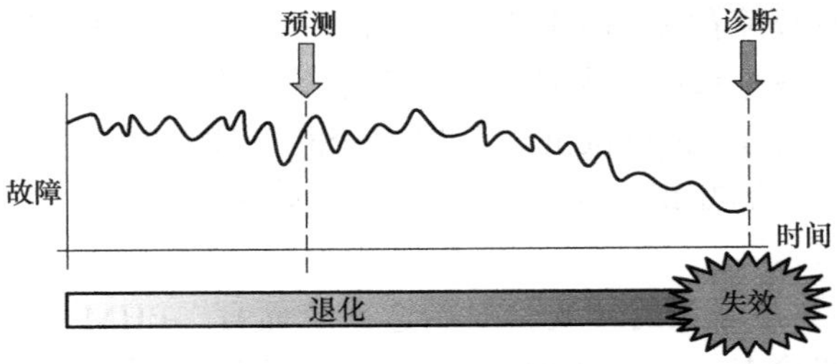

图 8-4　关于故障预测与故障诊断之间的关系解析

　　任何一个运行中的机械设备，随着服役年限的不断增加，总会不可避免地发生故障或失效。基于失效时间的可靠性评估难以获得满足大样本条件的失效样本，而且设备的失效往往与使用工况及外界环境相关，基于失效的可靠性通常只考虑失效时刻的信息而难以考虑这些时变过程参量对失效的影响。因此，基于失效时间的模型难以将可靠性评定的结果推广到实际多变的工况和环境中。常用的故障预测方法可以分为基于失效物理的模型和基于数据驱动的模型。其中，建立基于失效物理的模型需要深入了解产品的失效机理、完整的失效路径、材料特性以及工作环境等；基于数据驱动的模型则是根据传感器信息数据的特征进行预测。

8.1.2　维修保障与维修策略

　　维修保障是为确保制造系统及其设备单元能够履行其规定功能或恢复其规定功能而采取的一系列活动的总称。因此，制造系统的维修保障是维持一种可靠、安全的运行状态，也能使用户在制造系统服役阶段获得最大的效益产出。

　　维修策略也叫维修方式，是指以制造系统运行过程中的技术特性为依据，对其维修的时机实施控制的方法。制造系统常见的四类维修策略是事后维修、定期预防维修、视情维修以及预测维修。

1. 事后维修（Corrective Maintenance，CM）

　　事后维修也称为故障后维修、救火式维修或纠错式维修。事后维修的主要特征是只有在组成设备单元发生故障之后才进行维修，其他服役阶段不采取任何措施影响设备单元的运行，事后维修是工业界最早应用的维修策略。在企业利润较高的情况下，事后维修被认为是可行的维修策略。然而，这种被动救火式的维修策略可能会对制造系统组成设备单元、操作人员以及制造环境造成严重危害。此外，随着制造企业之间竞争的不断加剧和企业利润的减少，企业管理人员不得不采用更有效和更可靠的维修策略。

2. 定期预防维修（Time-Based Preventive Maintenance，TBPM）

　　定期预防维修也可视为计划维修（Scheduled Maintenance），它是根据使用经验以及统计资料，制定出相应的维修计划，每隔一定时间就进行一次维护保养或维修，对制造系统组成设备单元中某些零部件进行更换或修复，以防止发生功能性故障。这里的一定时间主要指制造系统的运行时间或完成的制造任务次数。目前，定期预防维修在工业界已得到广泛应用。为了更有效地实行定期预防维修，需要建立维修决策支持系统。然而在实际运行过程中，由于缺少足够的制造系统组成设备单元的历史故障数据，要得到有效的维修时间间隔较为困难。一般情况下，定期预防维修将导致大部分设备单元在仍有大量剩余寿命可用时即被维修，这样的维修过剩往往还可能导致设备单元的损坏。

3. 视情维修（Condition-Based Maintenance，CBM）

视情维修是对制造系统组成设备单元的性能状态进行监控，当其中一个或几个被监测的性能状态特征参数降低到某一规定标准值以下时就进行维修，以消除潜在的故障。目前，如振动监测、油液分析和超声检测等多种监控手段已经得到了广泛应用。由于考虑了制造系统运行过程中的性能状态以及各组成设备单元间因制造任务、维护保养过程等造成的差异，因此视情维修能更有效地对设备单元进行维修管理。然而，类似于定期预防维修，监控数据完备性不足限制了视情维修应用的有效性和准确性。

4. 预测维修（Predictive Maintenance，PM）

在大量研究文献中，预测维修即为视情维修。针对制造系统的预测维修，不但需要对制造系统各组成设备单元的性能状态进行监控，还要对其性能状态的退化过程进行分析并预测出其演变发展的趋势，基于这些预测信息及时做出维修计划，进而有助于完成生产计划和维修资源的合理配置。近年来，基于故障预报技术的智能维护系统得到发展，期望借此实现制造系统组成设备单元的零故障状态。同时，一批基于性能状态退化信息的预测算法也得到了很好的发展，并应用于制造系统的预测维修策略中。

值得注意的是，广义外在环境事件的随机性导致了制造系统性能状态退化的随机性，即便采用定期预防维修、视情维修以及预测维修等维修方式，制造系统脆性效应的累积直至故障的发生也是无法避免的，特别是制造系统运行过程中某些随机事件引发的突变性退化，这种情况仍然需要采用事后维修来进行弥补。但一般来说，采用定期预防维修、视情维修以及预测维修等方式会显著减少制造系统组成设备单元的故障次数。此外，有些学者还提出了如以可靠性为中心的维修全员生产维修、e-维护、智能维修以及主动维修等维修方式，而这些维修方式主要是在制造企业的维修管理制度中根据经验来定性判断。其中的智能维修，严格来说并不是一种维修方式，而是在维修过程及维修管理的各个环节中，以计算机为工具，并借助人工智能技术来模拟人类专家智能（分析、判断、推理、构思和决策等）的各种维修和管理技术的总称。

8.1.3 智能运维

智能运维是建立在 PHM 基础上的一种新的维护方式，也是一项融合了失效机理、传感器、信号处理、网络通信、故障诊断、随机过程、可靠性和人工智能等的多学科交叉综合性技术。它包含完善的自检和自诊断能力，能对大型装备进行实时监督和故障报警，并能实施远程故障集中报警和维护信息的综合管理分析。借助智能运维，可以减少维护保障费用，提高设备的可靠性和安全性，降低失效事件发生的风险，在对安全性和可靠性要求较高的领域有着至关重要的作用。利用最新的传感器检测、信号处理和大数据分析技术，对装备的各项参数以及运行过程中的振动、位移和温度等参数进行实时在线/离线检测，并自动判别装备性能的退化趋势，设定预防维护的最佳时机，以改善设备的状态，延缓设备的退化，降低突发性失效发生的可能性，进一步减少维护损失，延长设备使用寿命。在智能运维策略下，管理人员可以根据预测信息来判断失效何时发生，从而可以安排人员在系统失效发生前某个合适的时机，对系统实施维护以避免重大事故发生，同时还可以减少备件存储数量，降低存储费用。

智能运维利用装备监测数据进行维修决策，通过采取某一概率预测模型，基于设备当前运行信息，实现对装备未来健康状况的有效估计，并获得装备在某一时间的故障率、可靠度函数或剩余寿命分布函数。利用决策目标（维修成本、传统可靠性和运行可靠性等）和决策变量（维修间隔和维修等级等）之间的关系建立维修决策模型，如图 8-5 所示。典型的决策模型有时间延迟模型、冲击模型、马尔可夫（Markov）过程和比例风险模型等。

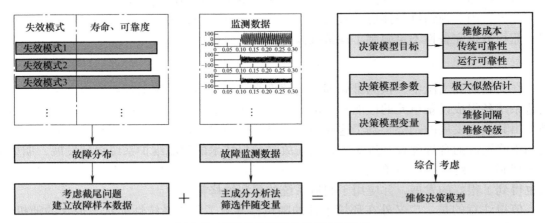

图 8-5　基于状态监测的维修决策模型

智能运维在 PHM 技术基础上，利用传感器技术实现对装备的实时监测，利用通信和网络技术实现监测数据的传输，基于信号处理、大数据、人工智能、可靠性和控制等技术实现对装备实时健康状态的诊断评估以及对未来状态的预测，代表着装备视情维修、预测性维护、自主式保障的新思想和新方案，在包括航空航天、工程机械、能源装备和轨道交通等关乎国防安全与国民经济的重要工业领域得到探索与应用。航空方面，智能运维技术在军用直升机、固定翼飞机上已有比较广泛的应用并取得显著成效。如美国陆军 AH-64 "阿帕奇"、UH-60 "黑鹰" 和 CH-47 "支奴干" 直升机在安装了健康与使用监控系统（HUMS）后，直升机任务完好率提高了 10%。美国研发的战斗机 / 联合攻击机 F-35 是智能运维技术的一个典型应用，F-35 的智能运维系统结构如图 8-6 所示，其结构特点是采用分层智能推理结构，综合了多个设计层次上的多种类型推理机软件，便于从部件级到整个系统级综合应用故障诊断与预测技术。

经过几十年的发展，智能运维不断吸收各领域的最新研究成果，在应用层面、维修决策、集成程度以及技术层面正在经历以下几个转变，如图 8-7 所示。

1）应用层面：从最初在电子产品上的应用逐渐扩展到机械部件、机电产品，再到复杂装备上的应用。

2）维修决策层面：从监控监测向健康管理（容错控制与余度管理、自愈、智能维修辅助决策、智能任务规划）转变，从当前健康状态检测与诊断向未来健康状态预测转变，从事后处理、被动反应式活动到定期检查、主动防护再到事先预测、先导性维护活动转变，从被动避免重大事故向主动促进设备运维水平和生产管理方式转变。

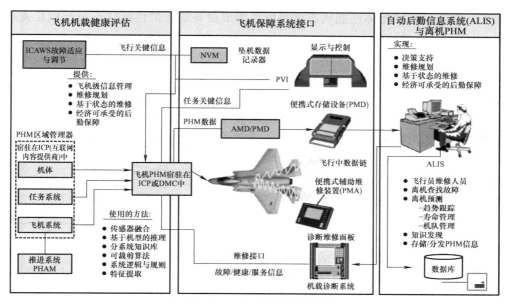

图 8-6 F-35 的智能运维系统结构

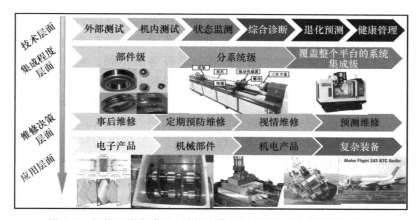

图 8-7 智能运维在应用 / 维修决策 / 集成程度 / 技术层面的转变

3）集成程度层面：从最初的零件级、部件级、分系统级到覆盖整个平台的系统集成级智能运维。

4）技术层面：从最初的外部测试、机内测试、状态监测、综合诊断逐渐发展到退化预测和健康管理，智能运维技术代表了一种理念的转变。

8.2 制造系统的多态性及运维特点

8.2.1 制造系统运行的多态性

现代化制造企业所采用的自动化制造系统往往是由多个加工单元、物料储运单元和计算机中央控制系统等组成，能根据制造任务的变化进行迅速调整，从而实现高度柔性的自动化加工。制造系统的整体性能状态就是由各组成设备单元的性能状态及其相互关系决定的。

在传统的系统性能状态分析问题中，通常将系统的性能状态认定为只有正常或完全故障两种状态。也就是说，在以往研究中仅仅利用"二值状态"假设即可完成对系统或单元状态的描述。然而，在大多数实际情况下，由于多样化的制造任务、动态不确定的内外干扰必然会导致系统在这个衰退过程中经历从最佳性能状态到完全故障状态之间的多种状态，且不同的状态对应着不同的性能水平，通常把这种系统称为多态制造系统。

多态制造系统的性能状态衰退过程如图8-8所示。假设制造系统共有 n 种不同状态，系统一开始处于最佳性能状态，在不考虑修复的情况下，随着加工的进行，系统的性能状态会逐渐发生不可逆的退化，即在不维修的情况下系统只能从较好的状态转移到较差的状态，直至变成完全故障状态。在

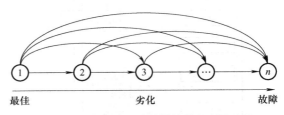

图8-8　多态制造系统的性能状态衰退过程

图8-8中，各圆弧箭头曲线表示系统各状态的转移变迁，其中状态1为初始最佳性能状态，状态2……状态（$n-1$）为性能衰退的中间状态，状态 n 为完全故障状态。

制造系统在服役阶段的运行过程中，制造任务的不同使其应力载荷、加工环境以及使用维护条件等也不尽相同，导致制造系统各组成设备单元始终在不同的效率水平上执行这些给定的制造任务。如加工单元的主轴，根据制造任务的不同，它可能以各种不同的转速向外输送切削力，而不同的转速又是由不同的电动机功率状态决定的，这些效率水平便可称为制造系统组成设备单元的性能等级或者性能状态，这个性能状态标志着制造系统能够完成某项制造任务的能力。这种根据制造任务的不同而人为设定的制造系统多态性可定义为主动多态性或可控多态性（第Ⅰ类多态性）。同时，多样化的制造任务、动态不确定的制造环境以及异常复杂的内在退化机理必然使制造系统各组成设备单元的性能状态呈现出一种不可逆的降低趋势，这种单元级性能状态退化效应的慢慢累积会导致制造系统整体性能逐渐丧失，直至无法满足制造任务的需要而进行停机维修为止。对于这种由性能状态退化机理决定的制造系统多态性可定义为被动多态性或随机多态性（第Ⅱ类多态性）。如加工单元导轨、丝杆的过度磨损以及间隙增大将直接导致其静态和动态误差超出允差，无法加工出满足技术指标规定精度等级的工件，此时加工单元虽然还能正常运行并加工零件，但是已丧失了部分规定的功能，无法满足制造系统整体性能状态的输出。又如加工单元漏油、异响、轻微振动以及安全门开关费力等非功能性故障的频发呈现出各种性能参数的退化，必然导致用户企业在使用过程中的各种不便利，也为功能性故障的发生埋下了隐患，但只要满足当前制造任务的性能要求，仍然可以视其为正常工作状态，只是不处于最佳性能工作状态罢了。

因此，各组成设备单元运行过程中的多态性使制造系统涌现出明显的多态性特征，这样的制造系统也被称为多态制造系统。制造系统及其设备单元运行过程中的性能状态退化应属于连续的退化过程，但为了简化计算，将其整个连续退化的性能状态划分为有限个离散的性能状态，以降低计算复杂度。可以假设制造系统具有 J 个离散的性能状态

（$J=1,2,\cdots,K$），其中 $J=1$ 为最佳性能工作状态，$J=K$ 为完全故障状态，对于制造系统运行过程中的两类多态性而言，其 J 个离散性能状态的划分均可由图 8-9 来表示。

图 8-9 多态制造系统状态划分示意图

1. 多态制造系统的一般模型

假设一个多态制造系统由 n 个设备单元组成，其中任一设备单元 $E_i(i=1,2,\cdots,n)$ 具有 $j(j=1,2,\cdots,k_i)$ 个不同的性能状态，与其对应的该设备单元 E_i 具有 j 个不同的性能等级，因此在设备单元层面上，任一设备单元 E_i 的性能等级取值 x_i 可表示为如下的集合形式：

$$x_i = \left\{ x_{i1}, x_{i2}, \cdots, x_{ij}, \cdots, x_{ik_i} \right\} \tag{8-1}$$

式中，x_{ij} 表示设备单元 E_i 处于状态 j 时的性能等级。根据随机过程理论，设备单元 E_i 在任意 $t \geqslant 0$ 时刻的性能等级值 $x_i(t) \in x_i$ 一般视为随机变量，与其对应的状态概率 $p_i(t)$ 可表示为如下的集合形式：

$$p_i(t) = \left\{ p_{i1}(t), p_{i2}(t), \cdots, p_{ij}(t), \cdots, p_{ik_i}(t) \right\} \tag{8-2}$$

式中，$p_{ij}(t)$ 表示任意时刻设备单元 E_i 处于状态 j 时的概率，$p_{ij}(t) = \Pr\left\{ x_i(t) = x_{ij} \right\}$。由于设备单元 E_i 的各种性能状态都是一种独立互斥事件，因此有

$$\sum_{j=1}^{k_i} p_{ij}(t) = 1, \quad t \geqslant 0 \tag{8-3}$$

在制造系统层面上，多态制造系统的性能状态由各设备单元的状态及其之间的相互关系决定，因此其性能等级就是关于制造系统各设备单元性能等级的函数。假设整个制造系统有 $J(J=1,2,\cdots,K)$ 个不同的性能状态，其中

$$K = \prod_{i=1}^{n} k_i \tag{8-4}$$

相应地，该系统具有 J 个不同的性能等级，则该多态制造系统在任意 $t \geqslant 0$ 时刻的性能等级取值一般可表示为如下的集合形式：

$$X(t) = \left\{ X_1, X_2, \cdots, X_J, \cdots, X_K \right\} \tag{8-5}$$

式中，X_J 表示制造系统处于状态 J 时的性能等级，与其对应的状态概率 $p_S(t)$ 可表示为如下的集合形式：

$$p_S(t) = \{p_{S1}(t), p_{S2}(t), \cdots, p_{SJ}(t), \cdots, p_{SK}(t)\} \tag{8-6}$$

式中，$p_{SJ}(t)$ 表示任意时刻制造系统处于状态 J 时的概率，$p_{SJ}(t) = Pr\{X(t) = X_J\}$。

设 $L^n = \{x_{11}, \cdots, x_{1k_1}\} \times \{x_{21}, \cdots, x_{2k_2}\} \times \cdots \times \{x_{n1}, \cdots, x_{nk_n}\}$ 为制造系统所有设备单元性能等级的组合空间域，$S = \{X_1, \cdots, X_K\}$ 为整个制造系统性能等级空间域，$L^n \to S$ 表示设备单元性能等级空间到制造系统性能等级空间的映射，这个转换称为制造系统的结构函数 φ。在此定义多态制造系统在任意 $t \geq 0$ 时刻的通用模型为

$$X(t) = \varphi(x_1(t), x_2(t), \cdots, x_i(t), \cdots, x_n(t)) \tag{8-7}$$

对应于各个设备单元的随机过程，该结构函数将产生整个多态制造系统的输出。在许多实际情形中，用户获得的往往是连续时间离散状态下的制造系统各设备单元的性能状态及其大致概率分布，这时就可以使用式（8-7）这个相对简单的多态制造系统模型。

2. 多态制造系统的主要特性

多态制造系统属于复杂系统的一种，因此它具有复杂系统共有的性质，如目的性、整体性、集成性、层次性、相关性和环境适应性等，上述特性在系统工程学的教材中均有阐述，本书在此不一一赘述，本小节重点讨论多态制造系统运行过程中的三个主要特性：关联性、脆性与动态不确定性。

（1）制造系统的关联性

在服役阶段的运行过程中，多态制造系统的性能状态完全由各设备单元的性能状态决定。一般情况下，任一设备单元 E_i 性能状态的降低会导致制造系统的整体性能状态退化或至少不会得到改善；任一设备单元 E_i 性能状态的改善（维修或者更换）会使制造系统的整体性能状态得到提升或至少不会进一步退化。因此多态制造系统属于单调关联系统，具有关联性的多态制造系统满足：

$$\varphi(x_{11}, x_{21}, \cdots, x_{i1}, \cdots, x_{n1}) = X_1 \text{ 和 } \varphi\{x_{1k_1}, x_{2k_2}, \cdots, x_{ik_i}, \cdots, x_{nk_n}\} = X_K \tag{8-8}$$

若 $x_{im} \geq x_{ij}$，则有

$$\varphi(x_1(t), \cdots, x_{i-1}(t), x_{im}, x_{i+1}(t), \cdots, x_n(t)) \geq \varphi(x_1(t), \cdots, x_{i-1}(t), x_{ij}, x_{i+1}(t), \cdots, x_n(t)) \tag{8-9}$$

制造系统的关联性反映了任一设备单元都是制造系统的一个不可缺少的有机部分，其正常或故障对制造系统的性能状态有直接影响。

（2）制造系统的脆性

在服役阶段的运行过程中，多态制造系统的任一设备单元 E_i 对环境都具有强烈的灵

敏性，当 E_i 受到内、外因素（包括物质流、载荷流、能量流和信息流等因素）的扰动时，其性能状态会逐渐降低，直至不能提供规定的功能而导致故障发生，同时也会加速其他设备单元故障的发生，从而导致整个制造系统的崩溃。多态制造系统所具有的这一行为特性称为脆性。多态制造系统脆性的数学描述如下：

假设多态制造系统 S 由 n 个设备单元组成，任一设备单元 $E_i(i=1,2,\cdots,n)$ 的性能状态用 $x_i \in X \subset R^m$ 表示。如果其中一个设备单元 E_b 的性能状态发生变化，使得 $x \in B$，有

$$\lim_{t \to \infty} \delta(S) = 0 \qquad\qquad (8\text{-}10)$$

则称该制造系统 S 具有脆性，设备单元 E_b 即为脆性源。其中，B 是设备单元 E_b 的一个故障域，$x_b \in B$ 表示设备单元 E_b 故障，$\delta(S)$ 是用于评价整个制造系统 S 的性能指标。

制造系统的脆性始终伴随着制造系统，不会因为制造系统的改进或者外界环境的变化而消失，且随时可能被激发出来，这就解释了一个可靠性程度再好的制造系统也是具有脆性的事实。在一定的条件下，设备单元的性能状态退化或故障会进一步影响制造系统中的其他设备单元，这就是脆性效应的连锁表现。

（3）制造系统状态的动态不确定性

在服役阶段的运行过程中，由于系统结构复杂、故障源多、制造任务多变、状态多变、样本量小以及数据缺乏等特点，往往不能精确地确定制造系统及其组成设备单元的性能状态水平以及状态概率，这里的不确定性既有由自然波动引起的偶然不确定性（Aleatory Uncertainty），也有由相关知识的缺乏或不足引起的认知不确定性（Epistemic Uncertainty）。一个典型的例子就是制造系统内部的某一零部件在载荷作用下发生疲劳断裂，整个发展经历了从完好到出现裂纹，再从裂纹扩展到完全断裂的过程，在这个过程中，既不能准确地衡量裂纹扩展的程度，也不能准确地对应某一时刻的裂纹扩展到底属于哪一个性能状态等级。对于由成千上万个这样的零部件组成的制造系统来说，性能状态的动态不确定性特别突出。针对以模糊理论为代表的不确定性研究方法在分析多态制造系统性能状态退化与可靠性评估方面存在的不足，可以采用区间形式来表征制造系统及其组成设备单元性能状态的动态不确定性。

8.2.2　制造系统运维的主要特点

制造系统是由设备、物料、人员、信息和能源等多种制造资源组成的集成系统，其核心作用是实现产品的生产制造，是国家制造业实体经济发展的重要基础。美国、德国等世界发达国家在制造系统关键设备的研发设计和可靠运行等方面长期保持领先优势。一直以来，我国很多企业的制造系统中的关键高端设备运维成本高、维修周期长，经常出现关键设备"用了怕坏、坏了难修"的不良局面，导致关键高端设备利用率不高，制造系统整体绩效差。可持续运维是从产品全生命周期视角，寻求以最优总成本实现产品最佳性能的全生命周期工程服务技术，已在高价值、长寿命的关键高端设备/产品运维中得到工业界和学术界的广泛重视。

从制造系统及其关键装备的技术发展趋势来看，智能制造已成为当前制造系统发展的主流趋势。面对复杂的生产任务需求，制造系统的功能越发复杂与智能化，设备间的相互耦合与协同作业更加普遍，对其连续可靠运行和可持续维修维护提出了更高要求；尤其是针对危险作业空间（如核电运行、弹药生产等）关键设备的运行维护，对可持续的运维服务保障、确保系统的连续可靠运行的需求更加迫切，也面临着更多需要解决的难题，制造系统运维呈现出以下 3 个显著特点：

1）制造系统具有动态响应特性，即不确定性任务、突发性故障等复杂输入与工况环境会直接影响制造系统的作业性能与运行状态，如何对制造系统运行状态进行准确表征并预测潜在故障，实现对制造系统的动态响应是保障制造系统持续可靠运行的关键。

2）制造系统具有协作耦合特性，即制造系统内设备与设备之间、任务执行与维修维护之间存在着协同约束关系。如何结合制造系统内设备结构相关性，实现任务执行与维修维护相结合，最大限度地提升制造系统的协同作业连续性是实现制造系统高效运行的关键。

3）制造系统具有瓶颈阻尼特性，即制造系统的关键工序/瓶颈设备发生故障会扰乱作业计划，严重影响制造系统的稳定运行。如何针对关键工序/瓶颈设备，提高维修服务的及时性和准确性，成为保障制造系统连续稳定运行亟须解决的关键问题。

随着制造系统功能复杂度和智能化程度的不断提升，可持续运维技术已成为保障制造系统连续稳定运行、实现提质增效的关键技术。通过梳理相关文献可以看出，可持续运维技术的发展既有工业产品服务系统等商业模式演化的牵引，又有制造系统/关键设备/产品的复杂度、可靠运行和成本约束等因素的驱动。制造系统可持续运维所需要的基础知识与面临的技术挑战如图 8-10 所示。针对制造系统/设备的监测诊断与预测、维修策略与规划、维修调度与执行等核心技术的发展得到了国内外学者的广泛关注，机器学习、增强现实等可持续运维的支撑技术也得到了逐步应用。

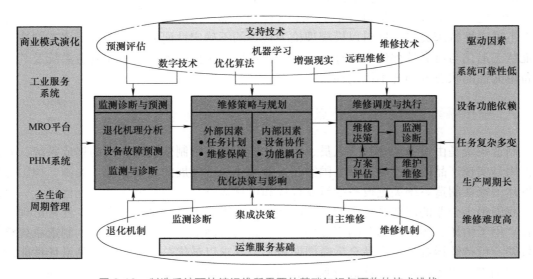

图 8-10　制造系统可持续运维所需要的基础知识与面临的技术挑战

8.3　制造系统智能运维参考模型与架构

8.3.1　制造系统设备运维参考模型

针对制造系统设备运维，北京机械工业自动化研究所有限公司、北京理工大学等单位联合起草了推荐性国家标准《制造系统设备运维参考模型》（GB/T 43337—2023），由 SAC/TC159（全国自动化系统与集成标准化技术委员会）归口，于 2024 年 6 月 1 日开始实施。该项国家标准规定的制造系统设备运维参考模型如图 8-11 所示，整体分为设备层、运维层、系统层和安全层。

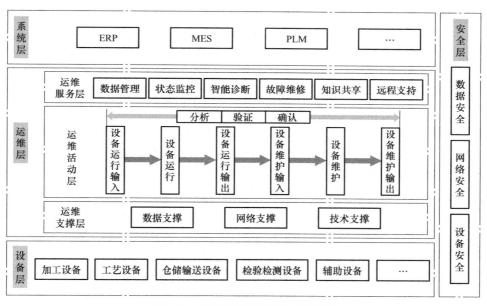

图 8-11　制造系统设备运维参考模型

1. 设备层

设备层是将制造资源转换为产品的关键层。GB/T 43337—2023 标准中明确指出：设备应具有数据传输以及网络通信的功能，是实现设备运维的基础。

2. 运维层

运维层是整个标准的核心部分，规定了设备运维应该实现的主要目标包括（但不局限于这些目标）：采集设备运行状态数据，实现设备状态的实时监控；提高产品质量与设备的可靠性和可维修性；根据设备运行产生的数据预知设备的工作状态；根据设备故障数据，输出故障代码并提出可行的维护策略；积累设备运维数据，形成知识库，为业务流程管理提供参考。运维层又分解为运维支撑层、运维活动层和运维服务层。

（1）运维支撑层

运维支撑层的主要作用是为运维活动提供技术、网络以及数据等方面的支撑。技术支撑包括但不局限于故障诊断、预测性维护、AR（增强现实，Augmented Reality）以及

VR（虚拟现实，Virtual Reality）等技术；网络支撑指应满足设备与制造系统、智能设备的互联所需要的带宽和速率等通信需求；数据支撑指能够完成数据采集、传输、处理以及存储等。

（2）运维活动层

运维活动层主要包括设备运行过程中的系列活动、维护过程中的系列活动以及设备运维活动中的分析、验证和确认活动。

1）设备运行输入。设备运行输入活动主要包括建立设备、服务和操作人员的可用性，建立使能系统、控制系统以及追溯系统的可用性，设置与人员和设备相关的各项流程，定义设备运行时的业务规则等。

2）设备运行。设备运行活动主要包括在设备运行输入准备就绪后，使能系统、控制系统和追溯系统均可用，同时能够检测设备运行的各项性能指标，包括但不局限于设备自身参数、产品质量参数等；若设备参数异常，应实施预定应急活动，并记录设备运行状态故障代码。

3）设备运行输出。设备运行输出即将设备运行的结果输出，包括设备运行日志与故障诊断信息；若运行故障，应遵循相应程序，将设备恢复至安全状态；输出运行设备与运行约束、业务与任务分析结果等可双向追溯的相关信息。

4）设备维护输入。设备维护输入活动主要包括设备运行时产生的系统日志和故障发生时的故障代码；确定设备维护的类别和层级：设备维护的类别主要为预防性维护、纠正性维护和适应性维护，维护层级主要为操作者维护、维修人员维护，针对防止故障的常规服务应采取计划的预防性维护，针对失效问题应进行纠正性维护，针对调节系统演进所需的变更应进行适应性维护；将设备或者设备零件的维护约束反馈至运维层；使用系统分析流程确定维修策略和方法，应考虑运维层维护的经济性、可行性等。

5）设备维护。设备维护活动主要包括开发针对设备维护类别的程序或策略，并进行设备维护；通过设备故障代码、产品质量等故障问题识别、记录和处理设备出现的异常问题；设备出现故障后，能自动安全地回归到初始状态；分析系统纠正后的工作误差。

6）设备维护输出。设备维护输出主要是记录设备维护过程中出现的异常，并用质量保证流程分析、处理、维护异常问题；将维护知识以文件的形式保存，可为同类型设备维护活动提供参考；从客户获取反馈以了解对设备维护的满意度水平。

7）分析过程。分析过程应分析产品质量、设备性能参数、系统可靠性等关键因素，在设备运行维护过程中做出合理的决策，保证设备层的正确运行。可使用分析模型对各种系统的危险性、产品质量度量的要素以及产品在制造、试验等过程中能量的消耗情况进行识别评价。

8）验证过程。验证过程应在输入到输出的任何转换时刻提供检验是否引入误差、缺陷或者错误的数据，保障设备层及运维层的正确构建。验证内容主要包括设备运行维护的策略、约束以及运行的程序，并保证产生的服务是可用的。

9）确认过程。确认过程应按程序保证设备或设备零件在设备运行时输出正确的结果。确认过程应对照约束、设备类型、运维功能及其他相关准则对确认措施进行优先级排序和评价。

（3）运维服务层

运维服务层是提供运维服务的功能层，包含但不限于数据管理、状态监控、智能诊断、故障维修、知识共享和远程支持等功能。

1）数据管理。将设备运维过程中产生的数据，通过通信网络传输到数据库，提取特征信息，利用大数据分析、深度学习等技术进行处理和存储，为设备运维提供数据基础。

2）状态监控。根据设备运行输出的状态日志及运行实时反馈的数据建立状态数据库、实时数据库，并通过与历史数据库的对比以及大数据运算分析，实现设备的状态显示、预警推送、异常处理等功能。

3）智能诊断。以状态数据库、实时数据库以及历史数据库为基础，通过机器学习、数字孪生等智能算法，分析设备故障的具体形式，输出故障代码，给出失效原因，为后续的检修以及预防维护提供参考。

4）故障维修。根据设备产生的故障代码，确定设备维护的层级以及维修的参考策略，实施维护并纠正修复后的工作误差，形成维修报告。

5）知识共享。根据设备运维过程中产生的数据库，形成诊断案例、检修案例以及智能模型等，为知识决策以及业务流程管理的改进提供参考。

6）远程支持。运维人员可在授权的范围内远程查看设备运行产生的各类数据以及设备自身参数，分析预判设备的运行趋势以及可能产生的失效形式，辅助现场人员做出正确的预测及维修策略。

3. 系统层

在进行制造系统设备运维时，系统层应按照 GB/T 39466（所有部分）中规定的条款实现 ERP、MES、PLM 各个系统之间的互联互通。

4. 安全层

安全层为整个设备运维模型提供设备、数据、网络等安全保障，应满足 GB/T 40218—2021、GB/T 16655—2008 规定的相关条款。

8.3.2　智能运维典型架构（OSA-CBM）

目前，国际上公认的制造系统智能运维体系架构是由美国国防部组织相关研究机构和大学建立的一套开放式体系架构，即 OSA-CBM（Open System Architecture for Condition-Based Maintenance，基于状态维修的开放式系统架构）。OSA-CBM 是面向一般对象（如机床等制造系统中的典型设备）的单维度七模块功能体系结构，该体系结构重点考虑了中期任务规划和长期维护决策，对基于设备性能退化的短期管理功能考虑不多。OSA-CBM 的体系结构如图 8-12 所示，将 PHM 的功能划分为七个层次，主要包括数据获取、特征提取、状态监测、健康评估、故障预测、维修决策和人机接口。

1）数据获取：数据一方面可以来自外设在设备上的传感器，如加速度传感器、测力仪、应变片、红外传感器、霍尔传感器等反映设备运行时的振动、切削力、应变、温度、位移等的数据，也可以是设备控制器内部的数据，如从伺服驱动器中获取的电流、电压、转速等数据。获取的数据按照定义的数字信号格式输出，为后续的设备健康状态评估和预测做准备。

2）特征提取：对数据获取层获取的数据做特征提取，主要涉及信号时域、频域、复频域分析方法，特征融合方法（如主成分分析法、T 分布和随机近邻嵌入法等）以及特征筛选方法（如斯皮尔曼相关系数法等），其目的在于获得能够表征设备异常、退化状态的特征。

3）状态监测：将特征提取层提取到的特征与不同运行条件下的先验特征进行对比，对于超出预先设定阈值的特征，会产生超限报警，主要涉及阈值判别、模糊逻辑等方法。

4）健康评估：首要功能是判定设备的当前状态是否退化，根据退化状态生成新的监测条件和阈值，健康评估需要考虑设备的健康历史、运行状态和工况等情况。

5）故障预测：具有两方面功能，一是考虑未来载荷情况下根据设备当前健康状态推测未来，以预报未来某时刻的健康状态，给出未来时刻的状态评估；二是给出在给定载荷条件下的剩余寿命概率分布。主要涉及基于机理的预测、数据驱动的预测以及混合预测三大类方法。

6）维修决策：根据当前状态评估及预测提供的信息，对维修所涉及的人员、工具、物料、时间和空间等资源进行优化决策，以任务完成、费用最小等为优化目标，制定出维护计划、修理计划、更换保障需求等。主要涉及多目标优化算法、分配算法及动态规划等方法。

7）人机接口：该层为功能的集成可视化，将设备运行状态监控、故障诊断、健康状态评估、退化趋势预测和维修决策等功能可视化，便于人机交互。此外，还具备产生报警信息后可控制设备停机、接收到诊断和预测结果后可调节驱动控制部件参数（如减小载荷、降低转速）等功能。

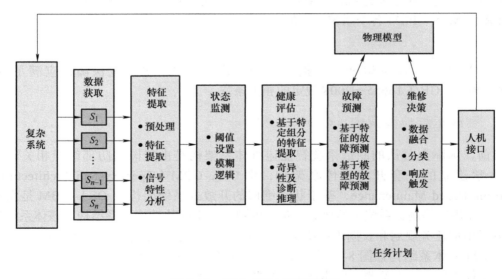

图 8-12　OSA–CBM 的体系结构

8.4　数控机床智能运维案例

数控机床是智能制造系统中最常用的关键设备之一，尤其是高速高精密数控加工设备在零部件实际加工过程中发挥着重要作用。但由于数控机床的机械结构、数控系统以及控制部分具有较高的复杂性，零件加工过程环境相对恶劣且加工强度高，导致机床在连续高可靠且保持稳定加工精度等方面面临巨大挑战，设备故障也时有发生。数控机床故障往往是机械故障、电气故障、液压故障等一种或多种情况同时发生。如何提高数控机床等智能制造系统典型设备的运行可靠性是众多制造企业都非常关注的问题。

本节选取数控机床作为智能制造系统的典型设备，讨论智能运维技术的应用，也为制造企业建立有效的加工过程、健康的保障系统和智能运维机制提供借鉴。

8.4.1　基于传感器测量系统的数据采集

根据前文对制造系统设备运维参考模型及 OSA–CBM 的介绍，对于数控机床的智能运维，首先要获取数控机床的运行状态和加工信息等数据。数控机床智能运维的数据采集可以通过传感器测量系统来实现。根据数控机床对测量信息的使用，将其分为数控机床用于自身测量加工状态监测信息的电流和电压传感器，以及获取电动机转速和进给轴位置坐标的光栅尺位移传感器和编码器等数控机床内部传感器。对于工况状态信息辨识与信号分析，可以结合数控机床不同的加工环境，对其外接温度、振动以及声发射等外部传感器，以便获取特征信号。

1. 应用电流和电压传感器进行加工状态监测

数控机床中电流传感器一般指霍尔电流传感器（霍尔元件），电压传感器是指交流电压变送器。霍尔元件是用半导体材料利用霍尔效应制成的传感元器件，是磁电效应应用的一种。在数控机床加工过程中，主轴和各进给轴在同步电动机的驱动下，分别进行切削运动和进给运动，随着工况状态和切削过程的变化，主轴和各进给轴所受到的切削力和切削载荷都在不断变化，所以对于切削力和切削载荷的直接标定测量都很困难。而对于切削过程的电流信号和电压信号，可以通过一定的计算公式和线性拟合等处理，经特征提取和信号分析，能对加工过程切削力和切削载荷的变化做出辨识，从而获得加工过程的状态信息。因此，通过在主轴和各进给轴上加装霍尔元件和电压传感器，对加工过程的电流和电压信号进行测量，即可实现对数控机床加工状态的实时监测。

在数控机床智能运维中，数控系统采集电流和电压信号，可用于机床数据的实时监控以显示提取信号变化的规律或趋势；同时，对于信号的实时分析和处理，结合人工神经网络、模糊控制、专家系统等智能化技术，可以对加工状态和运行状态进行识别，并能自主做出控制决策，进一步优化加工参数，提高加工效率，保证加工质量，延长机床的使用寿命。

2. 应用位移传感器获取电动机转速和进给轴位置坐标

位移传感器是检测直线或角位移的传感器，主要包括光栅尺、感应同步器、编码器和电涡流等类型，数控机床中使用较多的是测量直线位移的光栅尺和测量角位移的编码器。在数控加工中，为获取工作台任意时刻的位置信息，可在机床床身上安装光栅尺，其产生的脉冲信号可以直接反映工作台的实际位置，位置信息主要用于数控机床的全闭环伺服控制。位置伺服控制是以直线位移或角位移为控制对象，对测得的位移量建立反馈，使伺服控制系统控制电动机向减小偏差的方向运动，从而提高加工精度。

编码器用于测量角位移，能够把机械转角变成电脉冲。数控机床进给轴上配置光电编码器，用于角位移测量和数字测速，而角位移通过丝杆螺距能间接反映工作台或刀架的直

271

线位移。在驱动电动机上安装编码器能获取电动机的转速信息，从而使数控系统能实时感知到加工过程中机床实际加工位置和转速信息。除光栅尺和编码器外，数控机床还会安装旋转式感应同步器和电涡流传感器等位移传感器。旋转式感应同步器被广泛应用于机床和仪器的转台以及各种回转同步控制系统中。电涡流传感器是利用电涡流反应将非电量转换成阻抗的变化从而进行测量的传感器，可进行非接触测量。

在数控机床智能运维中，光栅尺和编码器等位移传感器，能准确获取数控加工位置和转速等机床部件的实时状态信息，可用于对数控机床的虚拟建模；能对坐标、加工进给速度实现实时显示，并基于反馈控制，与其他采集数据信息相结合，利用智能化技术更好地辨识、感知机床状态，做出更好的控制决策。

3. 应用温度传感器和振动传感器采集加工数据

在数控机床加工过程中，电动机的旋转、移动部件的移动和切削等都会产生热量，而温度分布不均匀导致的温差，易使数控机床产生热变形，影响零件加工精度。为避免温度产生的影响，可在数控机床上某些部位装设温度传感器，感受温度变化并转换成电信号发送给数控系统，以便进行温度补偿。如图 8-13 所示，在车床、铣床中，温度传感器在主轴、各进给轴和床身上安装的位置主要位于轴承座、母座和电动机座，这三个位置是加工中轴运动主要的发热位置。此外，在电动机内等需要过热保护的地方（如电动机内部），应埋设温度传感器，过热时通过数控系统进行过热报警。在智能运维中，通过对数控机床配置温度传感器，不仅可以在虚拟环境下对其进行温度场显示，动态反映加工过程的热量状况，同时，温度数据还是智能加工中分析健康状况、加工精度的重要数据基础。

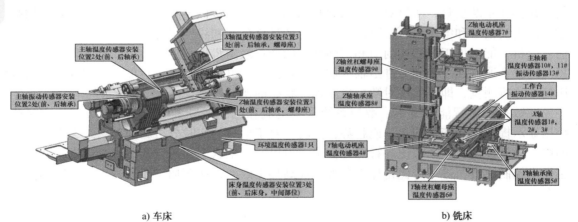

a) 车床   b) 铣床

图 8-13 车床和铣床上的温度、振动传感器分布

在数控机床加工过程中，振动传感器主要用来测量主轴、进给轴和工作台的振动信号，也称为加速度传感器，可用于对加工状态、加工环境以及机床健康状况等信息做出判断。图 8-13 也给出了车床、铣床上振动传感器在主轴和工作台上的测点位置，对机床振动信号的测量主要是在主轴和工作台。在加工过程中，电动机转动、同步控制运动都会产生振动信号，主轴的振动信号通过频域分析可以规避主轴加工的共振频率。主轴的动平衡功能主要用于对工作台、各进给轴的振动信号进行特征分析，以评估机床的健康状况。此外，振动信号也常用于对机床的故障诊断和工况监视当中，提高数控机床的智能运维效

果。因此，给数控机床重要的部件及工作台安装灵敏度高、抗干扰能力强的振动传感器以检测振动信号显得尤为重要。

8.4.2　数控机床的数据汇聚系统

数控机床通过数据汇聚系统来准确、快速获取数控机床内部数据和传感器测量系统的感知数据，对于数控机床内部数据，数控系统可通过接入总线直接被计算机处理器从其内存中读取，实现起来较为容易。而对于传感器测量系统的感知数据，由于是外接电子器件获取数据，因此必须通过外接采集模块将数据汇聚到计算机内部。根据采集模块的不同，数据汇聚系统有基于总线型和基于外部采集卡两种。

1. 基于总线型的数据汇聚

数控系统通过自身的 A/D 采集模块，将传感器测量数据接入其采集总线，利用 PLC 资源在寄存器中分配内存用于保存传感器数据，从而实现对数控机床内部和外部数据的同步准确获取。该系统使用方便，配置简单，但由于数控系统总线采集频率低，无法从部分特殊的传感信号中获取到有用的感知信息，从而会带来分析数据不准确的情况。图 8-14 所示为基于总线型的数据汇聚系统原理图。

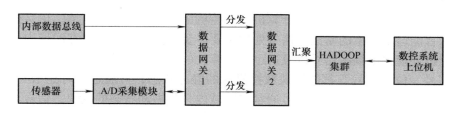

图 8-14　基于总线型的数据汇聚系统原理图

2. 基于外部采集卡的数据汇聚

数控系统总线采样频率很低，一般在 1kHz 左右，而对于像振动数据的获取，采样频率至少要在 5kHz 左右，采到的振动数据才有分析的意义。针对这种情况，需要采用外部采集卡采集振动数据，其采样频率一般在 10kHz 以上，完全满足振动数据获取的要求。但这种方案的难点在于数控系统获取到的数据是通过两路总线汇聚的，因此，需要专业人员通过编程处理对两路数据实现实时对齐，才能使计算机获取到数控机床的同步数据。图 8-15 所示为在振动信号采集过程中，数控系统采用外接采集卡与内部数据总线同步汇聚数据的原理图。

（1）机床的状态信息

实时采集机床的状态信息，主要包括机床开机、机床停机、机床无报警且运行、机床无报警且暂停、机床有报警且运行、机床有报警且暂停以及报警信息等。

（2）机床加工信息

实时采集机床的加工信息，主要包括加工零件的 NC 程序名、正在加工的段号、加工时间、刀具信息（刀具号、刀具长度）、主轴转速、主轴功率、主轴转矩、进给速度、坐标值（包括 x、y、z、a、b、c）、NC 程序起始、NC 程序暂停和 NC 程序结束等。

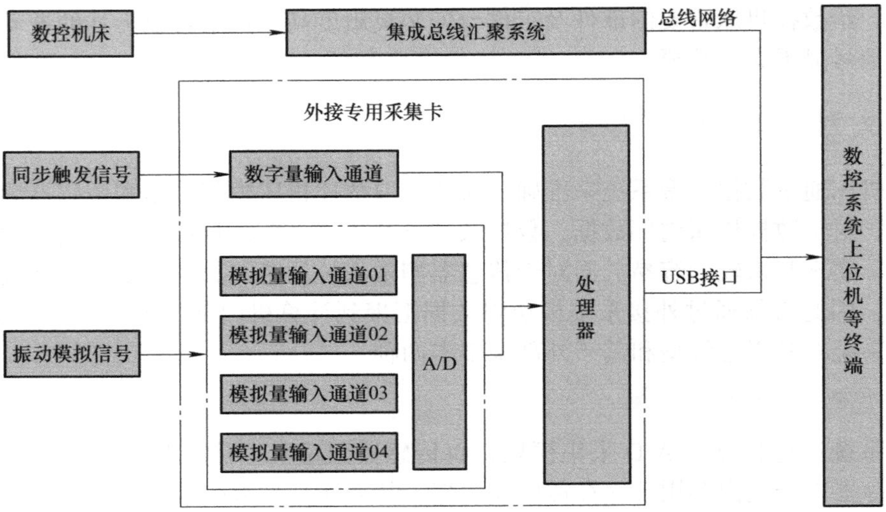

图 8-15　基于外部采集卡的数据汇聚系统原理图

（3）信号处理

数控机床的计算机系统需通过信号处理技术对数据汇聚系统获得的原始信号进行信号处理，从中提取出特征信号，用于计算机对数控机床工况状态进行监测。信号处理也是进行数控机床智能运维决策的基础。信号处理主要涉及的内容包括信号在时域内的显示、通过时频域分析处理提取频率信号以及通过基于算法的学习对信号进行处理。

温度信号、位移信号等都能反映数控机床的静态状态，可通过实时显示测得的数据，来实现界面对工况的监控。振动信号通常在时域内只是振动状态的反映，信号本身包含着许多重要信息，通过频域变换可观察频域内的信号。通过包括傅里叶变换、小波变换等处理方法，获取频域信息，同时，基于采集到的信号，通过在操作系统上的算法运行平台，对原始信号进行算法分析，如机器学习分析、动平衡算法分析和温度场显示分析等，都是从原始信号中提取有用信息的信号处理技术。

（4）事件分析

以数控系统通过数字化控制实现工艺参数优化为例，在数控切削加工中，传感器能通过测得的主轴电流信号，来获得主轴所受切削负荷的变化情况。若所受负荷过大或超过一定阈值，计算机可通过实时采集到的信息进行决策，对加工过程中的转速、吃刀量和进给速度等加工参数进行实时调整。精密机械、微型电子元件等高精度器件在数控机床的使用，使得计算机能高精度控制机床，从而实现数字化技术在机床上的使用，不仅能够提高加工效率和加工精度，保证设备平稳运行，更能充分发挥数控机床的整体性能。

8.4.3　数控机床智能运维系统

数控机床智能运维系统能预测性诊断机床部件或系统的功能状态，包括评估部件的性能和预测剩余使用寿命，为机床的维护策略的实施提供决策意见。机床维护人员根据系统状态监测及故障诊断的结果，在机床处于亚健康状态时便提前调度相关资源，当机床真正出现问题时就能立即维护、维修，最大化地减少故障停机时间并延长机床的工作寿命，提高制造系统的生产效率。如图 8-16 所示，数控机床智能运维系统包括三类核心功能：智能监控、智能加工和智能健康评估，一般包括信号采集、信号处理、特征提取与选择、智能健康评估和智能化加工等核心功能模块。

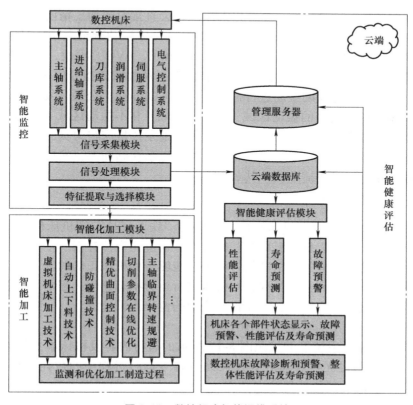

图 8-16　数控机床智能运维系统

1）信号采集模块：由分布在数控机床各处的电流、振动、温度等众多传感器组成，利用多传感器融合技术获取数控机床的工作状态信息并传输至信号处理模块中。

2）信号处理模块：工业现场获得的各种信号往往包含大量噪声，为了增强采集信号的信噪比，需要对采集到的信号采取滤波等信号处理技术来获得质量更高的信号。

3）特征提取与选择模块：从信号中准确选择出能反映部件性能退化或故障发生的敏感特征对提高性能评估和寿命预测模块的诊断准确率有重大的帮助。

4）智能健康评估模块：运用深度人工神经网络、时间序列分析、隐马尔可夫模型和模糊神经网络等众多人工智能技术，在云端建立反映故障规律和部件性能退化趋势的智能计算模型，然后根据上传的信号数据判断对应机床的性能状态并预测剩余寿命。

5）智能化加工模块：根据从机床中采集到的信号，结合人工智能、虚拟制造、机器人智能控制和智能数控系统等智能化技术来实时监测和优化生产线上的加工制造过程，降低机床发生硬件故障的风险，改善机床的加工性能，提高生产效率和工人的安全保障。

目前，一些专业数控机床厂商都针对各自产品提供了相应的运维管理解决方案。MAZAK 和大隈（Okuma）等公司的数控机床智能振动抑制技术，通过系统内置的传感器对振动进行测定，经由系统内置的运算器对振动信息进行计算和反馈，并对超出范围的机床振动进行抑制。下面对数控机床智能振动抑制技术和数控机床健康保障系统进行介绍。

1. 数控机床智能振动抑制技术

数控机床的各坐标轴在加减速时产生的振动，会直接影响加工精度、表面粗糙度、刀尖磨损和加工时间，而采用主动振动控制模块可使机床振动减至最小。日本 MAZAK 公司智能机床的主动振动控制（Active Vibration Control，AVC）模块，通过系统内置的传感器和运算器计算和反馈振动信息，然后调整指令，从加减速指令中去除机械振动成分，从而实现对机床中超出范围的振动进行抑制。大隈（Okuma）公司开发的 Machining Navi 工具利用轴转速与振动之间的振动区域（不稳定区域）和不振动区域（稳定区域）交互出现的周期性变化，搜索出最佳加工条件，最大限度地发挥机床与刀具的能力。根据传感器收集的振动音频信号，将多个最佳主轴转速候补值显示在画面上，然后通过触摸选择所显示的最佳主轴转速，便可快捷地确认其效果。

2. 数控机床健康保障系统

华中数控公司针对其数控机床提供了被称为"铁人三项"的机床健康保障系统，集成智能热误差补偿技术，以机床温度为基准温度，通过热变位补偿、主轴冷却装置同时控制，使得数控机床的长时间加工精度保持稳定，能够得到机床正确的变位状态。通过采集振动和温度信号、负载电流变化情况，对机床进行运行状态评估、零部件功能评估、可能出现问题提示和优化维修决策等，从而提出全面的健康预警建议。

（1）健康自检

数控机床健康保障系统能够按照图 8-17 所示的运行内容及机床本身的结构特点设定自检 G 指令，同时通过无传感器的方式采集 G 指令运行过程中的数控系统内部大数据，包括指令行行号数据及其他运行状态数据（如负载电流、跟随误差和实际位置等）。通过对指令域波形图进行对比、分析，提取出指令域波形显著的特征信息，进而利用指令域的特征信息进行数控机床健康状态的检测与评估，并以雷达图表达单台机床各子系统间的健康状态和以分色图表达单台机床所处的健康阶段，最终实现数控机床的健康保障目的。

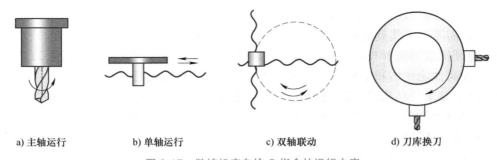

| a）主轴运行 | b）单轴运行 | c）双轴联动 | d）刀库换刀 |

图 8-17　数控机床自检 G 指令的运行内容

如图 8-18 所示，通过对机床的自检，得到机床的"心电图"，检查机床健康指数的变化情况，并对机床的健康状况进行评估。根据评估情况及时对机床进行维护，保障机床的健康运行。同时根据相同配套的机床的健康状况进行横向比较，保证装配以及调试的一致性。

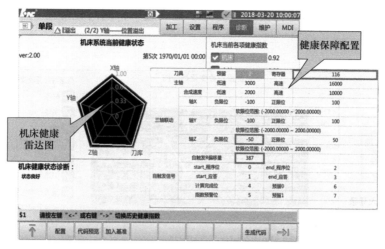

图 8-18 数控机床"铁人三项"的健康自检功能

（2）健康评估

根据机床各部件的健康指数变化情况，对机床的健康状态进行评估，及时进行维修，有效保障了机床的健康运行。如图 8-19 所示，对单台机床进行纵向健康对比，实现预测性维护；对同类机床进行横向健康对比，实现机床装配质量检查。对指标有下降趋势的部件进行跟踪预警并排查原因，直到指标恢复正常。

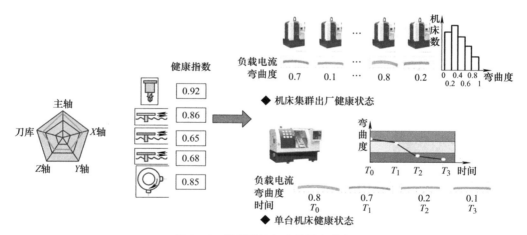

图 8-19 诊断数控机床的健康状态

图 8-20 所示为 02 号机床的健康保障系统运行情况，由于电流波动变大导致 Y 轴健康指数变差。诊断结果显示其高速电流波动偏大，最大值为 3.597，当前值为 4.249。

目前，华中数控"铁人三项"数控机床的健康保障功能模块可对机床的主轴、刀库、X 轴、Y 轴和 Z 轴进行分析，并对每一台机床建立与其对应的机床健康档案库。在机床空闲时间（如刚开机时），数控系统执行内部已有的自检程序，便可获取机床当前的健康指数，将其与历史情况（纵向）、其他机床健康指数（横向）进行比对，便可诊断该机床的健康状态，实现机床的自检测功能。如图 8-21 所示，D08 号机床刀库出现异常情况，D11 号机床主轴出现异常情况。因此，在数控机床健康保障系统的辅助下，检修人员可根据诊断结果进行针对性的维修，极大地提升了检修效率，同时也能避免了对正常机床进行的无用检修。

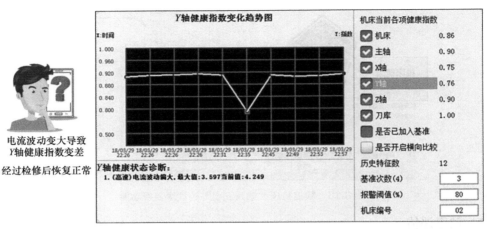

图 8-20　02 号机床的健康保障系统运行情况

机床编号	X轴	Y轴	Z轴	主轴	刀库	机床
D01	0.953	0.954	0.921	0.976	0.942	0.9492
D02	0.933	0.969	0.963	0.955	0.954	0.9548
D03	0.95	0.934	0.952	0.944	0.96	0.948
D04	0.9	0.929	0.944	0.936	0.955	0.9328
D05	0.979	0.974	0.984	0.954	0.977	0.9736
D06	0.978	0.973	0.978	0.945	0.977	0.9702
D07	0.948	0.958	0.964	0.949	0.962	0.9562
D08	0.977	0.968	0.963	0.89	0.762	0.912
D09	0.957	0.968	0.971	0.883	0.96	0.9478
D10	0.972	0.98	0.953	0.987	0.98	0.9744
D11	0.956	0.941	0.956	0.312	0.907	0.8144
D12	0.93	0.952	0.953	0.951	0.98	0.9532
D13	0.962	0.9	0.937	0.974	0.971	0.9488
D14	0.96	0.965	0.965	0.94	0.968	0.9596
D15	0.985	0.976	0.976	0.954	0.892	0.9566

图 8-21　数控机床健康指数横向对比

8.5　基于数字孪生的制造系统智能运维

8.5.1　数字孪生的概念、内涵与特征

1. 数字孪生概念的起源与发展

"孪生体 / 双胞胎"（Twins）概念在工业领域的使用，最早可追溯到美国国家航空航天局（National Aeronautics and Space Administration，NASA）的阿波罗项目，如图 8-22 所示。在项目中，NASA 需要制造两个完全相同的空间飞行器，留在地球上的飞行器称为

278

孪生体，用来反映（或称镜像）正在执行任务的空间飞行器的状态 / 状况。在飞行准备期间，被称为孪生体的空间飞行器广泛应用于训练；在任务执行期间，使用留在地球上的孪生体进行仿真实验，并尽可能精确地反映和预测正在执行任务的空间飞行器的状态，从而辅助太空轨道上的航天员在紧急情况下做出最正确的决策。在项目中的关键一步是数据传输，例如，如何确保阿波罗航天器各项数据的持续获取，以及如何使用这些数据去生成并更新对应的镜像系统，以使其能够精准描述物理设备的实时状况。

图 8-22　阿波罗 13 号（第三次载人登月任务）

数字孪生体的概念起源最早可以追溯到 Michael Grieves 教授于 2002 年 10 月在美国制造工程协会管理论坛上提出的设想。2003 年，Michael Grieves 教授在美国密歇根大学 PLM 课程上提出了完整的数字孪生体设想，其基本思想为：在虚拟空间构建的数字模型与物理实体交互映射，忠实地描述物理实体全生命周期的运行轨迹。因此，初期的数字孪生包含真实空间、虚拟空间以及两者的数据流连接三个部分，但当时并未将此概念称为数字孪生。Michael Grieves 教授在 2006 年出版的 *Product Lifecycle Management：Driving the Next Generation of Lean Thinking* 一书中将其称为"信息镜像模型"（Information Mirroring Model）。

数字孪生体（Digital Twin）这一名称的出现最早是在美国空军研究实验室于 2009 年提出的"机身数字孪生体"（Airframe Digital Twin）概念中。2010 年，NASA 在"建模、仿真、信息技术和处理"和"材料、结构、机械系统和制造"两份技术路线图中直接使用了"数字孪生体"（Digital Twin）这一名称，并定义为"集成了多物理量、多尺度、多概率的系统或飞行器仿真过程"。2011 年，Michael Grieves 教授与 NASA 专家 JohnVickers 合著的 *Virtually Perfect：Driving Innovative and Lean Products through Product Lifecycle Management* 一书中正式将其命名为"数字孪生"。2012 年，面对未来飞行器轻质量、高负载以及更加极端环境下更长服役时间的需求，NASA 和美国空军研究实验室合作并共同提出了未来飞行器的数字孪生体，并将数字孪生体定义为"一种面向飞行器或系统的高集成度多物理场、多尺度、多概率的仿真模型，能够利用物理模型、传感器数据和历史数据等反映与该模型对应实体的功能、实时状态及演变趋势。"还开发了数字孪生软件 AFGROW（Air Force Grow），并将其应用于 F–35 战机的研制及全生命周期的结构健康监测，如图 8-23 所示。2014 年，欧洲宇航防务集团将数字孪生技术应用于 ARIANE 5 重型火箭全生命周期的设计与发射模拟中，ARIANE 5 重型火箭的数字孪生体如图 8-24 所示。

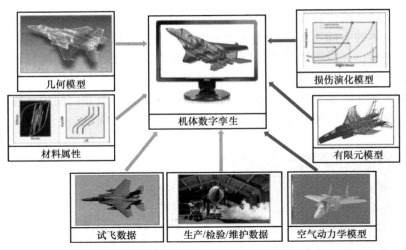

图 8-23　F-35 战机数字孪生体模型

图 8-24　ARIANE 5 重型火箭的数字孪生体

　　2015 年，美国通用电气公司计划基于数字孪生体，并通过其自身搭建的云服务平台 Predix，采用大数据、物联网等先进技术，实现对发动机的实时监控、及时检查和预测性维护。美国波音公司的波音 777 客机的整个研发过程利用数字孪生技术开发，涉及 300 多万个零部件，没有使用任何图纸模型，完全依靠数字仿真来推演，然后直接进行量产。据报道，这项技术帮助波音公司减少了 50% 的返工量，有效缩短了 40% 的研发周期。洛克希德·马丁公司创建了 "数字线" 的工作模式，采用数字纽带技术，通过采集实体空间的多源异构动态数据，建立了与现实世界中的物理实体完全对应的数字孪生模型，在虚拟环境中进行仿真、分析和预测实物产品在现实环境中的演进过程和状态。法国空客集团也已经在其多个工厂中部署数字孪生，在 A380 客机、A400M 运输机的部件装配对接中，可建模并检测数万 m^2 的空间和数千个对象，通过实时在线检测，将理论模型与实测物理模型数据相关联，实现了基于物理特性实测过程中的制造工艺优化。

　　从数字孪生概念的起源和发展现状来看，自 John Vickers 与 Michael Grieves 提出数字孪生以来，随着数字孪生支撑技术的不断发展成熟，推动了数字孪生技术与多个应用领域深度结合并逐步扩展，这赋予了数字孪生技术更丰富的内涵和外延，各企业、机构和研究者对数字孪生及其技术给出了相关定义。

　　1）学术界给出的定义：将数字孪生普遍理解为 "以数字化方式创建物理实体的虚拟

实体，借助历史数据、实时数据以及算法模型等，模拟、验证、预测、控制物理实体全生命周期过程的技术手段。"美国国防采办大学将数字孪生定义为："数字孪生是充分利用物理模型、传感器更新、运行历史等数据，集成多学科、多物理量、多尺度、多概率的仿真过程，在虚拟空间中完成映射，从而反映相对应的实体装备的全生命周期过程"。美国密歇根大学将数字孪生定义为："数字孪生是基于传感器所建立的某一物理实体的数字化模型，可模拟现实世界中的具体事物"。

2）以通用电气为代表的企业界给出的定义："数字孪生是资产和流程的软件表示，用于理解、预测和优化绩效以实现业务成果的改善。数字孪生由三部分组成：数据模型、一组分析或算法，以及知识"。美国 PTC（参数技术）公司认为，数字孪生体是由物（产生数据的设备和产品）、连接（搭接网络）数据管理（云计算、存储和分析）和应用构成的函数。因此，它将深度参与物联网平台的定义与构建。SAP（思爱普）公司认为，数字孪生是物理对象或系统的虚拟表示，通过使用数据、机器学习和物联网来帮助企业优化、创新和提供新服务。

3）以美国 NASA 为代表的研究机构给出的定义："数字孪生体是一个集成了多物理场、多尺度和概率仿真的数字飞行器（或系统），它可以通过逼真物理模型、实时传感器和服役历史来反映真实飞行器的实际状况"。2020 年，由我国工业和信息化部中国电子技术标准化研究院牵头编写的《数字孪生应用白皮书》中将数字孪生定义为"数字孪生是具有数据连接的特定物理实体或过程的数字化表达，该数据连接可以保证物理状态和虚拟状态之间的同速率收敛，并提供物理实体或流程过程的整个生命周期的集成视图，有助于优化整体性能"。

尽管当前数字孪生的概念存在差异和不同见解，但细究其共性部分，都离不开物理实体、实体数字模型、数据、连接和服务等数字孪生技术的核心要素。也就是说，数字孪生的共性普遍存在共识，即数字孪生体是现有或将有的物理实体对象的数字模型，通过实测、仿真和数据分析来实时感知、诊断、预测物理实体对象的状态，通过优化和指令来调控物理实体对象的行为，通过相关数字模型间的相互学习来优化自身，同时改进利益相关方在物理实体对象生命周期内的决策。

2. 数字孪生的内涵

数字孪生的本质可以理解为是利用数字技术对物理实体对象的特征、行为、形成过程和性能等进行描述和建模的过程和方法，综合运用感知、计算和建模等信息技术，通过软件定义，对物理空间进行描述、诊断、预测和决策，进而实现物理空间与信息空间（又称为赛博空间，即 Cyber space 的音译）的交互映射，也称为数字孪生技术。数字孪生体是指与现实世界中的物理实体完全对应和一致的虚拟模型，可实时模拟自身在现实环境中的行为和性能，也称为数字孪生模型。可以说，数字孪生是技术、过程和方法，数字孪生体是对象、模型和数据。数字孪生的内涵就是以模型和数据为基础，通过多学科耦合仿真等方法，完成现实世界中的物理实体到虚拟世界中的镜像数字化模型的精准映射，并充分利用两者的双向交互反馈、迭代运行，以达到物理实体状态在数字空间的同步呈现，通过镜像化、数字化模型的诊断、分析和预测，进而优化实体对象在其全生命周期中的决策、控制行为，最终实现实体与数字模型的共享智慧与协同发展。

可见，数字孪生的核心理念在于构建与物理实体等价的数字化虚拟模型，通过高保真度的虚拟模型预测物理实体的演化过程，实现以虚映实、虚实互驱、以虚控实。在当前智能制造背景和需求下，相比 Michael Grieves 教授最初定义的三维模型，即物理实体、虚拟模型及两者间的连接，国内学者以数字孪生驱动的产品设计、制造和服务为基本框架，将数字孪生模型由最初的三维关系发展为涵盖物理实体、虚拟模型、服务、孪生数据和连接交互的五维模型，如图 8-25 所示。

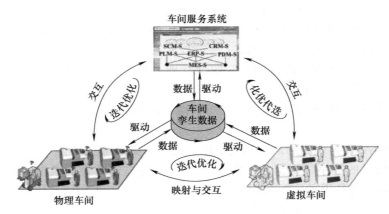

图 8-25　制造领域数字孪生体的五维模型

基于虚实交互和数模驱动，数字孪生能满足仿真（以虚映实）、控制（以虚控实）、预测（以虚预实）、优化（以虚优实）等生产制造应用服务需求，其中连接与交互是实现数字孪生动态运行和虚实空间高效融合的核心关键，能满足制造系统物理对象更大范围的功能服务和应用需求。

3. 数字孪生的特征

结合数字孪生的概念和内涵可以看出，相比传统的数字样机（或虚拟样机）对数字化产品定义的范畴，数字孪生具有更丰富的产品描述。通常，数字样机（Digital Prototype 或 Digital Mock-Up）是相对物理样机而言的，是指在计算机上表达的机械产品整机或子系统的数字化模型，它与真实的物理产品之间具有 1 ∶ 1 的比例和精确的尺寸表达，其作用是用数字样机验证物理样机的功能和性能。数字样机是进入 21 世纪以来在制造业信息化领域中出现频率越来越高的专业术语。在数字样机概念出现前期，虚拟样机（Virtual Prototype）这一概念被广泛应用，它是面向系统级设计并应用于基于仿真设计过程的技术，包括数字物理样机、功能虚拟样机和虚拟工厂仿真三个方面内容。

1）数字物理样机：对应于产品的装配过程，用于快速评估组成产品的全部三维实体模型装配件的形态特性和装配性能。

2）功能虚拟样机：对应于产品分析过程，用于评价已装配系统整体上的功能和操作性能。

3）虚拟工厂仿真：对应于产品制造过程，用于评价产品的制造性能。

我国国家标准 GB/T 26100—2010《机械产品数字样机通用要求》中指出，数字样机是对机械产品整机或具有独立功能的子系统的数字化描述，它不仅反映了产品对象的几何属性，还至少在某一领域反映了产品对象的功能和性能。数字样机形成于产品设计阶段，可应用于产品的全生命周期，包括工程设计、制造、装配、检验、销售、使用、售后和回收等环节。数字样机在功能上可实现产品干涉检查、运动分析、性能模拟、加工制造模拟、培训宣传和维修规划等方面。数字样机以机械系统运动学、动力学和控制理论为核心，融合了虚拟现实技术和仿真技术。数字样机开发技术不仅能够大大减少物理样机的制作数量，降低成本，而且可以提高产品研发效率，缩短产品上市周期，降低产品研发风险，使研发的产品更加适应市场需求。

可见，数字样机是数字孪生的基础。相较于数字样机，数字孪生具有互操作性、可扩展性、实时性、保真性和闭环性等特征。

1）互操作性：数字孪生中的物理对象和数字空间能够双向映射、动态交互和实时连接，因此数字孪生具备以多样的数字模型映射物理实体的能力，具有能够在不同数字模型之间转换、合并和建立"表达"的等同性。

2）可扩展性：数字孪生技术具备集成、添加和替换数字模型的能力，能够针对多尺度、多物理、多层级的模型内容进行扩展。

3）实时性：数字孪生技术要求数字化，即以一种计算机可识别和处理的方式管理数据以对随时间轴变化的物理实体进行表征。表征的对象包括外观、状态、属性和内在机理，形成物理实体实时状态的数字虚体映射。

4）保真性：数字孪生的保真性是指描述数字虚体模型和物理实体的接近性。要求虚体和实体不仅要保持几何结构的高度仿真，在状态、相态和时态上也要仿真。值得一提的是，在不同的数字孪生场景下，同一数字虚体的仿真程度可能不同。例如工况场景中可能只要求描述虚体的物理性质，并不需要关注其化学结构细节。

5）闭环性：数字孪生中的数字虚体用于描述物理实体的可视化模型和内在机理，以便于对物理实体的状态数据进行监视、分析推理、优化工艺参数和运行参数，实现决策功能，即赋予数字虚体和物理实体一个大脑。

除此之外，数字孪生技术基于其数据驱动、模型支撑、软件定义、精准映射和智能决策等其他特征属性而被不同行业和领域所关注。例如，产品数字孪生体基于产品设计阶段生成的产品模型，在随后的产品制造和产品服务阶段，通过与产品物理实体之间的数据和信息交互，借助模型代码化、标准化，以软件的形式动态模拟或监测物理空间的真实状态、行为和规则，不断提高自身的完整性和精确度，最终完成对产品物理实体的完全和精确描述。因此，在当前装备数字化发展背景和需求下，学者给出了数字孪生装备具有的自感知、自认知、自学习、自决策、自执行和自优化六个理想特征，并逐步形成涉及拟真、透明、连通、灵活和智能等对应的物理装备数字化表达、数据融合与可视化呈现、远程管控与多要素协同、动态需求快速响应、自适应－自学习－自优化的数字孪生装备研发和交付的理想能力，如图 8-26 所示。

1）自感知：基于物理装备感知运行过程、

图 8-26　数字孪生装备的理想特征

运行环境和任务需求。

2）自认知：结合装备的数字孪生模型和相应软件服务，对感知数据进行处理和分析，认知装备状态、装备性能和运行趋势。

3）自学习：数字孪生装备将积累大量运行数据，通过对"历史"进行回放，挖掘新知识，发现新规律，从而获得自主智能。

4）自决策：数字孪生装备基于对作业任务的理解和对自身能力的认知，在运维过程中进行智能决策。

5）自执行：通过连接交互将调度和控制指令传达给物理装备并执行相应动作。

6）自优化：数字孪生装备在每次感知、决策、执行的闭环迭代过程中不断积累经验，并基于数字模型、孪生数据和软件服务进行超实时仿真，在决策方案实际执行前对其进行持续自主优化。

8.5.2 智能制造系统数字孪生建模与仿真

1. 工业数字孪生技术体系

工业数字孪生是一种基于先进信息技术和数字化技术的制造业生产模式，它将实体系统的数字化模型与实际的生产过程无缝连接，并实现全流程数据的获取、传递和分析，从而实现对生产过程和产品的全方位跟踪和监控。在我国制造强国战略中，也特别强调了制造业与新型ICT（Information and Communication Technology，信息与通信技术）融合，实现制造业数字化、智能化转型的重要性。国家发展和改革委员会、工业和信息化部、国务院国有资产监督管理委员会等部门相继出台相关文件，《"十四五"信息化和工业化深度融合发展规划》《"十四五"智能制造发展规划》等系列文件指出，要推动智能制造、绿色制造示范工厂建设，构建面向工业生产全生命周期的数字孪生系统，探索形成数字孪生技术智能应用场景，并推进相关标准修订工作，加大标准试验验证力度；部署发展数字孪生技术，发挥其在培育新经济发展、国企数字化转型等领域的积极作用。当前企业数字化转型升级的需求不断提升，通过数字孪生技术在工业领域的应用，特别是围绕生产制造业务，可以有效实现工业全要素、全产业链、全价值链达到最大限度地闭环优化，助力企业提升资源优化配置，有助于加快制造工艺数字化、生产系统模型化和服务能力生态化。

在制造业领域，由于制造业企业大多采用多品种、小批量的生产方式，具有规模化、柔性化、工艺复杂和质量不稳定等特点，各行业间原料、工艺、机理和流程等差异较大，模型通用性较差，因此面临多源异构数据采集协调集成难、多领域多学科角度模型建设融合难和应用软件跨平台集成难等问题。随着物联网、5G、云计算、大数据和AGI（Artificial General Intelligence，通用人工智能）等新兴基础技术的不断迭代发展，以高效数据采集和传输、多领域多尺度融合建模、数据驱动与物理模型融合、动态实时连接交互、数字孪生人机交互等为代表的数字孪生基础支撑核心技术在制造业领域的实施应用，有助于探索基于数字孪生的数据和模型驱动工艺系统变革新路径，促进集成共享，实现数字孪生跨企业、跨领域、跨产业的广泛互联互通，实现生产资源和服务资源更大范围、更高效率、更加精准的优化。例如，数字化的生产线不仅能够降低产品的生产成本，提高产品的交付速度，其最终关键指标的监控和过程能力的评估还能够实现全生产过程的可视化监控，并且通过经验或机器学习能够建立关键设备参数和检验指标的监控策略，对出现违背策略的异常情况进行及时处理和调整，从而实现生产流程的稳定和不断优化。

工业数字孪生即多种数字化技术的集成融合升级，其中工业数字仿真模拟和新一代信息数字技术的融合应用是工业数字孪生发展的关键。工业数字孪生在生产现场的应用覆盖了人、机、料、法、环各个要素，具体体现在智能研发、生产过程仿真模拟、数字化生产线升级、预测分析服务、远程监控和预测性维护、优化客户生产指标等方面。通过现有工业数字孪生在生产制造中的应用探索可以发现，工业数字孪生注重将"模型＋数据"作为基础，以因推果，反馈并优化业务和流程。与此同时，工业知识是企业在长时间生产过程中积累的衍生智力资产，通过构建领域本体模型，形成制造行业垂直领域知识图谱，将数据与图谱进行映射，将数字化、智能化和可视化等技术相结合，并不断补充和构建具有自我迭代能力的数字孪生体，通过与业务场景的结合实现对业务和流程的学习和闭环优化。

工业数字孪生技术是一系列数字化、智能化和可视化等技术的集成融合和创新应用，工业数字孪生技术的实现依赖于诸多新技术的发展和高度集成，以及跨学科知识的综合应用，是一个复杂、协同的系统工程，图 8-27 所示为工业数字孪生通用技术框架。

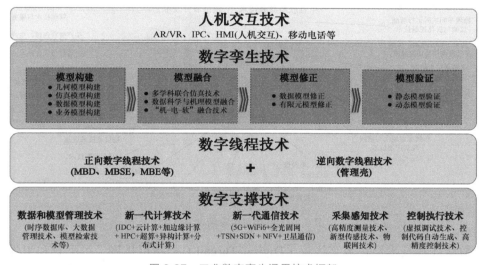

图 8-27　工业数字孪生通用技术框架

1）人机交互技术层：人机交互技术是指通过计算机输入 / 输出设备，以有效的方式实现人与计算机对话的技术。工业数字孪生依靠计算机、信息、数字化等技术构建数字模型，利用物联网等技术将物理世界中的数据和信息转换为通用数据，将 AR/VR/MR/GIS（增强现实 / 虚拟现实 / 混合现实 / 地理信息系统）等技术完全结合，再现数字世界中的物理实体。近年来，计算机视觉、手势识别和人工智能等技术蓬勃发展，头戴式设备、显示屏和传感器等硬件技术取得了明显进步，人机交互不再局限于单一感知通道（视觉、触觉、听觉、嗅觉和味觉）的输入 / 输出模态，逐渐转向多模态人机交互。工业数字孪生依赖于高效的人机交互技术，以便工程师和操作人员能够与虚拟模型进行互动。通过使用直观的图形界面、手势识别和触摸屏等技术，用户可以方便地操作和控制数字孪生系统，实时查看和修改虚拟模型的参数和状态。将人机交互技术与其他技术相结合，如人工智能、物联网等，可以进一步增强人机交互的能力和系统的智能化。

2）数字孪生技术层：数字孪生技术可以理解为把物理世界中的一个对象以数据的形式映射到数字空间当中，其作用是在数字空间中对物理空间中的真实本体进行模拟。因此，其重点围绕模型构建、模型融合、模型修正和模型验证开展一系列创新应用。通过提供高精度模拟环境、实现智能化生产管理和促进协同合作，为企业带来更高的生产效率、更低的成本和更好的决策支持。国内学者提出了包括物理车间"人–机–物–环境"互联与共融技术，虚拟车间建模、仿真运行及验证技术，车间孪生数据构建及管理技术，数字孪生车间运行技术和基于数字孪生车间的智能生产与精准服务技术在内的五大类数字孪生车间关键技术，如图 8-28 所示。

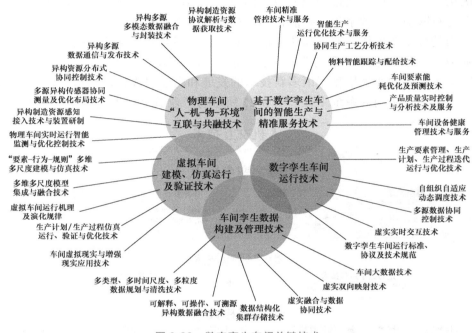

图 8-28　数字孪生车间关键技术

3）数字线程技术层：数字线程（Digital Thread）是指可扩展、可配置和组件化的企业级分析通信框架，为数字孪生体提供访问、综合并分析系统生命周期各阶段数据的能力，使产品设计商、制造商、供应商、运行维护服务商和用户能够基于高逼真度的系统模型，充分利用各类技术数据、信息和工程知识的无缝交互与集成分析，完成对项目成本、进度、性能和风险的实时分析与动态评估。数字线程是与某个或某类物理实体对应的若干数字孪生体之间的沟通桥梁，这些数字孪生体反映了该物理实体不同侧面的模型视图。如美国 PTC 公司利用 ThingWorx 平台实现 Creo（CAD）、Windchill（PLM）、Vuforia（AR）以及其他多个软件系统的数据实时同步，构建全流程的数字线程。依靠数字线程，工业数字孪生中的物理实体和虚拟模型的交互是实时 / 准实时的双向连接、双向映射、双向驱动的过程。物理实体在实际的设计、生产、使用和运行过程中的全生命周期数据、状态等能及时反映到虚拟端，在虚拟端完成模拟、监控和可视化呈现，虚拟端是物理实体端的真实、同步刻画与描述，记录了物理实体的进化过程。数字线程和数字孪生体之间的关系如图 8-29 所示。

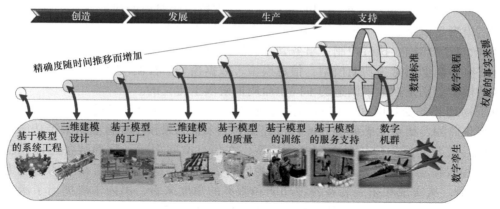

图 8-29　数字线程与数字孪生体之间的关系

4）数字支撑技术层：数字支撑技术涉及数据获取、传输、计算和管理一体化的基础支撑能力，通过传感器、物联网、大数据和云计算等技术手段，实现大量实时数据的获取，包括工业设备的状态、性能参数等信息，并为数字孪生提供"基础底座"服务。除了数据采集感知技术之外，控制执行、新一代通信、新一代计算、数据和模型管理以及人工智能与机器学习的技术都属于数字支撑技术范畴，而且是数字孪生实施应用的基础设施，具体可以分为通信网络基础设施、新技术基础设施和算力基础设施。其中，通信网络基础设施包括 5G、物联网、工业互联网和卫星互联网等；新技术基础设施包括人工智能、云计算、大数据和区块链等；算力基础设施包括数据中心和智能计算。2007 年美国国家科学基金会发布了《认识基础设施：动力机制、冲突和设计》报告，又强调了以开源软件为代表的开源数字基础设施。

2. 数字孪生建模技术

建模是指创建一个能够在虚拟空间中准确反映物理实体的外观、几何结构、运动构造和几何关联等属性的 3D 模型，构建的同时还结合了实体对象的空间运动规律。模型构建技术是数字孪生体系的基础，因此，各类建模技术的创新能够极大地提升对数字孪生对象的外观、行为和机理规律等的描述效率。模型是对现实系统有关结构信息和行为的某种形式的描述，是对系统的特征与变化规律的一种定量抽象，是人们认识事物的一种手段或工具。模型可以分为以下三类：

1）物理模型：是指不以人的意志为转移的客观存在的实体，如飞行器研制中的飞行模型和船舶制造中的船舶模型等。

2）形式化模型：用某种规范表述方法构建的、对客观事物或过程的一种表达。形式化模型实现了一种客观世界的抽象，便于分析和研究。例如，数学模型是从一定的功能或结构上进行抽象，用数学的方法来再现原型的功能或结构特征。

3）仿真模型：是指根据系统的形式化模型，用仿真语言转换为计算机可以实施的模型。即基于已经构建好的 3D 模型，结合结构、热学、电磁、流体等物理规律和机理，进行物理对象未来状态的计算、分析和预测。

模型的构建一般都会有一套规范的建模体系，包括模型描述语言、模型描述方法和模

287

型构建方法等。数学就是一种表达客观世界最常用的建模语言。在软件工程里面常用的统一建模语言（UML）也是一种通用的建模体系，支持面向对象的建模方法。在制造行业，数字制造模型是数字制造全生命周期中的一个不可缺少的工具。数字制造全生命周期包括数据处理、数字传输、执行控制、事务管理和决策支持等，它是由一系列有序的模型构成的，这些有序模型通常为功能模型、信息模型、数据模型、控制模型和决策模型，有序通常指这些模型分别是在数字制造的不同生命周期阶段上建立的。

由于物理装备受到时间、空间和执行成本等多方面的约束，仅凭借物理手段实现装备的可视化监测、历史状态回溯、运行过程预演、未来结果预测和智能运维等功能难度较大。因此，需要通过构建装备数字孪生模型，在信息空间中赋予物理装备设计、制造及运维等过程看得见、运行机理看得清、行为能力看得全、运行规律看得透的新能力。如图 8-30 所示，从实现和拓展装备各种功能和服务的角度来看，国内学者提出了涵盖几何模型、物理模型、行为模型、规则模型等在内的装备数字孪生模型。其中，几何模型用来描述物理装备及零部件的外观形状、尺寸大小、内部结构、空间位置与姿态、装配关系等；物理模型用来描述物理装备及零部件的力学、电磁学、热力学等多学科属性，解析装备的运行机理；行为模型用来抽象描述装备在外部环境干扰、外部输入和内部运行机制共同作用下产生的响应和变化；规则模型用来显性化表示装备大数据中的隐性信息，形式化表示并集成数据关系、历史经验、专家知识、领域标准和相关准则。同时，将数字孪生模型分为以虚仿实（L0）、以虚映实（L1）、以虚控实（L2）、以虚预实（L3）、以虚优实（L4）和虚实共生（L5）六个成熟度。

288

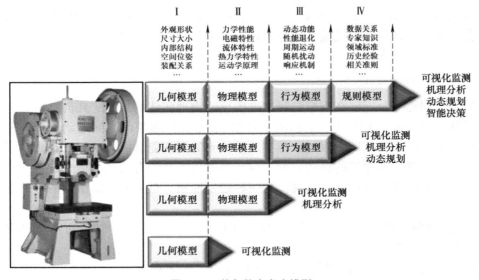

图 8-30　装备数字孪生模型

为使数字孪生模型的构建过程有据可依，国内学者提出了一套数字孪生模型"四化四可八用"构建准则，如图 8-31 所示。该准则以满足实际业务需求和解决具体问题为导向，以"八用"（可用、通用、速用、易用、联用、合用、活用、好用）为目标，提出数字孪生模型"四化"（精准化、标准化、轻量化、可视化）的要求，以及在其运行和操作过程中的"四可"（可交互、可融合、可重构、可进化）需求。对应该准则，建立了一套包括模型构建、模型组装、模型融合、模型验证、模型校正和模型管理在内的数字孪生模型构建理论方法体系。

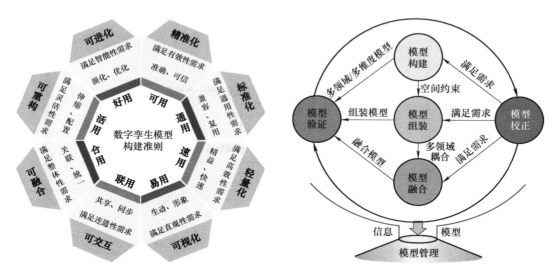

图 8-31　数字孪生模型构建准则与理论方法体系

3. 数字孪生仿真技术

数字孪生体之所以与传统仿真不同，是因为它产生之初就是数据驱动的。早在 1979 年，通杰尔·奥伦（Tuncer Oren）和伯纳德·齐格勒（Bernard Zeigler）在《高级仿真方法的概念》一文中就指出，数据在建模和仿真中非常重要，但直到最近十年，数据驱动才开始成为仿真的一种选择。在数字孪生体中，仿真当然是数据驱动的。通杰尔·奥伦在 2001 年《数据对仿真的影响：从早期实践到联邦和面向代理的仿真》一文中提出："在建模时，需要数据来做参数匹配和参数校正。无论如何，我们需要数据来验证模型和试验环境。"在同一篇文章中，通杰尔·奥伦还提出仿真分为独立仿真和在线仿真，后者与一个实时系统同步更新。相比传统仿真的离线方式，想要实现动态孪生等级，如果仅仅采用静态或历史数据来做仿真，其价值会大打折扣。乔治亚州立大学出版的《建模与仿真概念和方法》一书中撰写了"动态数据驱动仿真：连接实时数据到仿真"，采用连续蒙特卡罗方法（Sequential Monte Carlo Methods）设计了动态数据驱动仿真工程的方法，并通过山火监测做了验证。

根据 ISO 定义，模拟（Simulation）即选取一个物理或抽象的系统的某些行为特征，用另一个系统来表示它们的过程。仿真（Emulation）即用另一个数据处理系统，主要是用硬件来全部或部分地模仿某一数据处理系统，使得模仿的系统能像被模仿的系统一样接收同样的数据，执行同样的程序，获得同样的结果。仿真就是建立系统的模型（数学模型、物理模型或数学 - 物理效应模型），并在模型上进行实验。因此，仿真是建立在控制理论、相似理论、信息处理技术和计算技术等理论基础之上的，以计算机和其他专用物理效应设备为工具，利用系统模型对真实或假想的系统进行实验，并借助专家经验知识、统计数据和资料对实验结果进行分析、研究并做出决策的一门综合性和实验性的学科。

根据仿真建模技术的基本原理可知，建模与仿真分别代表了两个不同的过程，建模是指根据被仿真的对象或系统的结构构成要素、运动规律、约束条件和物理特性等，建立其形式化模型的过程；仿真则是利用计算机建立、校验和运行实际系统的模型，以得到模型的行为特征，从而分析研究该系统的过程。如图 8-32 所示，建模与仿真涉及抽象和转换两个过程。

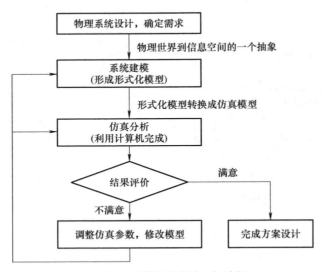

图 8-32　建模与仿真的一般过程

1）抽象过程：是从物理系统到形式化模型（如数学模型），这个过程是物理空间到信息空间的一个抽象。

2）转换过程：是形式化模型（如数学模型）到计算机仿真模型的转换，这个过程是为了保障仿真能顺利开展。

由于仿真技术不仅建立物理对象的数字化模型，还要根据当前状态，通过物理学规律和机理来计算、分析和预测物理对象的未来状态，因此在建模正确且感知数据完整的前提下，仿真可以基本正确地反映物理实体在一定时段内的状态。可见，仿真是将具备确定性规律和完整机理的模型以软件的方式来模拟物理实体的一种技术，目的是验证和确认模型的正确性和有效性。

数字孪生仿真技术是一种利用物理模型、传感器数据和运行历史等信息，在虚拟空间中通过多种传感器或数据源来获取实体对象在不同维度（如空间、时间和属性）上的信息，并进行融合分析，映射到实体对象以提高对实体对象状态和行为的理解力，实现对实体对象的全方位、全周期、全维度的管理和控制。因此，数字孪生仿真技术与传统仿真技术有所不同，它不仅能够模拟实体对象的结构和行为，还能够实时感知和反映实体对象的状态和环境，以及与其他数字模型之间的相互作用，在虚拟空间中进行多维度、多尺度、多学科、多层次、多场景的模拟试验，验证方案的可行性，评估风险影响，优化设计参数，提高运行效率。

4. 产品数字孪生的应用场景

产品数字孪生将在需求驱动下，建立基于模型的系统工程产品研发模式，实现"需求定义—系统仿真—功能设计—逻辑设计—物理设计—设计仿真—实物试验"的全过程闭环管理，其应用场景如图 8-33 所示。

图 8-33　产品数字孪生的应用场景

5. 制造过程数字孪生的应用场景

在产品的制造阶段，数字孪生的主要目的是确保产品可以被高效、高质量和低成本地生产，它所要设计、仿真和验证的主要对象是生产系统，包括制造工艺、制造设备、制造车间和管理控制系统等。产品生产阶段的数字孪生是一个高度协同的过程，通过数字化手段构建起来的虚拟生产线，将产品本身的数字孪生同生产设备、生产过程等其他形态的数字孪生高度集成起来，其应用场景如图 8-34 所示。

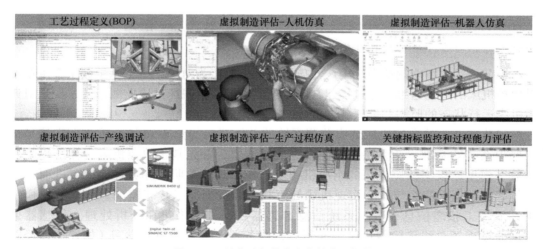

图 8-34　制造过程数字孪生的应用场景

6. 设备运维数字孪生的应用场景

作为客户的设备资产，产品在运行过程中将设备运行信息实时传送到云端，以进行设备的运行优化、可预测性维修与保养，并通过设备运行信息对产品的设计、工艺和制造迭代优化。设备运维数字孪生能帮助用户更快地驱动产品设计，以获得更好、成本更低且更可靠的产品，并能更早地在整个产品生命周期内根据所有关键属性预测性能。如西门子MindSphere平台，为客户个性化APP的开发提供开放式接口，并提供多种云基础设施，如SAP、AWS、Microsoft Azure，还提供了公有云、私有云及现场部署；支持开放的设备连接标准，如OPC UA，实现西门子与第三方产品的即插即用。通过对运行数据进行连续收集和智能分析，数字化开辟了全新的维护方式，通过这种洞察力，可以预测机器与工厂部件的最佳维护时间，并提供各种方式，以提高机器与工厂的生产力，如图8-35所示。

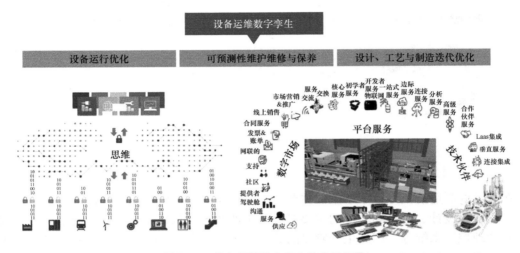

图 8-35　设备运维数字孪生的应用场景

8.5.3　数字孪生驱动的制造系统智能运维实例

1. 基于数字孪生的数控机床健康监测系统

本小节仍然以智能制造系统中广泛应用的数控机床为对象，讨论基于数字孪生技术实现对数控机床的智能运维，通过构建数字孪生驱动的数控机床健康监测系统，实现对典型数控机床运行状态的监测和健康状态的评估。

基于数字孪生的数控机床健康监测系统的总体架构如图8-36所示，物理实体是构成数字孪生系统的基础，孪生层是监测系统的核心层，首先基于数控机床实体搭建与之孪生的数字模型，根据数控机床的组成机构及工作原理，参照实际数控机床，进而设计一套多传感器数据采集系统。为实现机床健康状态和铣削加工状态监测，建立数据模型以对柔性线加工状态信息、数控系统信息传感器数据进行采集和分析处理。传感器采集的数据通过现场总线传输给边缘服务器后，服务器上部署的机器学习（如卷积神经网络CNN）等推理模型能够直接根据输入的传感器数据推理判断出机床当前的健康状态和铣削状态。

数控机床数字孪生体构建框架如图8-37所示，包括数据保障层、建模计算层、数字孪生功能层和用户空间层。

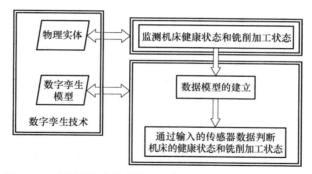

图 8-36　基于数字孪生的数控机床健康监测系统的总体架构

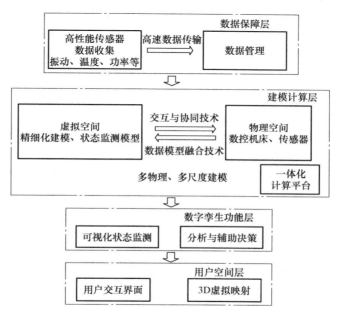

图 8-37　数控机床数字孪生体构建框架

1）数据保障层：该层为数字孪生体构建框架的基础。多个高性能传感器部署在机床主轴等关键部位，实时采集功率、振动和温度等信息，同时将采集到的数据高速传输到数据管理部分，用来监控和分析设备状态。

2）建模计算层：在一体化计算平台上，进行数据分析以及多物理、多尺度的建模。通过交互与协同技术和数据模型融合技术，在物理空间采集到的实时数据将在虚拟空间进行体现，同时，在虚拟空间进行精细化建模，运行机床状态监测模型。

3）数字孪生功能层：主要分为两个部分，一是可视化状态监测，二是分析与辅助决策。可视化状态监测需要在三维模型上进行虚实映射，来实时反映设备的运行状态，帮助生产人员进行动态监控。分析与辅助决策功能主要通过数据算法来实现分析，从而实时监测机床是否处于健康状态，同时预测可能出现的故障。

4）用户空间层：包括用户交互界面与 3D 虚拟映射。3D 虚拟映射帮助用户直观地获取机床的相关信息，通过用户交互界面则可以更加细致具体地进行一些操作。

（1）机床健康状态和铣削加工状态监测

数控机床的结构和工作条件复杂，同一故障可能有不同的表现形式，同一表现形式也可能由多个故障共同引起，一旦发生故障，很难从众多因素中找到引起故障的根本原因。因此机床状态的多样性、复杂性以及状态之间的复杂关系是机床健康状态和铣削加工状态监测的重点和难点。单个传感器的数据只能从一定的角度反映被测对象的状态，这必然存在一定的局限性。只有对多个传感器的数据进行特征提取和分析，才能全面地完成对机床的状态监测。多传感器融合技术克服了单传感器使用的局限性和单传感器数据精确性较低的问题。充分、全面、有效地利用多传感器融合数据，可以降低数据的模糊性，提高决策的可信度和机床状态监测的精度。根据数控机床的组成机构及工作原理，参照实际数控机床，采用多路传感器对机床进行感知，其中包括布置在主轴的切削力传感器，分别布置在主轴上端轴承、主轴外壁、主轴下端轴承、工件非加工面及转台外壁的多路振动传感器，设置在机床床身各处的 2～3 路温度传感器；另外，在加工车间内布置 2 路温、湿度传感器。该系统基于多传感器融合技术，能够充分、全面、有效地对机床进行感知，同时克服了数据精确性较低的问题，提高了机床健康状态和铣削加工状态监测的精度与可靠性。

（2）判断机床健康状态和铣削加工状态

传感器采集的数据通过现场总线传输给边缘服务器后，服务器上部署的 CNN-LSTM（卷积神经网络 - 长短时记忆）推理模型能够直接根据输入的传感数据，推理判断出机床当前的健康状态和铣削状态。卷积神经网络是监督学习的典型算法之一，通过一系列的卷积、池化操作实现对数据信息的提取，常用于对图片数据的处理。长短时记忆（Long-Short Term Memory，LSTM）神经网络用于解决一般循环神经网络中存在的不能对较长时间间隔的数据进行有效记忆的问题。CNN-LSTM 模型推理过程如图 8-38 所示。

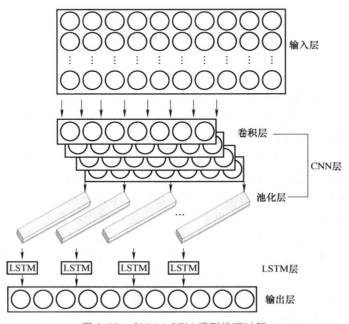

图 8-38　CNN-LSTM 模型推理过程

294

2. 汽车发动机生产线数字孪生系统

发动机生产线数字孪生系统如图 8-39 所示，该系统依托数字孪生技术，对实体生产线 1∶1 还原三维数字化建模，结合数以千计的传感器和设备的即时数据，实现远程产线生产监控、低库存预警和质量溯源等功能，进而提高生产过程的透明度并优化生产过程。

图 8-39　发动机生产线数字孪生系统

（1）基于数字孪生实现生产过程可视化

将参与生产的关键要素，如原材料、设备、工艺配方、工序要求以及人员，通过数字孪生技术 1∶1 还原三维数字化建模，在虚拟的数字空间中实时联动实际生产活动，通过期间产生的大量孪生数据来分析和优化生产线。

通过车间数字孪生系统逐级展示车间、产线及单机三个层级的总信息。车间层展示车间的基本信息，包含产能、能耗和异常报警信息；产线层展示每条产线的实际生产情况，包括设备温度、压力、流量、电量和设备开关状态；单机层展示各工位重点设备的生产状态及数据。图 8-40 所示为基于数字孪生的车间布局场景。

图 8-40　基于数字孪生的车间布局场景

在以实体工厂为原型重建的三维虚拟数字空间中，对接现有的上位监控数据，既可以共享现有的数据库，又可以通过 OPC Server 方式获取现场生产数据，并通过交互联动将现场生产活动数据推送至数字孪生三维场景中，实时掌控和优化生产过程。生产数据展示样式有三维场景标签显示和二维界面显示两种方式。在工厂数字孪生系统中，可以将生产的实时数据进行优化处理，并存储至数据库；同时还能结合已完成了生产过程的历史数据，在数字孪生系统中进行溯源回放。在产品质量出现异常时，可以迅速定位至异常点。

（2）基于数字孪生实现设备资产维护与异常报警

在三维数字孪生场景中，通过对接 MES/PLC 系统，能获取设备生产的实时运行状态（运行、异常、停止），数字孪生体还可以模拟关键设备何时需要维护，甚至可以用来预判整个生产线、工厂或工厂网络的健康状况。

当生产线在线报警时，数字孪生系统从 MES/PLC 系统中获取到对应报警信号后，立即在系统界面上以图标形式提示报警，单击图标可以展开报警记录详情，进一步确定某一条报警记录，查看该报警信号的详细信息。如果该报警信号关联了三维模型，还可以查看该条报警信号所关联的三维模型，通过直接调用监控画面迅速定位到报警点，异常报警示意图如图 8-41 所示。

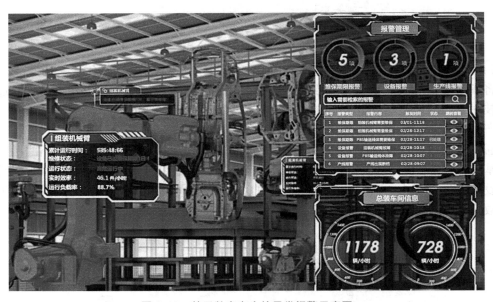

图 8-41　基于数字孪生的异常报警示意图

习题

8-1　什么是全员生产维护？

8-2　请简要概括故障预测与故障诊断的区别与联系。

8-3　请简要比较下视情维修与预测维修两种维修策略的异同。

8-4　请举例说明智能运维涉及的关键技术有哪些。

8-5　请简要概括多态制造系统的主要特征。

8-6　请简要概括制造系统运维的主要特点。

8-7　请结合 OSA–CBM 体系结构，简要概括实施智能运维的主要步骤。

8-8　请举例说明数控机床智能运维系统的主要功能有哪些。

8-9　请简要概括数字孪生的内涵与特征。

8-10　请举例说明智能制造领域数字孪生的主要应用场景。

项目制学习要求

结合本章对制造系统智能运维相关知识的学习，请与小组同伴讨论针对项目制课程作品的智能运维方案，实现对复合作业机器人的机械臂和 AGV 两个重要组成部分的健康管理。

1）对复合作业机器人的运行状态进行实时监测，设计复合作业机器人的数字孪生系统，实现对复合作业机器人的智能运维。

2）结合第 7 章生产计划与调度问题相关知识的学习，开展考虑维修任务约束的生产计划调度问题建模及求解方法研究，实现生产计划与设备维修维护联合决策，编写相应算法程序，并对调度结果进行可视化呈现。

3）进行项目制课程作品软硬件集成联调，并在第 2 章给定的任务场景下进行实际测试，完成测试报告。

4）各小组完成项目制课程学习总结，撰写项目制课程作品开发总结报告。

作业要求 1：

> 请各组完成复合作业机器人数字孪生系统设计方案并进行数字孪生系统开发，提交方案报告，包括以下内容（不限于）：
>
> 1. 复合作业机器人数字孪生体构建方法
> 2. 机械臂、AGV 数字孪生体模型
> 3. 基于数字孪生的复合作业机器人智能运维的主要功能
> 4. 复合作业机器人数字孪生系统开发代码及相关文档
> 5. 参考文献（可选）

作业要求 2：

> 请各组开展考虑维修任务约束的生产计划调度问题建模及求解方法研究，编写相应算法程序，并对调度结果进行可视化呈现，提交相关研究报告，包括以下内容（不限于）：
>
> 1. 问题背景分析
> 2. 数学模型构建
> 3. 算法开发（包含源代码）
> 4. 调度结果分析
> 5. 参考文献（可选）

作业要求 3：

请各组结合复合作业机器人在给定任务场景下的实际测试情况，完成测试报告，包括以下内容（不限于）：

1. 实际测试任务说明
2. 测试的具体过程
3. 测试过程视频
4. 测试结果分析
5. 参考文献（可选）

8.1 项目制作品演示验证视频 –AGV–2019 级

作业要求 4：

请各组结合复合作业机器人作品完成情况，进行项目制课程作品开发总结，完成总结报告，包括以下内容（不限于）：

1. 项目完成的总体情况
2. 项目完成的具体成果
3. 项目制学习小组的任务分工及贡献总结
4. 结论与展望
5. 参考文献（可选）

8.2 项目制作品演示视频 – 复合作业机器人 –2020 级

参考文献

[1] 周济.智能制造："中国制造 2025"的主攻方向 [J]. 中国机械工程，2015，26（17）：2273-2284.

[2] 臧冀原，王柏村，孟柳，等.智能制造的三个基本范式：从数字化制造、"互联网+"制造到新一代智能制造 [J]. 中国工程科学，2018，20（4）：13-18.

[3] GROOVER M P. Automation production systems，and computer-integrated manufacturing[M].5th ed. London：Pearson，2019.

[4] MOLINA A，PONCE P，MIRANDA J，et al. Enabling systems for intelligent manufacturing in industry 4.0：sensing，smart and sustainable systems for the design of S3 products，processes，manufacturing systems，and enterprises [M]. Cham：Springer，2021.

[5] BELLGRAN M，SÄFSTEN K. Production development：design and operation of production systems[M]. Berlin：Springer，2010.

[6] 胡耀光.智能制造工程：理论、方法与技术 [M]. 北京：北京理工大学出版社，2023.

[7] 李杰林，马玉林，王大伟，等.可制造性设计在系统工程过程中的应用研究 [J]. 航空电子技术，2022，53（2）：11-18.

[8] 汤和.汽车装配制造系统与工艺开发 [M].侯亮，王少杰，潘勇军，译.北京：机械工业出版社，2020.

[9] 汤和.汽车总装工艺及生产管理 [M].侯亮，王少杰，潘勇军，译.北京：机械工业出版社，2020.

[10] 武小悦，陈忠贵.柔性制造系统的可靠性技术 [M].北京：兵器工业出版社，2000.

[11] VAVRA C. Future of robot manufacturing trends and innovation[EB/OL].（2023-11-17）[2024-05-28]. https://www.controleng.com/articles/future-of-robot-manufacturing-trends-and-innovation/.

[12] WASIM H. Robots in the manufacturing industry：types and applications[EB/OL].（2023-05-04）[2024-05-28]. https://www.wevolver.com/article/robots-in-the-manufacturing-industry-types-and-applications.

[13] BERNIER C. Articulated robots：a guide to the most familiar industrial robot[EB/OL].（2021-12-13）[2024-05-28]. https://howtorobot.com/expert-insight/articulated-robots.

[14] 陈文亮，王珉，齐振超.航空智能制造装备技术 [M].北京：科学出版社，2021.

[15] 李树军，房牡丹，秦现生，等.飞机装配大部件自动调姿控制系统的设计 [J].机械制造，2016，54（6）：56-59.

[16] 成书民，张海宝，康永刚.数字化装配技术及工艺装备在大型飞机研制中的应用[J].航空制造技术，2014（22）：10-15.

[17] 梅中义，黄超，范玉青.飞机数字化装配技术发展与展望 [J].航空制造技术，2015（18）：32-37.

[18] 郭洪杰，杜宝瑞，赵建国，等.飞机智能化装配关键技术 [J].航空制造技术，2014（21）：44-46.

[19] 姚艳彬，邹方，刘华东.飞机智能装配技术 [J].航空制造技术，2014（23）：50-52.

[20] 何胜强.大型飞机数字化装配技术与装备 [M].北京：航空工业出版社，2013.

[21] 郭洪杰.新一代飞机自动化智能化装配装备技术 [J].航空制造技术,2012(19):34-37.

[22] 邹霞.智能物流设施与设备 [M].北京:电子工业出版社,2020.

[23] 杰克逊.单元生产系统:一种有效的组织结构 [M].黄力行,译.北京:机械工业出版社,1985.

[24] 孙亚彬.IE 与单元生产 [M].厦门:厦门大学出版社,2013.

[25] 崔继耀.单元生产方式 [M].广州:广东经济出版社,2005.

[26] 赵鑫.面向人机协作装配的机器人路径规划与动作学习 [D].武汉:华中科技大学,2020.

[27] 余志坚.基于人机协作的车载充气泵装配生产线的研究 [D].广州:华南理工大学,2021.

[28] 舒能.面向涡轮制造企业的柔性制造单元研究与应用 [D].南昌:南昌大学,2021.

[29] 陶永,高赫,王田苗,等.移动工业机器人在飞机装配生产线中的应用研究 [J].航空制造技术,2021,64(5):32-41,67.

[30] 陈进.人 – 机交互仿真的生产单元换线决策专家系统设计与应用 [M].成都:西南交通大学出版社,2018.

[31] 李西宁,蒋博,支劭伟,等.飞机智能装配单元构建技术研究 [J].航空制造技术,2018,61(Z1):62-67.

[32] 吴丹,赵安安,陈恳,等.协作机器人及其在航空制造中的应用综述 [J].航空制造技术,2019,62(10):24-34.

[33] 吴其林,赵韩,陈晓飞,等.多臂协作机器人技术与应用现状及发展趋势 [J].机械工程学报,2023,59(15):1-16.

[34] 舒钊,侯为康,彭曦,等.面向精密螺纹丝杠的智能制造单元系统研究 [J].航天制造技术,2021(5):12-18.

[35] 胡耀光.生产计划与控制 [M].北京:机械工业出版社,2023.

[36] 郑永前.生产系统工程 [M].北京:机械工业出版社,2011.

[37] 贺聪.连续多阶段带并行加工单元的自动柔性生产线平衡与调度问题研究 [D].武汉:华中科技大学,2018.

[38] 邓朝晖,刘伟,万林林,等.智能工艺设计 [M].北京:清华大学出版社,2023.

[39] 陆剑峰,张浩,赵荣泳.数字孪生技术与工程实践:模型 + 数据驱动的智能系统 [M].北京:机械工业出版社,2022.

[40] 焦洪硕,鲁建厦.智能工厂及其关键技术研究现状综述 [J].机电工程,2018,35(12):1249-1258.

[41] CHOI S,KIM B H,NOH S D. A diagnosis and evaluation method for strategic planning and systematic design of a virtual factory in smart manufacturing systems [J]. International Journal of Precision Engineering and Manufacturing,2015,16(6):1107-1115.

[42] LEONARD B,TAGHADDOS H. Developing visualized schedules for plant information modeling[C]//International Symposium on Automation and Robotics in Construction and Mining. New York:Curran Associates,Inc.,2013:1513-1522.

[43] 郑奇,李凤岐,邹彦纯.基于数字化交付的离散制造智能工厂规划设计路径研究 [J]. CAD/CAM 与制造业信息化,2021(5):82-86.

[44] 马赟.智能工厂建设的数字化交付研究 [J].自动化技术与应用,2022,41(9):125-127,146.

[45] 刘进,关俊涛,张新生,等.虚拟工厂在智能工厂全生命周期中的应用综述 [J].成组技术与生产现代化,2018,35(1):20-26.

[46] 吴澄.现代集成制造系统导论:概念、方法、技术和应用 [M].北京:清华大学出版社,2002.

[47] 刘进,史康云,宋兴旺,等.虚拟工厂应用的研究综述 [J].成组技术与生产现代化,2019,36(2):17-23.

[48] 温波.智能制造虚拟工厂设计与评价 [EB/OL].(2018-07-09)[2024-05-18]. https://www.sohu.com/a/240025770_727876.

[49] 陆剑锋，张浩，杨海超，等 . 智能工厂数字化规划方法与应用 [M]. 北京：机械工业出版社，2020.

[50] 马靖，蒋增强，郝烨江，等 . 数智化转型战略与智能工厂规划设计 [M]. 北京：化学工业出版社，2023.

[51] FISHWICK P A. Simulation model design and execution：building digital worlds[M]. London：Prentice Hall PTR，1995.

[52] FRITZSON P A. Introduction to modeling and simulation of technical and physical systems with modelica[M]. Hoboken：John Wiley & Sons Inc.，2012.

[53] 《智能制造》编辑部 .《国家智能制造标准体系建设指南（2021 版）》发布 [J]. 智能制造，2021（6）：9.

[54] 王小友，廖映华，王华，等 . 基于 OPC UA 的挤出生产线数据采集与监控系统 [J]. 机床与液压，2023，51（18）：146-151.

[55] 邢嘉路 . 智能制造车间中数控机床数据采集与监控系统研究与开发 [D]. 南京：东南大学，2018.

[56] 邹旺 . 数字化车间制造过程数据采集与智能管理研究 [D]. 贵阳：贵州大学，2018.

[57] 胡飞，胥云，廖映华，等 . 基于 OPC UA 的数控机床信息建模与通信研究 [J]. 机床与液压，2021，49（20）：53-58.

[58] 王民，曹鹏军，宋铠钰，等 . 基于 OPC UA 的数控机床制造数字化车间信息交互模型 [J]. 北京工业大学学报，2018，44（7）：1040-1046.

[59] 崔之超，寇宇路，杨宇通，等 . 基于实时数据采集的多品种小批量生产线生产监控体系研究 [J]. 科技风，2024（8）：52-54.

[60] 葛宁 . 基于 OPC UA 的智能车间数据采集与监控系统 [D]. 大连：大连理工大学，2021.

[61] 聂志 . 基于物联网的数字化车间制造过程数据采集与管理研究 [D]. 南京：南京航空航天大学，2014.

[62] 张德胜，马正元，王伟玲 . 多品种小批量机械制造企业 MES 的研究 [J]. 控制工程，2005，12（3）：210-212.

[63] 郭磊，陈兴玉，张燕龙，等 . 面向智能制造终端的车间生产数据采集与传输方法 [J]. 机械与电子，2019，37（8）：21-24.

[64] 吴迪，饶靖雯，万磊 . 基于 OPC UA 的浮法玻璃生产可视化监测系统研究 [J]. 数字制造科学，2022（4）：282-286，302.

[65] 赵俊贺 . 面向异构数据的学涯规划可视化平台设计与实现 [D]. 北京：中国科学院大学，2022.

[66] 周高伟，沙杰，刘梦园，等 . 基于数字孪生的加工生产线虚实交互技术研究 [J]. 机电工程，2024，41（2）：337-344.

[67] 白贤贤 . 金属家具生产线数字孪生技术研究与应用 [D]. 南昌：南昌大学，2023.

[68] 朱海平 . 数字化与智能化车间 [M]. 北京：清华大学出版社，2021.

[69] 胡长明 . 数字化车间：面向复杂电子设备的智能制造 [M]. 北京：电子工业出版社，2022.

[70] 张永平，左颖，刘博，等 . 数字孪生车间制造运营管理平台 [J]. 计算机集成制造系统，2024，30（1）：1-13.

[71] 李杰，倪军，王安正 . 从大数据到智能制造 [M]. 上海：上海交通大学出版社，2016.

[72] 陈雪峰 . 智能运维与健康管理 [M]. 北京：机械工业出版社，2017.

[73] 柳剑 . 制造系统运行可靠性分析与维修保障策略研究 [D]. 重庆：重庆大学，2014.

[74] 刘伟强 . 制造系统脆性理论分析及应用研究 [D]. 上海：同济大学，2022.

[75] 包壁祯，姚潇潇，段昭，等 . 基于数字孪生的数控机床健康监测系统 [J]. 机电工程技术，2023，52（9）：123-127.

[76] 高士根，周敏，郑伟，等 . 基于数字孪生的高端装备智能运维研究现状与展望 [J]. 计算机集成制造系统，2022，28（7）：1953-1965.

[77] IBM. 什么是数字孪生（Digital Twin）?[EB/OL]. [2024-05-31]. https://www.ibm.com/cn-zh/topics/

what-is-a-digital-twin.

[78] 中国电子技术标准化研究院，树根互联技术有限公司 . 数字孪生应用白皮书 [R]. 2020.

[79] 中国信通院，工业互联网产业联盟 . 工业数字孪生白皮书（2021）[R]. 2021.

[80] GRIEVES M. Digital twin：manufacturing excellence through virtual factory replication[EB/OL]. [2024-05-31]. https://theengineer. markallengroup. com/production/content/uploads/2014/12/Digital_ Twin_White_Paper_Dr_Grieves. pdf.

[81] PARRIS C. What is a digital twin?[EB/OL]. [2024-05-31]. https://www.ge.com/digital/blog/what-digital-twin.

[82] SIEMENS. Digital transformation in industrial companies[EB/OL]. [2024-05-31]. https://www. siemens. com/global/en/company/insights/digital-transformations-in-industrial-companies. html.

[83] 陶飞，张萌，程江峰，等 . 数字孪生车间：一种未来车间运行新模式 [J]. 计算机集成制造系统，2017，23（1）：1-9.

[84] 陶飞，刘蔚然，刘检华，等 . 数字孪生及其应用探索 [J]. 计算机集成制造系统，2018，24（1）：1-18.

[85] 庄存波，刘检华，熊辉，等 . 产品数字孪生体的内涵、体系结构及其发展趋势 [J]. 计算机集成制造系统，2017，23（4）：753-768.

[86] 陶飞，程颖，程江峰，等 . 数字孪生车间信息物理融合理论与技术 [J]. 计算机集成制造系统，2017，23（8）：1603-1611.

[87] 陶飞，张辰源，张贺，等 . 未来装备探索：数字孪生装备 [J]. 计算机集成制造系统，2022，28（1）：1-16.

[88] 陶飞，戚庆林 . 面向服务的智能制造 [J]. 机械工程学报，2018，54（16）：11-23.